Istio 服务网格实例精解

[印] 阿南德·拉伊　著

黄永强　译

U0252623

清华大学出版社

北京

内 容 简 介

本书详细阐述了与 Istio 服务网格相关的基本解决方案，主要包括服务网格简介、Istio 入门、理解 Istio 控制平面和数据平面、管理应用程序流量、管理应用程序弹性、确保微服务通信的安全、服务网格可观察性、将 Istio 扩展到跨 Kubernetes 的多集群部署、扩展 Istio 数据平面、为非 Kubernetes 工作负载部署 Istio 服务网格、Istio 故障排除和操作等内容。此外，本书还提供了相应的示例、代码，以帮助读者进一步理解相关方案的实现过程。

本书适合作为高等院校计算机及相关专业的教材和教学参考书，也可作为相关开发人员的自学用书和参考手册。

北京市版权局著作权合同登记号 图字：01-2023-4312

图书在版编目（CIP）数据

Istio 服务网格实例精解 /（印）阿南德·拉伊著;
黄永强译. -- 北京 ：清华大学出版社, 2024.7.
ISBN 978-7-302-66859-6

Ⅰ．TP368.5
中国国家版本馆 CIP 数据核字第 20241L2L87 号

责任编辑：贾小红
封面设计：刘　超
版式设计：文森时代
责任校对：马军令
责任印制：丛怀宇

出版发行：清华大学出版社
  网 址：https://www.tup.com.cn，https://www.wqxuetang.com
  地 址：北京清华大学学研大厦 A 座   邮 编：100084
  社 总 机：010-83470000   邮 购：010-62786544
  投稿与读者服务：010-62776969，c-service@tup.tsinghua.edu.cn
  质量反馈：010-62772015，zhiliang@tup.tsinghua.edu.cn
印 装 者：三河市少明印务有限公司
经 销：全国新华书店
开 本：185mm×230mm 印 张：25.5 字 数：525 千字
版 次：2024 年 8 月第 1 版   印 次：2024 年 8 月第 1 次印刷
定 价：129.00 元

产品编号：103259-01

感谢我的孩子 Yashasvi 和 Agastya，他们牺牲了与我一起玩耍的时间，以便我能够专心写作本书；感谢我亲爱的妻子 Pooja，她完全支持我并鼓励我致力于这项工作；就像我生命中的其他一切一样，如果没有我敬爱的父亲 Jitendra Rai 先生和我慈爱的母亲 Prem Lata Rai 夫人的祝福、爱心和关怀，本书也不可能完成；本书也是我从两个叔叔 Pradeep Kumar Rai 先生和 Awadhesh Rai 先生那里所获灵感的结果，他们是我的支柱、导师和教练。正是他们的指导和鞭策引导我将计算机科学作为一种爱好和职业。

——Anand Rai

译 者 序

随着云计算和敏捷开发的全面普及，微服务也成为主流开发架构，而当应用被拆分成越来越多的微服务之后，微服务的连接、管理和监控也逐渐成为难题。例如，开发人员需要在众多微服务中准确找到服务的提供方，保证服务调用的安全性，降低服务调用的延迟，并且还要保证远程方法调用的可靠性；而对于运维人员来说，则需要收集大量微服务的性能指标以进行分析，要在不影响上线业务的情况下对微服务进行升级，并且还要测试微服务集群部署的容错和稳定性，完成所有这些任务在大规模部署的生产环境中可能并不容易。

Istio 服务网格正是在这种背景下应运而生的。本书第 1 章阐释了使用服务网格的理由，简而言之，Istio 提供了一种简单的方式来为己部署的服务建立网络，这样的应用程序网络具有负载均衡、服务间认证、监控等功能，而不需要对微服务的代码做任何改动。第 3 章介绍了 Istio 的控制平面（istiod、istioctl 和 pilot-agent 等）和数据平面（Envoy），它们是 Istio 的主要组成部分；第 4 章介绍了 Istio 的应用程序流量管理功能，演示了如何使用 Istio 网关管理入口和出口流量；第 5 章介绍了如何管理应用程序弹性，演示了故障注入、超时和重试、负载均衡、速率限制、断路器和异常限制等配置；第 6 章介绍了 Istio 安全架构，演示了使用双向 TLS 进行身份验证的操作，通过强大的基于身份的验证和授权，可以在集群中实现安全的服务间通信；第 7 章介绍了服务网格的可观察性功能，演示了 Prometheus、Grafana 和 Jaeger 的操作；使用自定义 Istio 指标，还可以对出入集群的所有流量进行自动指标度量、日志记录和跟踪。

Istio 是一个用来连接、管理和保护微服务的开放平台。一方面，它和 Kubernetes 相辅相成；另一方面，它也可以为非 Kubernetes 工作负载设置服务网格，本书第 10 章即演示了在虚拟机上设置 Istio 的操作，这可以将虚拟机的工作负载也纳入服务网格中。为了帮助读者更好地掌握 Istio 的应用，第 11 章还介绍了一些故障排除技巧，第 12 章则复习了 Istio 的一些主要操作，并提供了更多学习资源。

为了更好地帮助读者理解和学习，本书对大量的术语以中英文对照的形式给出，这样的安排不但方便读者理解书中的代码，而且也有助于读者通过网络查找和利用相关资源。

本书由黄永强翻译，陈凯、马宏华、黄永强、黄进青、熊爱华等也参与了本书的部分翻译工作。由于译者水平有限，疏漏之处在所难免，在此诚挚欢迎读者提出任何意见和建议。

前　　言

　　Istio 是应用广泛的网格服务技术之一。它用于管理应用程序网络，可为微服务提供安全性和运营效率。本书逐层探索 Istio，解释如何使用它来管理应用程序网络、弹性、可观察性和安全性。通过各种实践示例，读者将了解 Istio Service Mesh 的安装、架构及其各种组件，还将执行 Istio 的多集群安装，并将其集成部署在虚拟机的陈旧工作负载上。读者将了解如何使用 WebAssembly（WASM）扩展 Istio 数据平面，掌握 Envoy 的工作机制，理解为什么将其用作 Istio 的数据平面；还将了解如何使用 OPA Gatekeeper 来自动执行 Istio 的最佳实践，学习如何使用 Kiali、Prometheus、Grafana 和 Jaeger 观察和操作 Istio。读者还将探索其他服务网格技术，例如 Linkerd、Consul、Kuma 和 Gloo Mesh。本书使用了轻量级应用程序来构建易于遵循的实践示例，可以帮助读者专注于实现 Istio 并将其部署到云和生产环境，而不必处理复杂的演示应用程序。

　　在阅读完本书之后，读者将能够在应用程序之间执行可靠且零信任的通信，解决应用程序网络问题，并使用 Istio 在分布式应用程序中构建弹性。

本书读者

　　具有在 Kubernetes 环境中使用微服务的经验并且想要解决微服务通信中出现的应用程序网络问题的软件开发人员、架构师和运维工程师都将从本书中受益。为了充分利用本书，读者需要拥有一些使用云、微服务和 Kubernetes 的经验。

内容介绍

　　本书共分 3 篇 12 章，各篇章内容如下。
　　❑　第 1 篇：基础知识，包括第 1 章～第 3 章。
　　　　➢　第 1 章"服务网格简介"，介绍了有关云计算、微服务架构和 Kubernetes 的基础知识，阐释了为什么需要服务网格以及它提供了哪些价值。如果读者没有使用 Kubernetes、云和微服务架构处理大规模部署架构的实践经验，那么本章将使你熟悉这些概念，并为你理解后续章节更复杂的主题奠定良好的基础。

➢ 第 2 章"Istio 入门"，解释了 Istio 在可用的服务网格技术中如此大受欢迎的原因。该章提供了安装和运行 Istio 的详细说明，并介绍了 Istio 的架构及其各种组件。在安装完成后，还在与 Istio 安装一起打包的示例应用程序中启用了 Istio Sidecar 注入。本章逐步介绍了示例应用程序中 Istio 启用前和启用后的情况，让读者初步理解 Istio 的工作原理。

➢ 第 3 章"理解 Istio 控制平面和数据平面"，深入探讨了 Istio 的控制平面和数据平面。本章将帮助读者了解 Istio 控制平面，以便读者可以在生产环境中规划和控制平面的安装。在阅读完本章之后，读者应该能够识别 Istio 控制平面的各个组件（包括 istiod），以及它们各自在 Istio 整体工作中提供的功能。本章还将让读者熟悉 Envoy（这是 Istio 数据平面的关键组件）及其架构，以及如何使用 Envoy 作为独立代理。

❑ 第 2 篇：Istio 实战，包括第 4 章～第 7 章。

➢ 第 4 章"管理应用程序流量"，详细介绍了如何使用 Istio 管理应用程序流量。本章有不少实战示例，探索了使用 Kubernetes Ingress 资源管理入口流量，展示了如何使用 Istio 网关来管理 Ingress，以及如何通过 HTTPS 安全地公开入口。该章还提供了金丝雀版本、流量镜像以及将流量路由到集群外部的服务示例。最后，本章还介绍了如何使用 Istio 管理从网格流出的流量。

➢ 第 5 章"管理应用程序弹性"，探讨了如何使用 Istio 来提高微服务的应用程序弹性。本章讨论了应用程序弹性的各个方面，包括故障注入、超时和重试、负载均衡、速率限制、断路器和异常值检测等，并且演示了如何使用 Istio 解决这些问题。

➢ 第 6 章"确保微服务通信的安全"，深入探讨了有关安全性的高级主题。本章首先阐释了 Istio 的安全架构，然后实现了与网格中其他服务以及网格外下游客户端的服务通信的双向 TLS。本章将引导读者完成各种实践练习，以创建用于身份验证和授权的自定义安全策略。

➢ 第 7 章"服务网格可观察性"，深入介绍了可观察性的重要性，可用的不同类型的指标以及如何通过 API 获取它们，探讨了如何从 Istio 收集遥测信息以及如何为网格中部署的应用程序启用分布式跟踪等。

❑ 第 3 篇：缩放、扩展和优化，包括第 8 章～第 12 章。

➢ 第 8 章"将 Istio 扩展到跨 Kubernetes 的多集群部署"，将引导读者了解如何使用 Istio 在跨多个 Kubernetes 集群部署的应用程序之间提供无缝连接。本章还将介绍 Istio 的多个安装选项，以实现服务网格的高可用性和连续性。本章涵盖了 Istio 安装的高级主题，并帮助读者熟悉如何在多网络上进行 primary-remote 配置，在同一网络上进行 primary-remote 配置，在不同网络进行 primary-primary 配置，以及在同一网络上进行 primary-primary 配置。

➤ 第 9 章"扩展 Istio 数据平面"，提供了扩展 Istio 数据平面的各种选项。本章详细讨论了 EnvoyFilter 和 WebAssembly，并研究了如何使用它们扩展 Istio 数据平面的功能。

➤ 第 10 章"为非 Kubernetes 工作负载部署 Istio 服务网格"，阐释了为什么组织仍将大量工作负载部署在虚拟机上。在此基础上介绍了混合架构的概念，即现代和遗留架构的组合，然后演示了 Istio 如何帮助将遗留技术和现代技术这两类技术结合起来，以及如何将 Istio 从 Kubernetes 扩展到虚拟机。

➤ 第 11 章"Istio 故障排除和操作"，详细介绍了操作 Istio 时会遇到的常见问题以及如何将它们与其他问题区分开来。本章介绍了运营和可靠性工程团队经常面临的运维问题，探讨了各种故障分析和解决技术。本章还提供了部署和操作 Istio 的各种最佳实践，并演示了如何使用 OPA Gatekeeper 自动执行最佳实践。

➤ 第 12 章"总结和展望"，复习了本书所学习的知识，将其用于部署和配置开源程序，帮助读者获得在现实世界中运用所学知识的信心。本章还提供了读者可以探索的各种资源。最后介绍了 eBPF，这是一项有望对服务网格产生积极影响的先进技术。

❑ 附录 A "其他服务网格技术"，介绍了其他服务网格技术，包括 Consul Connect、Gloo Mesh、Kuma 和 Linkerd，这些技术越来越受到不同组织的欢迎、认可和采用。本附录提供的信息并不详尽，旨在让读者熟悉 Istio 的替代方案，并帮助读者从这些技术与 Istio 的对比中形成更深刻的认识。

充分利用本书

本书需要读者具备在 Kubernetes 环境中使用和部署微服务的实践经验，并且读者需要熟悉使用 YAML 和 JSON 以及执行 Kubernetes 的基本操作。由于本书大量使用了各种云提供商的服务，因此拥有一些使用各种云平台的经验会很有帮助。

表 P.1 列出了本书涉及的软硬件和操作系统要求。

表 P.1　本书涉及的软硬件和操作系统要求

本书涉及的软硬件	操作系统需求
至少配备 4 核处理器和 16 GB 内存的工作站	macOS 或 Linux
访问 AWS、Azure 和 Google Cloud 订阅	
Visual Studio Code 或类似集成开发环境	
minikube，Terraform	

下载示例代码文件

本书的代码包已经在 GitHub 上托管，网址如下，欢迎访问。

https://github.com/PacktPublishing/Bootstrap-Service-Mesh-Implementations-with-Istio

如果代码有更新，也会同步在现有 GitHub 存储库上更新。

下载彩色图像

我们还提供了一个 PDF 文件，其中包含本书使用的屏幕截图/图表的彩色图像，可以通过以下地址下载。

https://packt.link/DW41O

本书约定

本书中使用了许多文本约定。

（1）代码格式文本：表示文本中的代码字、数据库表名、文件夹名、文件名、文件扩展名、路径名、虚拟 URL、用户输入和 Twitter 句柄等。以下段落就是一个示例。

Istio 每 3 个月发布一个次要版本，有关详细信息，可访问：

https://istio.io/latest/docs/releases/supported-releases/

（2）有关代码块的设置如下所示。

```
"filterChainMatch": {
    "destinationPort": 80,
    "transportProtocol": "raw_buffer"
},
```

（3）当我们希望你注意代码块的特定部分时，相关行或项目将以粗体显示。

```
"filterChainMatch": {
    "destinationPort": 80,
    "transportProtocol": "raw_buffer"
},
```

（4）任何命令行输入或输出都采用如下形式。

```
% curl -H "Host:httpbin.org" http://
a816bb2638a5e4a8c990ce790b47d429-1565783620.us-east-1.elb.
amazonaws.com/get
```

（5）术语或重要单词将在括号内保留其英文原文，以方便读者对照查看。示例如下。

> 云计算提供商提供对计算、存储、数据库和大量其他服务的访问，包括通过互联网提供的基础设施即服务（infrastructure as a service，IaaS）、平台即服务（platform as a service，PaaS）和软件即服务（software as a service，SaaS）。

（6）界面词汇将保留其英文原文，在后面使用括号提供其译文。示例如下。

> 在仪表板中可以检查 Prometheus 抓取的指标。其显示方法是：单击 Prometheus 仪表板上的 Status（状态）| Targets（目标），如图 7.3 所示。

（7）本书还使用了以下两个图标。

表示警告或重要的注意事项。

表示提示或小技巧。

关 于 作 者

Anand Rai 在为各种组织（包括技术提供商和消费企业）提供信息技术服务方面拥有 18 年以上的经验。他在这些组织中担任过各种行政和技术高级职务，但始终对技术采取亲身实践的态度。这段经历让他对信息技术的发展如何提高生产力和改善我们的日常生活有了全新的认识。他的专业涵盖应用程序集成、API 管理、微服务架构、云、DevOps 和 Kubernetes。他喜欢解决问题、设想新的解决方案，并帮助组织利用技术来实现业务成果。

关于审稿人

    Andres Sacco 是 TravelX 公司的技术领导，拥有使用许多不同编程语言的经验，包括 Java、PHP 和 Node.js 等。在之前的工作中，Andres 帮助找到了优化微服务之间数据传输的替代方法，从而将基础设施成本降低了 55%。在实现这些优化之前，他研究了不同的测试方法，以更好地覆盖微服务。他还教授了许多有关新技术的内部课程，并在 Medium 平台上撰写了很多文章。Andres 还是 Apress 出版社出版的 *Beginning Scala* 3 一书的合著者。

    Ajay Reddy Yeruva 目前在加拿大利氏兄弟拍卖行（Ritchie Bros. Auctioneers）的 IP 运维团队中担任高级软件工程师，并志愿担任 AAITP 的副总裁。他拥有大约 10 年的 IT 职业生涯。在加入利氏兄弟拍卖行之前，他曾在 Cisco Systems 和 Infosys Limited 公司担任系统/软件工程顾问，帮助建立和维护生产应用程序、基础设施、持续集成/持续交付（CI/CD）管道和运营。他是 DevSecOps、AIOps、GitOps 和 DataOps 等社区的活跃成员，在监控和可观察性领域也颇有建树。

目　　录

第 1 篇　基 础 知 识

第 2 篇　Istio 实战

第 3 篇　缩放、扩展和优化

第 1 篇

基 础 知 识

　　本篇将介绍服务网格（service mesh）的基础知识、为什么需要服务网格以及什么类型的应用程序需要服务网格。读者将理解 Istio 和其他 service mesh 实现之间的区别。本篇还将引导读者完成配置和设置环境以及安装 Istio 的步骤。在此过程中，本篇将阐释 Istio 控制平面和数据平面、它们的运行方式以及它们在服务网格中的角色。

　　本篇包含以下章节：

- ❏　第 1 章　服务网格简介
- ❏　第 2 章　Istio 入门
- ❏　第 3 章　理解 Istio 控制平面和数据平面

第 1 章　服务网格简介

服务网格（service mesh）是一个高级且复杂的主题。如果读者有使用云、Kubernetes 以及微服务架构开发和构建应用程序的经验，那么 Service Mesh 的某些优势将是显而易见的。本章将阐释一些关键概念，但不会涉及太多细节。我们将重点研究用户在部署和操作应用程序时遇到的问题（这些应用程序是使用微服务架构创建的，并部署在云中的容器甚至传统的数据中心上）。后续章节将重点介绍 Istio，因此请读者务必花一些时间阅读本章，为后续的学习做好准备。

本章包含以下主题。
❑　云计算基础知识。
❑　了解微服务架构。
❑　了解 Kubernetes。
❑　关于服务网格。

本章阐释的概念将帮助读者了解服务网格及其重要性。我们还将为读者提供指导，帮助读者识别 IT 环境中表明需要实现服务网格的一些信号和症状。如果读者没有使用 Kubernetes、云和微服务架构处理大规模部署架构的实践经验，那么可以通过本章熟悉这些概念，并为理解后续章节中更复杂的主题做准备。即使读者已经熟悉这些概念，阅读本章以刷新自己的知识和经验仍然是一个不错的选择。

1.1　云计算基础知识

本节将简单介绍什么是云计算，它可以带来哪些好处、如何影响设计思维以及软件开发流程等。

1.1.1　云计算的选项和分类

云计算（cloud computing）是一种实用工具型计算，其商业模式类似于向普通家庭出售液化气和电力等公用事业企业所提供的模式。用户无须管理电力的生产、分配或运营，相反，只需要将设备插入墙上的插座即可。用户可以通过设备合理高效地使用液化气或电力，并为所消耗的气量或电量付费，而不必考虑其他事宜。虽然这个例子很简单，但是作为类比还是很贴切的。云计算提供商提供对计算、存储、数据库和大量其他服务的访问，包括通过互联网提供的基础设施即服务（infrastructure as a service，IaaS）、平台即服务（platform as a service，PaaS）和软件即服务（software as a service，SaaS）。

图 1.1 说明了最常用的云计算选项。

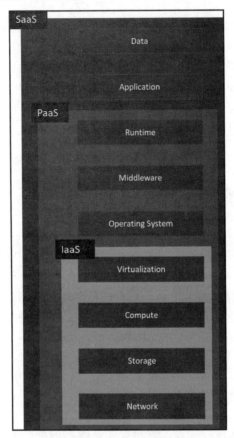

图 1.1　云计算选项

原　　文	译　　文	原　　文	译　　文
SaaS	软件即服务	Operating System	操作系统
Data	数据	IaaS	基础设施即服务
Application	应用程序	Virtualization	虚拟化
PaaS	平台即服务	Compute	计算
Runtime	运行时	Storage	存储
Middleware	中间件	Network	网络

对于这些选项的简要解释如下。

❑ IaaS 提供网络、存储、计算和虚拟化之类的基础设施，用于将应用程序与组织中的其他系统以及用户想要连接的所有其他系统连接起来。IaaS 使用户能够通过访问计算基础设施来运行应用程序，相当于传统数据中心中的虚拟机（virtual machine，VM）或裸机服务器。

IaaS 还可以为应用程序运行和操作的主机数据提供存储。一些最受欢迎的 IaaS 提供商包括 Amazon EC2、Azure 虚拟机、Google Compute Engine、阿里巴巴 E-HPC（在中国大陆和大中华地区非常流行）和 VMware vCloud Air 等。

❑ PaaS 是另一种产品，它使用户能够专注于构建应用程序的灵活性，而不必担心应用程序的部署和监控等问题。PaaS 包括从 IaaS 获得的所有东西，还包括用于部署应用程序的中间件、帮助用户构建应用程序的开发工具、用于存储数据的数据库等。

PaaS 对于采用微服务架构的公司尤其有利，这是因为在采用微服务架构时，通常还需要构建支撑微服务的底层基础设施，而支持微服务架构所需的生态系统成本高昂且构建复杂，但是利用 PaaS 部署微服务可以使微服务架构的采用变得更快速、更容易。

虽然云提供商提供的流行 PaaS 服务示例有很多，但是本书将仅使用 Amazon Elastic Kubernetes Service（EKS）作为 PaaS 来部署示例应用程序，并且将使用 Istio 进行实际操作方面的探索。

❑ SaaS 是另一种产品，它提供了可以作为服务使用的完整软件解决方案。PaaS 和 SaaS 服务很容易混淆，简单起见，用户可以将 SaaS 视为无须编写或部署任何代码即可使用的服务。例如，用户很可能将 Gmail 用作电子邮件服务方面的 SaaS。此外，许多组织也会使用 SaaS 生产力软件，这方面的常见示例是 Microsoft Office 365 等服务。

其他示例还包括 Salesforce 提供的客户关系管理（customer relationship management，CRM）系统和企业资源规划（enterprise resource planning，ERP）系统。

Salesforce 也提供 PaaS 产品，可以在其中构建和部署 Salesforce 应用程序。适用于小型企业的 Salesforce Essentials、Sales Cloud、Marketing Cloud 和 Service Cloud 都是 SaaS 产品，而 Salesforce Platform 则是一种供用户构建 Salesforce 应用程序的低代码服务，属于一种 PaaS 产品。

SaaS 的其他流行示例还包括 Google Maps、Google Analytics、Zoom 和 Twilio 等。

云服务提供商还提供不同类型的云产品，具有不同的业务模型、访问方法和目标受众。在许多此类产品中，最常见的是公共云、私有云、混合云和社区云。

❑ 公共云（public cloud）可能是用户最熟悉的一种。该产品可通过互联网获得，任何有能力使用信用卡或类似支付机制进行订阅的人都可以使用。

❑ 私有云（private cloud）是一种可以通过互联网或受限专用网络访问的云产品，它仅为一组受限的用户提供服务。私有云可以是向其 IT 用户提供 IaaS 或 PaaS 的组织；还有一些服务提供商也会向组织提供私有云。私有云提供高水平的安全性，被拥有高度敏感数据的组织广泛使用。

❑ 混合云（hybrid cloud）是指公共云和私有云共同使用的环境。此外，当使用多个云产品时，通常会使用混合云。例如，有些组织会同时使用 AWS 和 Azure 并在两者之间部署应用程序和数据流动。

当出于安全原因需要将数据和应用程序托管在私有云中时，混合云是一个不错的选择。另外，可能还有其他应用程序不需要驻留在私有云中，并且可以从公共云的可扩展性和弹性功能中受益。在这种情况下，用户不应该将自己限制在公共云或私有云，或者单一的云提供商，而应该充分利用各种云提供商的优势，创建一个安全、有弹性且经济实惠的 IT 环境。

❑ 社区云（community cloud）是另一种可供一组用户和组织使用的云产品。这方面的一个很好的例子是美国的 AWS GovCloud，它是美国政府的社区云。这种云限制了谁可以使用它——例如，AWS GovCloud 只能由美国政府部门和机构使用。

现在读者已经了解了云计算的关键内容，接下来让我们看看它的一些主要优势。

1.1.2　云计算的优势

云计算使组织能够轻松访问各种技术，而无须在昂贵的硬件和软件采购方面进行高额的前期投资。通过利用云计算，组织可以实现敏捷开发和部署，因为它们可以通过访问高端计算能力和基础设施（例如负载均衡器、计算实例等）以及软件服务（例如机器学习、分析、消息传递基础设施、人工智能、数据库等），按即插即用的方式将其集成为构建块，从而快速构建自己的软件应用程序。

如果你正在构建软件应用程序，那么很可能需要以下工具。

❑ 负载均衡器。

❑ 数据库。

❑ 用于运行的服务器和用于托管应用程序的计算服务器。

❑　用于托管应用程序二进制文件、日志等的存储。

❑　一种用于异步通信的消息系统。

你需要在本地数据中心采购、设置和配置此基础设施。尽管此活动对于在生产中启动和运行应用程序很重要，但不会在你和竞争对手之间产生任何业务差异化优势。软件应用程序基础架构的高可用性和弹性是在数字世界中维持和生存的要求。为了参与竞争并击败竞争对手，你需要关注客户体验并不断为消费者带来利益。

在本地部署时，读者需要考虑采购基础设施的所有前期成本，具体如下。

❑　网络设备和带宽。

❑　负载均衡器。

❑　防火墙。

❑　服务器和存储。

❑　机架放置空间。

❑　运行应用程序所需的任何新软件。

上述所有成本将产生项目的资本支出（capital expenditures，CapEx）。此外，还需要考虑设置成本，其中包括以下内容。

❑　网络、计算服务器和布线。

❑　虚拟化、操作系统和基本配置。

❑　设置中间件，例如应用程序服务器和 Web 服务器（如果使用容器化，则设置容器平台、数据库和消息传递）。

❑　日志记录、审计、报警和监控组件。

上述所有内容都会产生项目的资本支出，但这可能属于组织的运营支出（operating expense，OpEx）。

除了上述额外成本，需要考虑的最重要因素是采购、设置和准备使用基础设施所需的时间和人力资源。这会极大地影响应用程序在市场上推出新功能和服务的能力（也就是所谓的敏捷开发和部署的能力）。

使用云时，可以通过即用即付（pay-as-you-go）模式购买这些成本。在需要计算和存储的地方，可以按 IaaS 的形式采购；在需要中间件的地方，可以按 PaaS 的形式采购；你将意识到自己需要构建的一些功能可能已经作为 SaaS 提供。总之，通过这些购买方式可以加快软件的交付和上市时间。

在成本方面，一些成本仍会为项目带来资本支出，但你的组织会将其称为运营支出，从税收角度来看，这也具有一定的好处。

在云计算的支持下，以前需要花费几个月的时间来准备部署应用程序所需的所有内容，现在只需几天或几周即可完成。

云计算还改变了设计、开发和运营 IT 系统的方式。在第 4 章 "管理应用程序流量" 中，我们将研究云原生架构以及它与传统架构的不同之处。

简而言之，云计算使构建和发布软件应用程序变得更加容易，且前期投资较低。

接下来，我们将介绍微服务架构以及如何使用它来构建和交付高度可扩展和具有弹性的应用程序。

1.2　了解微服务架构

在讨论微服务架构之前，不妨先来认识一下单体架构（monolithic architecture）。你很可能已经遇到过，甚至可能参与过构建。为了更好地理解它，我们来设想一个场景，看看传统上如何使用单体架构来解决这个问题。

假设有一位图书出版商想要开设一家在线书店，该网上书店需要向读者提供以下功能。

- 读者应该能够浏览所有可供购买的书籍。
- 读者应该能够选择他们想要订购的书籍并将其保存到购物车中，他们还应该能够管理他们的购物车。
- 读者应该能够授权使用信用卡支付图书订单。
- 付款完成后，读者应该能够要求将图书运送到他们的送货地址。
- 读者应该能够注册、存储包括送货地址在内的详细信息，并为喜爱的书籍添加书签。
- 读者应该能够登录、检查他们购买了哪些书籍，下载任何购买的电子副本以及更新运输详细信息和任何其他账户信息。

在线书店还会有更多的要求，但为了理解单体架构的概念，我们将通过限制这些要求的范围来尝试保持简单。

值得一提的是康威定律（Conway's law），他指出，单体系统的设计通常反映了组织的沟通结构。

设计系统的架构受制于产生这些设计的组织的沟通结构。

——梅尔文·E·康威（Melvin E. Conway）

设计这个系统的方法有很多种；我们可以遵循传统的设计模式，例如模型-视图-控制器（model-view-controller，MVC），但为了与微服务架构进行公平的比较，这里我们将使用六边形架构（hexagonal architecture）。我们还将在微服务架构中使用六边形架构。

在六边形架构的逻辑视图中，业务逻辑位于中心。然后，还有一些处理来自外部请求的适配器以及向外部发送请求的适配器，分别称为入站适配器（inbound adaptor）和出站适配器（outbound adaptor）。

业务逻辑具有一个或多个端口，这些端口基本上是一组定义的操作，定义适配器如何与业务逻辑交互以及业务逻辑如何调用外部系统。外部系统与业务逻辑交互的端口称为入站端口（inbound port），业务逻辑与外部系统交互的端口称为出站端口（outbound port）。

可以将六边形架构中的执行流程总结为以下两点。

- ❑　用于 Web 和移动设备的用户界面（user interface，UI）以及 REST API 适配器将通过入站适配器调用业务逻辑。
- ❑　业务逻辑将通过出站适配器调用面向外部的适配器，例如数据库和外部系统。

关于六边形架构的最后但非常重要的一点是，业务逻辑由作为领域对象集合的模块组成。要了解有关领域驱动设计定义和模式的更多信息，可以阅读由 Eric Evans 编写的参考指南，其网址如下。

https://domainlanguage.com/wp-content/uploads/2016/05/DDD_Reference_2015-03.pdf

回到我们的在线书店应用程序，以下是其核心模块。

- ❑　订单管理（order management）：管理客户订单、购物车以及订单进度更新。
- ❑　客户管理（customer management）：管理客户账户，包括注册、登录和订阅。
- ❑　支付管理（payment management）：管理支付。
- ❑　产品目录（product catalog）：管理所有可用产品。
- ❑　运输（shipping）：管理订单的交付。
- ❑　库存（inventory）：管理库存水平的最新信息。

考虑到这些模块，可以按图 1.2 所示绘制该系统的六边形架构。

尽管该架构遵循六边形架构和领域驱动设计的一些原则，但它仍然被打包为一个可部署或可执行单元，具体取决于用户使用的底层编程语言。例如，如果使用 Java，那么可部署工件将是 WAR 文件，然后将其部署在应用程序服务器上。

单体应用程序在绿地时看起来非常棒，但在变成棕地时却是噩梦般的存在，因为它需要更新或扩展以包含新功能并进行更改，而这是非常困难的。

💡 提示：

棕地（Brownfield）这个概念就是源于它字面上的意思：棕色的土地。棕地是指在城市不断扩张过程中留下的大量工业旧址。它们往往被闲置荒芜，并且可能含有危害性物质和污染物，导致再利用变得非常困难。与棕地相对应的概念是绿地（Greenfield），绿地一般指未用于开发和建设并覆盖有绿色植物的土地。

在软件开发领域，绿地指的是在全新环境中从头开发的软件项目；而棕地技术指的是在遗留系统之上开发和部署新的软件系统，或者需要与已经使用的其他软件共存。

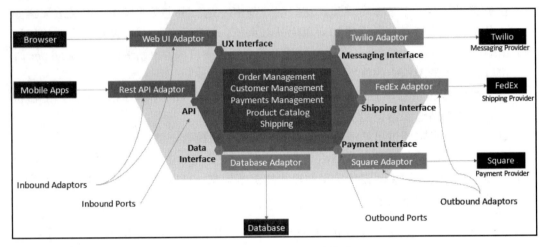

图 1.2　在线书店应用程序整体

原　　文	译　　文	原　　文	译　　文
Browser	浏览器	Database Adaptor	数据库适配器
Mobile Apps	移动应用程序	Database	数据库
Inbound Adaptors	入站适配器	Twilio Adaptor	Twilio 适配器
Inbound Ports	入站端口	Messaging Interface	消息传递界面
Web UI Adaptor	Web 用户界面适配器	Messaging Provider	消息传递提供商
REST API Adaptor	REST API 适配器	FedEx Adaptor	FedEx 适配器
UX Interface	用户体验接口	Shipping Interface	运输服务界面
Data Interface	数据接口	Shipping Provider	运输服务提供商
Order Management	订单管理	Payment Interface	支付界面
Customer Management	客户管理	Square Adaptor	Square 适配器
Payments Management	支付管理	Payment Provider	支付服务提供商
Product Catalog	产品目录	Outbound Adaptors	出站适配器
Shipping	运输	Outbound Ports	出站端口

单体架构很难理解、发展和增强，因为代码库很大，而且随着时间的推移，其规模和复杂性会变得巨大。这意味着更改代码并将代码交付到生产环境需要很长时间。代码更改的成本很高，并且需要彻底的回归测试。该应用程序的扩展困难且成本高昂，并且

无法将专用计算资源分配给应用程序的各个组件。所有资源都整体分配给应用程序，并由应用程序的所有部分消耗，无论它们在执行过程中的重要性如何。

　　另一个问题是整个代码库锁定于一种技术。这基本上意味着用户需要限制自己使用一种或几种技术来支持整个代码库。代码锁定不利于获得高效的结果，包括性能、可靠性以及实现结果所需的工作量等。一般来说，应该能够使用最适合解决问题的技术。例如，可以使用 TypeScript 编写用户界面，使用 Node.js 编写 API，使用 Golang 编写需要并发的模块或核心模块，如此等等。而在使用整体架构时，用户将只能迁就使用一些陈旧的技术，但这些技术可能并不适合解决当前的问题。

　　那么，微服务架构是如何解决这个问题的呢？

　　微服务（microservices）是一个含义非常丰富的术语，它的定义有很多种。换句话说，微服务没有单一的定义。一些知名人士贡献了他们自己对微服务架构的定义。

　　"微服务架构"一词在过去几年中兴起，用于描述将软件应用程序设计为可独立部署的服务套件的特定方式。虽然这个架构风格没有准确的定义，但它们围绕业务能力、自动化部署、端点智能以及语言和数据的去中心化控制方面存在着某些共同特征。

　　　　　　　　　　　　——马丁·福勒（Martin Fowler）和詹姆斯·刘易斯（James Lewis）

　　该定义原文的网址如下。

https://martinfowler.com/articles/microservices.html

　　该文的发布日期是 2014 年 3 月 25 日，因此读者可以忽略"过去几年中兴起"的表述，因为微服务架构目前已经成为主流，变得非常普遍。

　　微服务的另一个定义来自亚当·考克罗夫特（Adam Cockcroft）："包含有界上下文的松散耦合的面向服务的架构。"

　　在微服务架构中，"微"一词是一个激烈争论的话题，人们经常提出的问题是"微服务应该有多微？"或"我应该如何分解我的应用程序？"。

　　这些问题并没有一个简单明了的答案，因为它往往与具体用例相关。用户可以遵循领域驱动设计并根据业务能力、功能、每个服务或模块的职责或关注点、可扩展性、有界上下文（bounded context）和影响范围将应用程序分解为服务，从而制定各种分解策略。有许多关于微服务和分解策略主题的文章和书籍，因此我相信读者可以找到足够的资料来了解有关在微服务中调整应用程序大小的策略。

　　让我们回到在线书店应用程序并使用微服务架构重新设计它。图 1.3 显示了使用微服务架构原则构建的在线书店应用程序。各个服务仍然遵循六边形架构，简洁起见，我们没有显示入站和出站端口以及入站和出站适配器。读者可以假设这些端口、适配器和容器位于六边形本身之中。

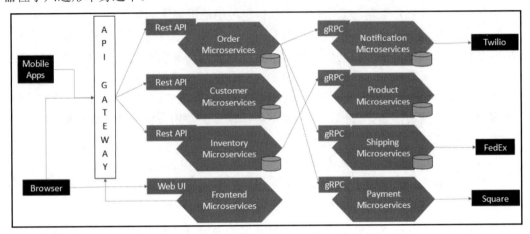

图 1.3　在线书店微服务架构

原　　文	译　　文	原　　文	译　　文
Mobile Apps	移动应用程序	Inventory Microservices	库存微服务
Browser	浏览器	Frontend Microservices	前端微服务
API GATEWAY	API 网关	Notification Microservices	通知微服务
Web UI	Web 用户界面	Product Microservices	产品微服务
Order Microservices	订单微服务	Shipping Microservices	运输微服务
Customer Microservices	客户微服务	Payment Microservices	支付微服务

　　与单体架构相比，微服务架构具有多种优势。根据功能进行隔离并相互解耦的独立模块可以解除拖累软件开发进度的单一架构的束缚。

　　与单体架构相比，微服务可以按相对较低的成本更快地构建，并且非常适合持续部署流程，因此可以更快地投入生产。借助微服务架构，开发人员可以根据需要频繁地将代码发布到生产环境中。微服务的代码库通常更小，并且很容易理解，开发人员只需要了解微服务而不需要了解整个应用程序。

　　此外，多个开发人员可以同时在应用程序中处理微服务，而不会有代码被覆盖或影响彼此工作的风险。应用程序现在由微服务组成，可以利用多种语言的编程技术来获得更高的性能效率，只需较少的努力就能获得更多的结果，并且可以使用最新的技术来解决问题。

　　微服务作为独立的可部署单元，可以提供故障隔离和较小的影响范围。例如，假设其中一个微服务开始遇到异常、性能下降或内存泄漏之类的问题，在这种情况下，由于该服务被部署为一个独立的单元，拥有自己的资源分配，因此该问题不会影响其他微服务。其他微服务不会受到内存、CPU、存储、网络和 I/O 过度消耗的影响。

微服务也更容易部署，因为用户可以根据微服务要求和可用的内容使用不同的部署选项。例如，可以在无服务器平台（serverless platform）上部署一组微服务，同时在一个容器平台上部署另一组微服务，在虚拟机上又部署其他一组微服务。与单体应用程序不同，你没有只能使用一种部署选项的限制。

虽然微服务提供了诸多好处，但它们也增加了复杂性。这种增加的复杂性是因为现在我们需要部署和管理太多内容。不遵循正确的分解策略也可能会产生难以管理和操作的微型单体程序。另一个重要方面是微服务之间的通信。由于会有大量微服务需要相互通信，因此微服务之间的通信快速、高性能、可靠、有弹性、安全性非常重要。在 1.4 节"关于服务网格"部分，我们将更深入地阐释这些术语的含义。

现在读者已经对微服务架构有了很好的了解，是时候认识一下 Kubernetes 了，它也是部署微服务的事实上的平台。

1.3　了解 Kubernetes

在设计和部署微服务时，少量的微服务很容易管理。但是随着微服务数量的增加，管理它们的复杂性也随之增长。以下内容显示了采用微服务架构带来的一些复杂性。

❑ 微服务在基本操作系统、中间件、数据库和计算/内存/存储方面有特定的部署要求。此外，微服务的数量会很大，这反过来意味着需要为每个微服务提供资源。此外，为了降低成本，还需要高效地分配和利用资源。

❑ 每个微服务都有不同的部署频率。例如，支付微服务的更新可能每月一次，而前端 UI 微服务的更新可能每周或每天一次。

❑ 微服务需要相互通信，为此它们需要了解彼此的存在，并且它们应该具有适当的应用程序网络来有效地通信。

❑ 构建微服务的开发人员需要在开发周期的所有阶段拥有一致的环境，以便微服务在生产环境中部署时的行为不会出现未知或近乎未知的情况。

❑ 应该有一个持续的部署流程来构建和部署微服务。如果没有自动化地持续部署流程，那么将需要一大群人来支持微服务部署。

❑ 部署了如此多的微服务，出现故障是不可避免的，但不应该让微服务开发人员去解决这些问题。相反，应该实现有弹性的部署编排和应用程序网络，并且不应分散微服务开发人员的注意力。这些横切面关注点应该由底层平台来促进，而不应该合并到微服务代码中。

Kubernetes，也简称为 K8S（因为在 K 和 s 之间有 8 个字母），是一个源自 Google 的开源系统。Kubernetes 提供容器化应用程序的自动化部署、扩展和管理。它提供了可扩展性，从而无须雇用大量运维（DevOps）工程师。它适合并适应各种复杂性，也就是说，它既适用于中小企业，也适用于大企业。Google 以及许多其他组织都在 Kubernetes 平台上运行大量容器。

注意：

容器（container）是一个自包含的部署单元，它包含所有代码和相关的依赖项，其中包括打包在一起的操作系统、系统和应用程序库。容器是从镜像（image）实例化的，镜像是轻量级的可执行包。

Pod 是 Kubernetes 中的一个可部署单元，由一个或多个容器组成。Pod 中的每个容器共享资源（如存储和网络）。Pod 的内容总是位于同一位置，共同调度，并在共享上下文中运行。

以下是 Kubernetes 平台的一些优势。

❑ Kubernetes 通过处理部署和回滚来提供自动化且可靠的部署。在部署过程中，Kubernetes 会逐步推出更改，同时监控微服务的运行状况，以确保请求的处理不会中断。如果微服务的整体健康状况存在风险，那么 Kubernetes 将回滚更改以使微服务恢复到健康状态。

❑ 如果你使用的是云，则不同的云提供商有不同的存储类型。在数据中心运行时，你将使用各种网络存储类型。使用 Kubernetes 时，无须担心底层存储的问题，因为它会负责处理。它抽象了底层存储类型的复杂性，并为开发人员的容器存储的分配提供了 API 驱动的机制。

❑ Kubernetes 负责 Pod 的 DNS 和 IP 分配；它还为微服务提供了一种使用简单 DNS 约定来发现彼此的机制。当多个服务副本运行时，Kubernetes 还会负责它们之间的负载平衡。

❑ Kubernetes 自动满足 Pod 的可扩展性要求。根据资源利用率，Pod 会自动扩展，这意味着运行的 Pod 数量增加；Pod 也会自动缩减，这意味着运行的 Pod 数量减少。开发人员不必担心如何实现可扩展性。相反，他们只需要指定 CPU、内存和各种其他自定义指标的平均利用率以及可扩展性限制即可。

❑ 在分布式系统中，故障是不可避免的。同样，在微服务部署中，Pod 和容器有可能会变得不健康且无响应。Kubernetes 将通过多种措施来处理此类情况，例如，重新启动失败的容器、在底层节点出现问题时将容器重新调度到其他工作节点或替换已变得不健康的容器等。

❑　如前文所述，微服务架构对资源的需求是其挑战之一，资源应该高效且有效地分配。Kubernetes 将承担起这一责任，它可以在不损害可用性或牺牲容器性能的情况下最大化资源分配。

图 1.4 显示了使用微服务架构创建并部署在 Kubernetes 上的在线书店应用程序示意图。

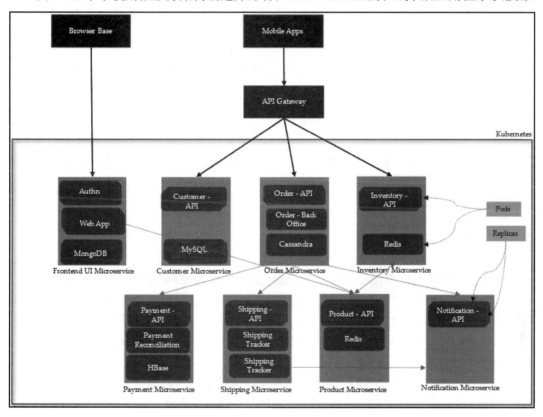

图 1.4　部署在 Kubernetes 上的在线书店微服务

原　　文	译　　文	原　　文	译　　文
Browser Base	浏览器基础代码	Web App	Web 应用程序
Mobile Apps	移动应用程序	Fronted UI Microservices	前端用户界面微服务
API Gateway	API 网关	Customer - API	客户 API
Authn	验证	Customer Microservices	客户微服务

续表

原　　文	译　　文	原　　文	译　　文
Order - API	订单 API	Payment Microservices	支付微服务
Order - Back Office	订单后台	Shipping - API	运输 API
Order Microservices	订单微服务	Shipping Tracker	运输跟踪程序
Inventory - API	库存 API	Shipping Microservices	运输微服务
Inventory Microservices	库存微服务	Product - API	产品 API
Replicas	副本	Product Microservices	产品微服务
Payment - API	支付 API	Notification - API	通知 API
Payment Reconciliation	支付对账	Notification Microservices	通知微服务

1.4　关于服务网格

在前面的章节中，我们已经理解了单体架构及其优缺点，进而通过对比了解了微服务在解决可扩展性问题方面的优势，它可以提供快速部署的能力，并且具有将软件更改及时推送到生产环境的灵活性。

1.4.1　使用服务网格的理由

云使组织能够更轻松地专注于创新，而无须担心昂贵的硬件采购成本以及资本支出成本。云不仅允许组织按需使用基础设施，还通过提供各种即用型平台和构建块（例如 PaaS 和 SaaS）来促进微服务架构的发展。当组织构建应用程序时，它们不需要每次都重新发明轮子；相反，它们可以利用现成的数据库，以及包括 Kubernetes 在内的各种平台和中间件即服务（middleware as a service，MWaaS）。

除了云，微服务开发人员还可以利用容器，通过提供一致的环境和分区来帮助实现微服务的模块化和独立架构，从而使微服务开发变得更加容易。

除了容器，开发人员还应该使用容器编排平台，例如 Kubernetes，它可以简化容器的管理，并照顾网络、资源分配、可扩展性、可靠性和弹性等问题。此外，Kubernetes 还可以通过更好地利用底层硬件来帮助优化基础设施成本。

当结合云、Kubernetes 和微服务架构时，你就拥有了交付强大的软件应用程序所需的所有要素，这些应用程序不仅可以完成你希望它们完成的工作，而且还具有成本效益。

既然如此，那么当谈到本节主题时，你一定会问："为什么我需要服务网格？"或者问："如果使用云、Kubernetes 和微服务已经够好了，为什么还需要服务网格呢？"

这确实是一个值得提出和思考的好问题，一旦你达到了自信地在 Kubernetes 上部署微服务的阶段，那么答案就显而易见了，因为你很可能会到达某个临界点，此时微服务之间的网络问题将变得过于复杂而无法通过使用 Kubernetes 的原生功能解决。

☑ 注意：分布式计算的谬误。

分布式系统的谬误是由 L Peter Deutsch 和 Sun Microsystems 的其他人员提出的 8 个断言组成的集合。这些断言是软件开发人员在设计分布式应用程序时经常做出的错误假设。

这些假设包括：① 网络是可靠的；② 网络延迟为零；③ 带宽无限；④ 网络是安全的；⑤ 拓扑结构不会改变；⑥ 只有一个管理员；⑦ 传输成本为零；⑧ 网络是同质的。

在 1.3 节"了解 Kubernetes"的开头，我们已经介绍了开发人员在实现微服务架构时面临的挑战。Kubernetes 通过声明式配置为容器化微服务的部署以及容器/Pod 生命周期管理提供了各种功能，但它并不足以解决微服务之间的通信挑战。

在谈论微服务的挑战时，我们使用了应用程序网络（application networking）等术语来描述通信挑战。因此，我们将首先尝试了解什么是应用程序网络，以及为什么它对于微服务的成功运营如此重要。

应用程序网络也是一个使用较为宽泛的术语。根据使用的上下文，对它有多种解释。在微服务的上下文中，我们将应用程序网络称为微服务之间分布式通信的推动者。

微服务可以部署在一个 Kubernetes 集群中，也可以部署在任何一种底层基础设施上的多个集群中，还可以部署在云端、本地或这两者的非 Kubernetes 环境中。现在，让我们继续关注 Kubernetes 和 Kubernetes 中的应用程序网络。

无论微服务部署在何处，你都需要一个强大的应用程序网络来使微服务相互通信。底层平台不仅应该促进通信，还应该促进弹性通信。所谓弹性通信（resilient communication），是指即使周围的生态系统处于不利条件下，也很有可能成功通信。

除了应用程序网络，你还需要了解微服务之间发生的通信，这也称为可观察性。可观察性（observability）在微服务通信中非常重要，它可以了解微服务如何进行交互。

微服务之间的安全通信也很重要。通信应加密并防御中间人攻击。每个微服务都应该有一个身份，并能够证明它们有权与其他微服务进行通信。

那么，为什么要使用服务网格呢？为什么这些需求不能在 Kubernetes 中得到满足？答案在于 Kubernetes 架构及其设计目的。如前文所述，Kubernetes 是应用程序生命周期管理软件，它提供了应用程序网络、可观察性和安全性，但都处于非常基础的水平，不足以满足现代动态微服务架构的要求。这并不意味着 Kubernetes 不是现代软件。确实，它是一项非常复杂和前沿的技术，但仅用于服务容器编排。

Kubernetes 中的流量管理由 Kubernetes network proxy（也称为 kube-proxy）处理。kube-proxy 在 Kubernetes 集群中的每个节点上运行。kube-proxy 将与 Kubernetes API 服务器通信并获取有关 Kubernetes 服务的信息。

Kubernetes services 是将一组 Pod 公开为网络服务的另一个抽象级别。kube-proxy 为服务实现了一种虚拟 IP 形式，用于设置 iptables 规则，定义该服务的任何流量将如何路由到端点，这些端点本质上是托管应用程序的底层 Pod。

1.4.2　Kubernetes 实例解析

为了更好地理解上述内容，让我们来看一个具体的例子。要运行此示例，计算设备上需要安装 minikube 和 kubectl。如果尚未安装，那么建议读者先不要安装，因为我们将在第 2 章"Istio 入门"中介绍安装步骤。

我们将按照以下网址的示例创建 Kubernetes 部署和服务。

https://minikube.sigs.k8s.io/docs/start/

具体命令如下。

```
$ kubectl create deployment hello-minikube --image=k8s.gcr.io/
echoserver:1.4
deployment.apps/hello-minikube created
```

可以看到，我们刚刚创建了一个名为 hello-minikube 的部署对象。现在可以执行 kubectl describe 命令。

```
$ kubectl describe deployment/hello-minikube
Name:                hello-minikube
...
Selector:            app=hello-minikube
...
Pod Template:
   Labels: app=hello-minikube
   Containers:
   echoserver:
      Image: k8s.gcr.io/echoserver:1.4
      ...
```

从上面的代码块中可以看到，我们已经创建了一个 Pod，其中包含一个由 k8s.gcr.io/echoserver:1.4 镜像实例化的容器。

现在来检查一下 Pod。

```
$ kubectl get po
hello-minikube-6ddfcc9757-
lq66b   1/1     Running      0              7m45s
```

上述输出确认 Pod 已经创建。

现在让我们创建一个服务并公开它，以便可以通过静态端口（也称为 NodePort）上的集群内部 IP 访问它。

```
$ kubectl expose deployment hello-minikube --type=NodePort
--port=8080
service/hello-minikube exposed
```

对该服务执行 describe 命令。

```
$ kubectl describe services/hello-minikube
Name:                     hello-minikube
Namespace:                default
Labels:                   app=hello-minikube
Annotations:              <none>
Selector:                 app=hello-minikube
Type:                     NodePort
IP:                       10.97.95.146
Port:                     <unset> 8080/TCP
TargetPort:               8080/TCP
NodePort:                 <unset> 31286/TCP
Endpoints:                172.17.0.5:8080
Session Affinity:         None
External Traffic Policy:  Cluster
```

在上面的输出中可以看到，名为 hello-minikube 的 Kubernetes 服务已创建，并且可以通过端口 31286（也称为 NodePort）访问。此外，还可以看到有一个 Endpoints 对象，其值为 172.17.0.5:8080。很快，我们将看到 NodePort 和 Endpoints 之间的连接。

现在让我们更深入地研究一下 iptables 发生了什么。如果你想查看前面的服务返回的内容，那么只需输入 minikube service 即可。我们使用的是 macOS，其中 minikube 作为虚拟机运行，因此需要在 minikube 上使用 ssh 来查看 iptables 发生了什么。在 UNIX 主机上，则不需要以下步骤。

```
$ minikube ssh
```

让我们检查一下 iptables。

```
$ sudo iptables -L KUBE-NODEPORTS -t nat
Chain KUBE-NODEPORTS (1 references)
```

```
target       prot opt source               destination
KUBE-MARK-
MASQ    tcp -- anywhere            anywhere              /*
default/hello-minikube */ tcp dpt:31286
KUBE-SVC-MFJHED5Y2WHWJ6HX
   tcp -- anywhere            anywhere              /*
default/hello-minikube */ tcp dpt:31286
```

可以看到，有两个 iptables 规则与 hello-minikube 服务关联在一起。

下面我们进一步研究这些 iptables 规则。

```
$ sudo iptables -L KUBE-MARK-MASQ -t nat
Chain KUBE-MARK-MASQ (23 references)
target       prot opt   source               destination
MARK         all --     anywhere             anywhere              M
ARK or 0x4000
$ sudo iptables -L KUBE-SVC-MFJHED5Y2WHWJ6HX -t nat
Chain KUBE-SVC-MFJHED5Y2WHWJ6HX (2 references)
target       prot opt   source               destination
KUBE-SEP-EVPNTXRIBDBX2HJK
   all -- anywhere               anywhere              /*
default/hello-minikube */
```

第一个规则 KUBE-MARK-MASQ 只是添加一个称为 packet mark 的属性，它包含的值为 0x4000，表示发往端口 31286 的所有流量。

第二个规则 KUBE-SVC-MFJHED5Y2WHWJ6HX 可以将流量路由到另一个规则 KUBE-SEP-EVPNTXRIBDBX2HJK。让我们进一步研究一下。

```
$ sudo iptables -L KUBE-SEP-EVPNTXRIBDBX2HJK -t nat
Chain KUBE-SEP-EVPNTXRIBDBX2HJK (1 references)
target       prot opt source               destination
KUBE-MARK-
MASQ    all -- 172.17.0.5            anywhere              /*
default/hello-minikube */
DNAT         tcp -- anywhere              anywhere
/* default/hello-minikube */ tcp to:172.17.0.5:8080
```

可以看到，该规则具有目标网络地址转换（destination network address translation，DNAT）功能，可以转换为 172.17.0.5:8080，这是我们创建服务时端点的地址。

下面我们扩展 Pod 副本的数量。

```
$ kubectl scale deployment/hello-minikube --replicas=2
deployment.apps/hello-minikube scaled
```

再次使用 describe 命令以查找服务的任何变化。

```
$ kubectl describe services/hello-minikube
Name:                    hello-minikube
Namespace:               default
Labels:                  app=hello-minikube
Annotations:             <none>
Selector:                app=hello-minikube
Type:                    NodePort
IP:                      10.97.95.146
Port:                    <unset> 8080/TCP
TargetPort:              8080/TCP
NodePort:                <unset> 31286/TCP
Endpoints:               172.17.0.5:8080,172.17.0.7:8080
Session Affinity:        None
External Traffic Policy: Cluster
```

可以看到端点的值已经改变了。

再对 hello-minikube 端点使用 describe 命令。

```
$ kubectl describe endpoints/hello-minikube
Name:          hello-minikube
...
Subsets:
   Addresses:           172.17.0.5,172.17.0.7
   NotReadyAddresses: <none>
   Ports:
      Name     Port Protocol
      ----     ---- --------
      <unset> 8080 TCP
```

可以看到，该端点现在的目标是 172.17.0.7 和 172.17.0.5。172.17.0.7 是由于副本数增加到 2 而创建的新 Pod。

图 1.5 显示了当前服务、端点和 Pod。

现在来检查一下 iptables 规则。

```
$ sudo iptables -t nat -L KUBE-SVC-MFJHED5Y2WHWJ6HX
Chain KUBE-SVC-MFJHED5Y2WHWJ6HX (2 references)
target       prot opt source                  destination
KUBE-SEP-EVPNTXRIBDBX2HJK all --   anywhere
             anywhere                /* default/hello-minikube */
statistic mode random probability 0.50000000000
KUBE-SEP-NXPGMUBGGTRFLABG all -- anywhere
             anywhere                /* default/hello-minikube */
```

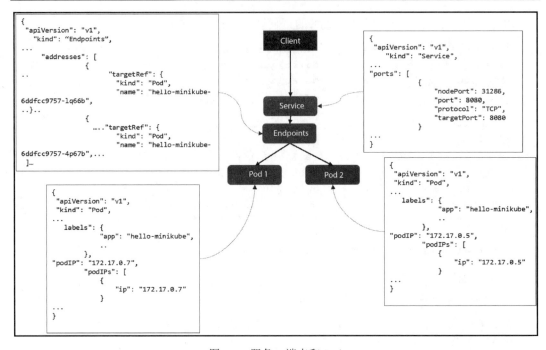

图 1.5　服务、端点和 Pod

原　　文	译　　文	原　　文	译　　文
Client	客户端	Endpoints	端点
Service	服务		

可以看到，现在已经添加了一条附加规则 KUBE-SEP-NXPGMUBGGTRFLABG，并且由于统计模式随机概率为 0.5，因此 KUBE-SVC-MFJHED5Y2WHWJ6HX 处理的每个数据包将在 KUBE-SEP-EVPNTXRIBDBX2HJK 和 KUBE-SEP-NXPGMUBGGTRFLABG 之间按 50–50 分布。

快速检查一下将副本数更改为 2 后添加的新链。

```
$ sudo iptables -t nat -L KUBE-SEP-NXPGMUBGGTRFLABG
Chain KUBE-SEP-NXPGMUBGGTRFLABG (1 references)
target        prot opt source              destination
KUBE-MARK-
MASQ    all -- 172.17.0.7              anywhere            /*
default/hello-minikube */
DNAT        tcp -- anywhere             anywhere
/* default/hello-minikube */ tcp to:172.17.0.7:8080
```

可以看到，已经为 172.17.0.7 添加了另一个 DNAT 条目。因此，新链和前一个链现在会将流量路由到相应的 Pod。

总结一下就是，kube-proxy 会在每个 Kubernetes 节点上运行，并监视服务和端点资源。然后，kube-proxy 将根据服务和端点配置，创建 iptables 规则来负责消费者/客户端和 Pod 之间的数据包路由。

图 1.6 显示了通过kube-proxy 创建iptables 规则以及消费者与 Pod 连接方式的示意图。

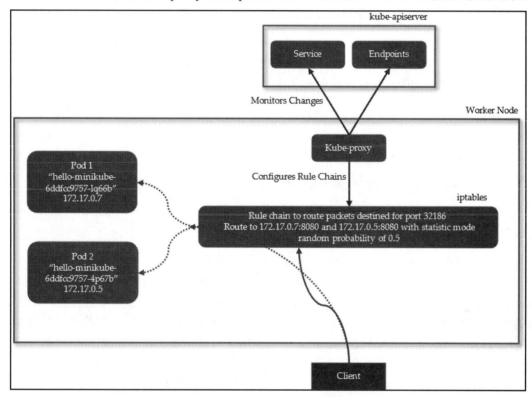

图 1.6　客户端基于 iptables 规则链连接到 Pod

原　　　文	译　　　文
Service	服务
Endpoints	端点
Monitors Changes	监视变化
Worker Node	工作节点
Configures Rule Chains	配置规则链
Rule chain to route packets destined for port 32186	路由去往端口 32186 的数据包的规则链

续表

原　　文	译　　文
Route to 172.17.0.7:8080 and 172.17.0.5:8080 with statistic mode random probability of 0.5	路由到 172.17.0.7:8080 和 172.17.0.5:8080，统计模式随机概率为 0.5
Client	客户端

kube-proxy 还可以在另一种称为 IP 虚拟服务器（IP Virtual Server，IPVS）的模式下运行。为了便于参考，以下是 Kubernetes 官方网站上对该术语的定义。

在 IPVS 模式下，kube-proxy 会监视 Kubernetes Services 和 Endpoints 调用 net link 接口来相应创建 IPVS 规则，并定期将 IPVS 规则与 Kubernetes Services 和 Endpoints 同步。该控制循环将确保 IPVS 状态与所需状态匹配。当访问某个服务时，IPVS 会将流量定向到后端 Pod 之一。

💡 提示：

要了解 kube-proxy 运行的模式，可以使用以下命令。

```
$ curl localhost:10249/proxyMode
```

在 Linux 系统上，可以直接使用 curl 命令，但在 macOS 系统上，则需要从 minikube 虚拟机本身运行 curl 命令。

那么，kube-proxy 使用 iptables 或 IPVS 有什么问题呢？

kube-proxy 不提供任何细粒度的配置；所有设置都应用于该节点上的所有流量。kube-proxy 只能进行简单的 TCP、UDP 和 SCTP 流转发，或者跨一组后端进行循环 TCP、UDP 和 SCTP 转发。随着 Kubernetes 服务数量的增加，iptables 中的规则集数量也在增加。由于 iptables 规则是按顺序处理的，因此随着微服务数量的增长，会导致性能下降。而且 iptables 只支持使用简单概率来进行流量分配，可谓非常初级。虽然 Kubernetes 还提供了其他一些技巧，但并不足以满足微服务之间的弹性通信。因此，为了使微服务通信具有弹性，你需要的不仅仅是基于 iptables 的流量管理。

接下来，让我们讨论一下弹性、容错通信所需要的一些功能。

1.4.3　重试机制、断路、超时和截止时间

如果一个 Pod 无法运行，则流量应自动发送到另一个 Pod。另外，重试需要在约束下进行，以免使通信变得更糟。例如，如果调用失败，那么系统可能需要等待才能重试。如果重试不成功，那么最好增加等待时间；如果这样也不成功，那么应该放弃重试并断开后续连接。

断路（circuit breaking）机制借鉴了断路器（electric circuit breaker）的原理。当系统出现故障导致操作不安全时，断路器便会自动跳闸。类似地，对于微服务通信来说，假设其中一个服务正在调用另一个服务，而被调用的服务没有响应、响应速度太慢以至于对调用服务不利，或者这种行为的发生已达到预定义的阈值，那么在这种情况下，最好切断（停止）电路（通信），以便当调用服务（下游）调用底层服务（上游）时，通信立即失败。

阻止下游系统调用上游系统是有意义的，因为这样可以阻止网络带宽、线程、IO、CPU 以及内存等资源被浪费在失败可能性极高的活动上。断路并不能解决通信问题；相反，它只是阻止问题跨越边界并影响其他系统。

超时（timeout）在微服务通信期间也很重要，它可以让下游服务在响应有效或值得等待的时间内等待来自上游系统的响应。

截止时间（deadline）进一步建立在超时之上；你可以将它们视为整个请求的超时，而不仅仅是一个连接的超时。通过指定截止时间，下游系统告诉上游系统处理请求所允许的总最大时间，包括对处理请求所涉及的其他上游微服务的后续调用。

📝 **注意：**

在微服务架构中，下游系统是依赖于上游系统的系统。如果服务 A 调用服务 B，则服务 A 被称为下游，服务 B 被称为上游。

当绘制南北架构图以显示 A 和 B 之间的数据流时，通常会在顶部绘制 A，箭头向下指向 B，这会使得将 A 称为下游、将 B 称为上游很难理解。因为直观上 A 才是上游，B 则是下游。

为了便于记忆，可以进行"下游系统依赖于上游系统"的类比。也就是说，当微服务 A 依赖于微服务 B 时，A 就是在下游，而 B 在上游。

1.4.4　蓝/绿部署和金丝雀部署

蓝/绿部署（blue/green deployment）是开发者希望将服务的新（绿色）版本与服务的先前/现有（蓝色）版本并行部署的场景。开发者将进行稳定性检查以确保绿色环境可以处理实时流量，如果可以，则将流量从蓝色环境转移到绿色环境。

蓝色和绿色可以是集群中服务的不同版本，也可以是独立集群中的服务。如果绿色环境出现问题，可以将流量切换回蓝色环境。流量从蓝色到绿色的转移也可以通过各种方式逐渐发生，这也称为金丝雀部署（canary deployment）。例如，前 10 分钟按 90∶10 的比率进行转移，接下来 10 分钟按 70∶30 的比率转移，再接下来的 20 分钟按 50:50 的比率转移，直至最终的 0∶100 比率。

另一个例子是可以将上述示例应用于某些流量，例如以先前的速率转移具有特定HTTP 标头值的所有流量（即某一类流量）。

在蓝/绿部署中，开发者可以并行部署类似的部署，而在金丝雀部署中，则可以部署在绿色部署中部署的内容的子集。但是，这些功能在 Kubernetes 中很难实现，因为它不支持流量的细粒度分布。

图 1.7 显示了蓝/绿部署和金丝雀部署的示意图。

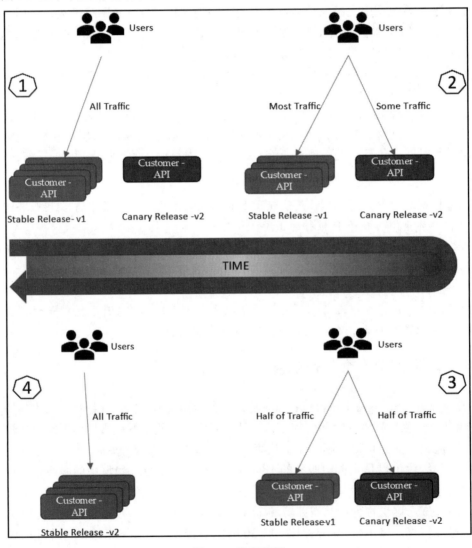

图 1.7　蓝/绿部署

原　　　文	译　　　文	原　　　文	译　　　文
Users	用户	Stable Release -v1	稳定版本 -v1
All Traffic	所有流量	Canary Release -v2	金丝雀版本 -v2
Most Traffic	大部分流量	TIME	时间
Some Traffic	少部分流量	Half of Traffic	一半流量
Customer - API	客户 API		

为了处理蓝/绿部署和金丝雀部署等问题，我们需要能够处理第 7 层而不是第 4 层流量。有些框架，如 Netflix 开源软件（open source software，OSS）等可以解决分布式系统的通信问题，但在这样做时，它们实际上是将解决应用程序网络挑战的责任转移给了微服务开发人员。在应用程序代码中解决这些问题不仅昂贵且耗时，而且也不利于整体结果（即交付业务成果）。

Netflix OSS 等框架和库是用某些编程语言编写的，这束缚了开发人员，使他们只能使用兼容的语言来构建微服务，而这又限制了开发人员使用特定框架支持的技术和编程语言，与多语言的概念背道而驰。

我们需要的是一种可以与应用程序一起工作的代理，而不需要让应用程序知道代理本身。该代理不仅应该代理通信，还应该对进行通信的服务以及通信的上下文有复杂的了解。然后，应用程序/服务可以专注于业务逻辑，并让代理处理与其他服务通信相关的所有问题。

ss 就是这样一种在第 7 层工作的代理，旨在与微服务一起运行。当它这样做时，它将与其他 Envoy 代理形成透明的通信网格（Envoy 代理与各自微服务一起运行）。微服务仅与作为本地主机的 Envoy 通信，Envoy 负责与网格其余部分的通信。

在这个通信模型中，微服务不需要了解网络。Envoy 具有可扩展性，因为它具有针对网络第 3、4、7 层的可插拔过滤器链机制，允许根据需要添加新的过滤器来执行各种功能，例如 TLS 客户端证书身份验证和速率限制。

那么，服务网格与 Envoy 有何关系？服务网格是负责应用程序网络的基础设施。图 1.8 显示了 Service Mesh 控制平面、Kubernetes API 服务器、Service Mesh Sidecar 和 Pod 中其他容器之间的关系。

服务网格提供了一个数据平面，它基本上是应用程序感知代理（例如 Envoy）的集合，然后由一组称为控制平面（control plane）的组件进行控制。在基于 Kubernetes 的环境中，服务代理作为 Sidecar 插入 Pod 中，而无须对 Pod 中的现有容器进行任何修改。服务网格也可以添加到 Kubernetes 和传统环境（例如虚拟机）中。一旦添加到运行时生态系统中，服务网格就会处理我们之前讨论的应用程序网络问题，例如负载平衡、超时、重试、金丝雀部署和蓝绿部署、安全性和可观察性等。

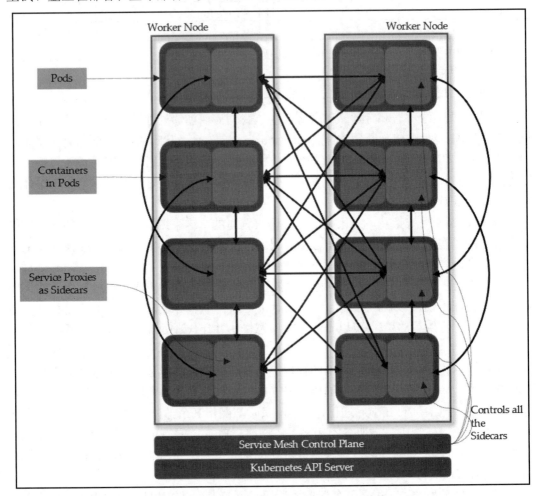

图 1.8　Service Mesh Sidecar、数据和控制平面

原　　文	译　　文
Worker Node	工作节点
Containers in Pods	Pod 中的容器
Service Proxies as Sidecars	作为 Sidecar 的服务代理
Controls all the Sidecars	控制所有 Sidecar
Service Mesh Control Plane	服务网格控制平面
Kubernetes API Server	Kubernetes API 服务器

1.5　小　　结

本章从单体架构开始，讨论了它对新功能扩展以及上市时间造成的阻碍。单体架构很脆弱，而且更改成本高昂。我们解释了微服务架构如何打破这种惯性并提供满足数字消费者不断变化和永无休止的需求所需的动力。我们还探讨了微服务架构是如何模块化的，每个模块都是独立的，并且可以彼此独立地构建和部署。使用微服务架构创建的应用程序可以采用最佳技术来解决单独的问题。

本章还讨论了云和 Kubernetes。云通过即用即付模式提供实用型计算。常见的云服务包括基础设施即服务（IaaS）、平台即服务（PaaS）和软件即服务（SaaS）。云提供用户可能需要的所有基础设施的访问，用户无须担心购买昂贵的硬件和建设数据中心的成本等。云还可以提供软件构建块，用户可以使用它们来缩短软件开发周期。

在微服务架构中，容器是打包应用程序代码的方式。它们提供环境的一致性和服务之间的隔离，可以解决嘈杂的邻居问题。

另一方面，Kubernetes 通过提供容器生命周期管理并解决在生产中运行容器的许多挑战，使容器的使用变得更加容易。但是，随着微服务数量的增长，你将开始面临微服务之间流量管理的挑战。Kubernetes 确实提供了基于 kube-proxy 和基于 iptables 规则的流量管理，但它无法提供应用程序网络。

最后本章还讨论了 Service Mesh，它是在 Kubernetes 之上的基础设施层，负责应用程序网络。它的工作方式是提供一个数据平面，基本上是应用程序感知服务代理（例如 Envoy）的集合，然后由一组称为控制平面的组件进行控制。

在下一章中，我们将介绍 Istio，它是最流行的服务网格实现之一。

第2章　Istio 入门

第 1 章讨论了单体架构及其缺点，阐释了微服务架构的工作原理以及它为大型复杂应用程序提供模块化的方式。

微服务架构利用云容器和 Kubernetes，通过隔离和模块化实现可扩展性，并且具有更易于部署、弹性和容错等特点。

容器是云原生应用程序的默认打包格式，而 Kubernetes 则是容器生命周期管理和部署编排的事实上的平台。

微服务的分布式、高度可扩展性以及与其他微服务并行工作的能力放大了微服务之间的通信挑战，以及微服务通信和执行的可见性等操作挑战。

微服务之间需要安全通信，以避免被利用和攻击，例如中间人攻击（man-in-the-middle attack）。为了以经济高效且高性能的方式解决这些挑战，需要一个应用程序网络基础设施，后者也称为服务网格。Istio 就是这样一种服务网格的实现，它得到了一些优秀组织的开发和支持，包括 Google、Red Hat、VMware、IBM、Lyft、Yahoo 和 AT&T 等。

本章将安装并运行 Istio，同时还将了解它的架构及其各种组件。本章将帮助读者理解 Istio 和其他 Service Mesh 实现之间的区别。在充分了解安装工作原理后，读者应该能够配置和设置环境，然后安装 Istio。

安装完成后，你将启用 Istio Sidecar 注入 Istio 安装附带的示例应用程序。我们将逐步查看示例应用程序的 Istio 启用前后，并了解 Istio 的工作原理。

本章包含以下主题。

- ❑ Istio 简介。
- ❑ 探索 Istio 的替代方案。
- ❑ 准备工作站以安装 Istio。
- ❑ 安装 Istio。
- ❑ 可观察性工具。
- ❑ Istio 架构。

2.1　Istio 简介

Istio 代表的是希腊语单词 ιστίο，发音为 Iss-tee-oh（意丝迪欧），重音在"意"上。

Istio 的意思是风帆，这是一种由织物或类似材料制成的非弯曲、非压缩结构。它通过风产生的升力和阻力推动帆船。最初的贡献者选择 Istio 作为名称的原因可能与 Kubernetes 的命名有关，因为 Kubernetes 也起源于希腊语，写作 κυβερνήτης，发音为 koo-burr-net-eez（库贝内替思），重音在"内"上。Kubernetes 的意思是舵手，即掌舵并把握航向的人。

　　Istio 是一个在 Apache License 2.0 下分发的开源服务网格。它与平台无关，这意味着它独立于底层 Kubernetes 提供商。Istio 还不仅支持 Kubernetes，还支持虚拟机等非 Kubernetes 环境。话虽如此，Istio 开发对于 Kubernetes 环境来说要成熟得多，并且对于其他环境的适应和发展也非常快。

　　Istio 拥有非常成熟的开发社区、强大的用户基础，并且具有高度可扩展性和可配置性，可以在 Service Mesh 内提供可靠的流量和安全操作控制。

　　Istio 还使用高级和细粒度的指标提供行为见解。它支持 WebAssembly，这对于可扩展性和针对特定需求的定制非常有用。

2.2　探索 Istio 的替代方案

　　Istio 还有其他多种替代方案，各有其优缺点。在这里，我们将列出一些其他可用的服务网格实现。

2.2.1　Kuma

　　截至本文撰写时（2022 年），Kuma 是一个云原生计算基金会（Cloud Native Computing Foundation，CNCF）沙盒项目，最初由 Kong Inc. 创建，该公司还提供开源和商业版本的 Kong API 管理网关。Kong Inc. 将 Kuma 宣传为具有捆绑式 Envoy 代理集成的现代分布式控制平面。它支持高度分布式应用程序的多云和多区域连接。

　　Kuma 数据平面由 Envoy 代理组成，然后由 Kuma 控制平面进行管理，它不仅支持部署在 Kubernetes 上的工作负载，还支持部署在虚拟机和裸机环境上的工作负载。

　　Kong Inc. 还提供名为 Kong Mesh 的企业级服务网格产品，它扩展了云原生计算基金会的 Kuma 和 Envoy。

2.2.2　Linkerd

　　Linkerd 最初由 Buoyant, Inc.创建，但后来开源，现在可以在 Apache V2 下获得许可。Buoyant, Inc. 还提供 Linkerd 托管云产品，以及为想要自己运行 Linkerd 但需要企业支持的客户提供企业级支持产品。

Linkerd 通过提供运行时调试、可观察性、可靠性和安全性，使运行服务变得更容易、更安全。与 Istio 一样，用户不需要更改应用程序源代码；相反，可以在每个服务旁边安装一组超轻型透明 Linkerd2 代理。

Linkerd2-proxy 是一个用 Rust 语言编写的微代理，并作为 Sidecar 与应用程序一起部署在 Pod 中。Linkerd 代理是专门为 Service Mesh 用例编写的，可以说比 Envoy 更快，后者在 Istio 和许多其他 Service Mesh 实现（如 Kuma）中用作 Sidecar。

Envoy 是一个很棒的代理，但专为多种用例而设计。例如，Istio 使用 Envoy 作为入口（Ingress）和出口（Egress）网关，以及同时与应用程序一起使用的 Sidecar。许多 Linkerd 实现使用 Linkerd 作为服务网格和基于 Envoy 的入口控制器。

2.2.3　Consul

Consul 是 Hashicorp 的 Service Mesh 解决方案。它是开源的，但还附带 Hashicorp 的云和企业级支持产品。Consul 可以部署在 Kubernetes 以及基于虚拟机的环境上。在服务网格之上，Consul 还提供服务目录、TLS 证书和服务间授权的所有功能。

Consul 的数据平面提供了两种选择：用户可以选择类似于 Istio 的基于 Envoy 的 Sidecar 模型，也可以通过 Consul Connect SDK 进行本机集成，这样就无须注入 Sidecar，并提供比 Envoy 代理更好的性能。

还有一个区别是，用户需要在 Kubernetes 集群中的每个工作节点以及非 Kubernetes 环境中的每个节点上运行 Consul 代理作为守护进程。

2.2.4　AWS App Mesh

App Mesh 是 AWS 提供的服务网格产品，它可以部署在 AWS 的弹性容器服务（elastic container service，ECS）上，适用于 Kubernetes 的弹性容器服务或在 AWS 中运行的自托管 Kubernetes 集群上的工作负载。

与 Istio 一样，App Mesh 也使用 Envoy 作为 Pod 中的 Sidecar 代理，而控制平面则由 AWS 作为托管服务提供，类似于 EKS。

此外，App Mesh 还提供与各种其他 AWS 服务（例如 Amazon Cloudwatch 和 AWS X-Ray 等）的集成。

2.2.5　OpenShift Service Mesh

Red Hat OpenShift Service Mesh 基于 Istio。事实上，红帽（Red Hat）也是 Istio 开源

项目的贡献者。该产品与用于分布式跟踪的 Jaeger 和用于可视化网格、查看配置和流量监控的 Kiali 捆绑在一起。

与 Red Hat 的其他产品一样，用户可以购买 OpenShift Service Mesh 的企业级支持。

2.2.6　F5 NGINX Service Mesh

NGINX 是 F5 的一部分，因此，其服务网格产品称为 F5 NGINX Service Mesh。它使用 NGINX Ingress 控制器和 NGINX App Protect 来保护边缘的流量，然后使用 Ingress 控制器路由到网格。NGINX Plus 用作应用程序的 Sidecar，提供无缝且透明的负载平衡、反向代理、流量路由和加密。

NGINX 使用 OpenTracing 和 Prometheus 执行指标收集和分析，同时提供内置 Grafana 仪表板用于 Prometheus 指标的可视化。

以上就是对 Service Mesh 实现的简要介绍，我们将在本书末尾的附录 A 中更深入地介绍其中的一些内容。

现在，让我们将注意力拉回到 Istio。在接下来的章节中，我们将详细介绍 Istio 的优点，不过首先需要安装它并启用与它一起打包的应用程序。

2.3　准备工作站以安装 Istio

在前几章中，我们将使用 minikube 来安装和使用 Istio。在后面的章节中，我们将在 AWS EKS 上安装 Istio 来模拟现实应用场景。

首先，让我们用 minikube 准备好笔记本计算机/台式机。如果读者的环境中已经安装了 minikube，强烈建议升级到最新版本。

如果没有安装 minikube，应按照说明安装 minikube。minikube 是安装在读者的工作站上的本地 Kubernetes，可以让读者轻松学习和使用 Kubernetes 和 Istio，而不需要大量计算机来安装 Kubernetes 集群。

2.3.1　系统和硬件需求

在操作系统方面，读者将需要 Linux、macOS 或 Windows 系统。本书将主要以 macOS 为目标操作系统。在 Linux 和 macOS 之间的命令存在较大差异的地方，读者将会看到一些以"注意"框的形式提供的相应步骤/命令。

在硬件方面，读者至少需要两个 CPU 核心和 2GB 可用内存。

此外，读者还需要 Docker Desktop（如果使用的是 macOS 或 Windows 系统）或适用于 Linux 的 Docker Engine。如果没有安装 Docker，则只需按照以下网址中的说明进行操作即可。

https://docs.docker.com/

读者可根据自己的操作系统在计算机上安装相应的 Docker。

2.3.2 安装 minikube 和 Kubernetes 命令行工具

我们将使用 Homebrew 来安装 minikube。但是，如果你尚未安装 Homebrew，则可以使用以下命令安装 Homebrew。

```
$/bin/bash -c "$(curl -fsSL https://raw.githubusercontent.com/
Homebrew/install/HEAD/install.sh)"
```

请按以下步骤操作。

（1）使用 brew install minikube 命令安装 minikube。

```
$ brew install minikube
Running `brew update --preinstall`...
..
==> minikube cask is installed, skipping link.
==> Caveats
Bash completion has been installed to:
    /usr/local/etc/bash_completion.d
==> Summary
    /usr/local/Cellar/minikube/1.25.1: 9 files, 70.3MB
==> Running `brew cleanup minikube`...
```

安装完成后，在 Homebrew Cellar 文件夹中创建指向新安装的二进制文件的符号链接。

```
$ brew link minikube
Linking /usr/local/Cellar/minikube/1.25.1... 4 symlinks
created.
$ which minikube
/usr/local/bin/minikube
$ ls -la /usr/local/bin/minikube
lrwxr-xr-x 1 arai admin 38 22 Feb 22:12 /usr/local/
bin/minikube -> ../Cellar/minikube/1.25.1/bin/minikube
```

要测试该安装，可使用以下命令查找 minikube 版本。

```
$ minikube version
minikube version: v1.25.1
commit: 3e64b11ed75e56e4898ea85f96b2e4af0301f43d
```

Linux 用户请注意！

如果你是在 Linux 系统上安装，则可以使用以下命令安装 minikube。

```
$ curl -LO https://storage.googleapis.com/minikube/releases/latest/
minikube-linux-amd64
$ sudo install minikube-linux-amd64 /usr/local/bin/minikube
```

（2）如果你的计算机上尚未安装 kubectl，则下一步就是安装它。

kubectl 是 Kubernetes 命令行工具（Kubernetes command-line tool）的缩写形式，发音为 kube-control。kubectl 允许用户针对 Kubernetes 集群运行命令。用户可以在 Linux、Windows 或 macOS 上安装 kubectl。

以下步骤使用 Brew 在 macOS 上安装 kubectl。

```
$ brew install kubectl
```

用户可以使用以下步骤在基于 Debian 的计算机上安装 kubectl。

```
I.   sudo apt-get update
II.  sudo apt-get install -y apt-transport-https
     ca-certificates curl
III. sudo curl -fsSLo /usr/share/keyrings/
     kubernetes-archive-keyring.gpg
     https://packages.cloud.google.com/apt/doc/apt-key.gpg
IV.  echo "deb [signed-by=/usr/share/keyrings/
     kubernetes-archive-keyring.gpg]
     https://apt.kubernetes.io/ kubernetes-xenial main" | sudo
     tee /etc/apt/sources.list.d/kubernetes.list
V.   echo "deb [signed-by=/usr/share/keyrings/kubernetes-archive-
     keyring.gpg] https://apt.kubernetes.io/ kubernetes-xenial
     main" | sudo tee /etc/apt/sources.list.d/kubernetes.list
VI.  sudo apt-get update
VII. sudo apt-get install -y kubectl
```

可以使用以下步骤在 Red Hat 计算机上安装 kubectl。

```
I.   cat <<EOF | sudo tee /etc/yum.repos.d/kubernetes.repo
II.  [kubernetes]
III. name=Kubernetes
IV.  baseurl=https://packages.cloud.google.com
     /yum/repos/kubernetes-el7-x86_64
```

```
V.   enabled=1
VI.  gpgcheck=1
VII. repo_gpgcheck=1
VIII.gpgkey=https://packages.cloud.google.com/
     yum/doc/yum-key.gpg
     https://packages.cloud.google.com/yum/doc/rpm-package-key.gpg
IX.  ckages.cloud.google.com/yum/doc/rpm-package-key.gpg
X.   EOF
XI.  sudo yum install -y kubectl
```

现在已经具备了在本地运行 Kubernetes 所需的一切，因此应继续输入以下命令。确保你以具有管理访问权限的用户身份登录。

可以将 minikube start 与 Kubernetes 版本一起使用，如下所示。

```
$ minikube start --kubernetes-version=v1.23.1
  minikube v1.25.1 on Darwin 11.5.2
  Automatically selected the hyperkit driver
..
  Done! kubectl is now configured to use the "minikube" cluster
and "default" namespace by default
```

可以在控制台输出中看到 minikube 正在使用 HyperKit 驱动程序。HyperKit 是 macOS 上使用的开源虚拟机管理程序。还可以通过传递-driver=hyperkit 来明确指定 minikube 使用 Hyperkit 驱动程序。

📝 Linux 和 Windows 用户请注意！

对于 Linux，可以使用以下命令。

```
minikube start--driver=docker
```

在这种情况下，minikube 将作为 Docker 容器运行。

对于 Windows 系统，可以使用以下命令。

```
minikube start-driver=virtualbox
```

为了避免在每次启动 minikube 时输入--driver，可以使用以下命令来配置默认驱动程序，其中 DRIVERNAME 可以是 Hyperkit、Docker 或 VirtualBox。

```
minikube config set driver DRIVERNAME
```

可使用以下命令验证 kubectl 是否正常工作以及 minikube 是否也已正常启动。

```
$ kubectl cluster-info
Kubernetes control plane is running at
```

```
https://192.168.64.6:8443
CoreDNS is running at https://192.168.64.6:8443/api/v1/
namespaces/kube-system/services/kube-dns:dns/proxy
```

在上面的输出中可以看到，Kubernetes 控制平面和 DNS 服务器都在运行。

minikube 和 kubernetes-cli 的安装到此结束。现在你拥有一个本地运行的 Kubernetes 集群以及通过 kubectl 与其进行通信的方法。

2.4　安装 Istio

想必读者已经迫不及待地想阅读这一节了。下面就来安装 Istio，只需按照以下说明进行操作即可。

2.4.1　下载安装文件

首先从以下网址下载 Istio。

https://github.com/istio/istio/releases

读者也可以使用 curl 通过以下命令进行下载。最好创建一个要下载二进制文件的目录，并从该目录中运行以下命令。让我们将该目录命名为 ISTIO_DOWNLOAD，然后从该目录中运行以下命令。

```
$ curl -L https://istio.io/downloadIstio | sh -
Downloading istio-1.13.1 from https://github.com/istio/istio/
releases/download/1.13.1/istio-1.13.1-osx.tar.gz ...
Istio 1.13.1 Download Complete!
```

上述命令将最新版本的Istio下载到ISTIO_DOWNLOAD位置。如果仔细剖析该命令，那么它有两个部分。

```
$ curl -L https://istio.io/downloadIstio
```

命令的第一部分将从以下网址下载脚本（位置可能会更改）。

https://raw.githubusercontent.com/istio/istio/master/release/downloadIstioCandidate.sh

然后将第二部分的脚本提供给 sh 执行。

这些脚本将分析处理器架构和操作系统，并在此基础上决定 Istio 版本（ISTIO_VERSION）、操作系统（OSEXT）和处理器架构（ISTIO_ARCH）的适当值。

接下来，该脚本将这些值填充到以下 URL 中。

```
https://github.com/istio/istio/releases/download/${ISTIO_VERSION}/
istio-${ISTIO_VERSION}-${OSEXT}-${ISTIO_ARCH}.tar.gz
```

然后下载 gz 文件并解压。

2.4.2　查看安装包

让我们查看一下 ISTIO_DOWNLOAD 位置中下载的内容。

```
$ ls
istio-1.13.1
$ ls istio-1.13.1/
LICENSE README.md bin manifest.yaml manifests samples tools
```

以下是这些文件夹的简要说明。

❑ bin 包含 istioctl，也称为 Istio-control，它是 Istio 命令行，用于调试和诊断 Istio，以及创建、列出、修改和删除配置资源。

❑ samples 包含将用于学习的示例应用程序。

❑ manifest 中包含的是 Helm 图表，读者现在不需要关心这一内容。当我们希望安装过程从 manifest 中获取图表而不是默认图表时，才会用到它们。

2.4.3　使用 istioctl 执行安装

由于要使用 istioctl 来执行安装，因此需将其添加到可执行路径。

```
$ pwd
/Users/arai/istio/istio-1.13.1
$ export PATH=$PWD/bin:$PATH
$ istioctl version
no running Istio pods in "istio-system"
1.13.1
```

只需一条命令即可安装 Istio。继续输入以下命令来完成安装。

```
$ istioctl install --set profile=demo
This will install the Istio 1.13.1 demo profile with ["Istio
core" "Istiod" "Ingress gateways" "Egress gateways"] components
into the cluster. Proceed? (y/N) y
√   Istio core installed
√   Istiod installed
```

```
√   Egress gateways installed
√   Ingress gateways installed
√   Installation complete
Making this installation the default for injection and validation.
Thank you for installing Istio 1.13.
```

💡 提示：

可以传递-y 参数以避免出现上面的（Y/N）问题。其命令如下：

```
istioctl install --set profile=demo -y
```

现在，读者已经通过 8 个命令成功完成了 Istio 的安装，包括平台设置。

如果读者一直在使用 minikube 和 kubectl，那么只要通过 3 个命令即可完成安装。如果已经将其安装在现有的 minikube 设置上，那么现阶段建议在新集群上安装 Istio，而不是在现有集群和其他应用程序上安装。

2.4.4　检查安装结果

让我们看看已经安装了什么。首先从分析命名空间开始。

```
$ kubectl get ns
NAME               STATUS   AGE
default            Active   19h
istio-system       Active   88m
kube-node-lease    Active   19h
kube-public        Active   19h
kube-system        Active   19h
```

可以看到该安装创建了一个名为 istio-system 的新命名空间。

检查一下 istio-system 命名空间中有哪些 Pod 和服务。

```
$ kubectl get pods -n istio-system
NAME         READY   STATUS    RESTARTS       AGE
pod/istio-egressgateway-76c96658fd-
pgfbn        1/1     Running   0     88m
pod/istio-ingressgateway-569d7bfb4-
8bzww        1/1     Running   0     88m
pod/istiod-74c64d89cb-
m44ks        1/1     Running   0     89m
```

输出的前一部分显示了 istio-system 命名空间下运行的各种 Pod，以下将显示 istio-system 命名空间中的服务。

```
$ kubectl get svc -n istio-system
NAME    TYPE    CLUSTER-IP  EXTERNAL-IP
    PORT(S)           AGE
service/istio-egressgate way    ClusterIP    10.97.150.168
    <none>     80/TCP,443/TCP           88m
service/istio-ingressgateway LoadBalancer 10.100.113.119
    <pending>  15021:31391/TCP,80:32295/TCP,443:31860/
TCP,31400:31503/TCP,15443:31574/TCP      88m
service/istiod      ClusterIP         10.110.59.167
    <none>     15010/TCP,15012/TCP,443/TCP,15014/TCP 89m
```

可使用以下命令检查所有资源。

```
$ kubectl get all -n istio-system
```

在 istio-system 命名空间中，Istio 安装了 istiod 组件，它是 Istio 的控制平面。还有各种其他自定义配置，例如 Kubernetes Custom Resource Definitions、ConfigMaps、Admission Webhooks、Service Accounts、Role Bindings 以及已安装的 Secrets。

下一章将更详细地研究 istiod 和其他控制平面组件。现在，让我们为随附的示例应用程序启用 Istio。

2.4.5　为示例应用程序启用 Istio

为了使示例应用程序中的工作与其他资源隔离，我们将首先创建一个名为 bookinfons 的 Kubernetes 命名空间。

创建命名空间后，即可在 bookinfons 命名空间中部署示例应用程序。

你需要从 Istio 安装目录（即$ISTIO_ DOWNLOAD/istio-1.13.1）运行第二个命令。

```
$ kubectl create ns bookinfons
namespace/bookinfons created
$ kubectl apply -f samples/bookinfo/platform/kube/bookinfo.yaml
-n bookinfons
```

所有已经创建的资源都定义在 samples/bookinfo/platform/kube/bookinfo.yaml 文件中。

使用以下命令检查已创建的 Pod 和服务。

```
$ kubectl get po -n bookinfons
$ kubectl get svc -n bookinfons
```

可以看到，details（详细信息）、productpage（产品页面）和 ratings（评级）各有一个 Pod，以及用于不同 review（评论）版本的 3 个 Pod。每个微服务都有一个服务。除了具有 3 个端点的 kubectl review 服务，所有这些服务都很相似。

使用以下命令，检查一下 review 服务定义与其他服务有何不同。

```
$ kubectl describe svc/reviews -n bookinfons
...
Endpoints:
        172.17.0.10:9080,172.17.0.8:9080,172.17.0.9:9080
...
$ kubectl get endpoints -n bookinfons
NAME                 ENDPOINTS
                                               AGE
details         172.17.0.6:9080
                                          18h
productpage     172.17.0.11:9080
                                          18h
ratings         172.17.0.7:9080
                                          18h
reviews
    172.17.17.0.10:9080,172.17.0.8:9080,172.17.0.9:9080     18h
```

现在 bookinfo 应用程序已成功部署，让我们使用以下命令访问 bookinfo 应用程序的产品页面。

```
$ kubectl port-forward svc/productpage 9080:9080 -n bookinfons
Forwarding from 127.0.0.1:9080 -> 9080
Forwarding from [::1]:9080 -> 9080
Handling connection for 9080
```

继续并在 Web 浏览器中输入以下网址。

http://localhost:9080/productpage

也可以通过 curl 命令来完成访问。此时看到的产品页面如图 2.1 所示。

如果可以看到 productpage，则表示你已成功部署示例应用程序。

如果没有 Web 浏览器，则该如何访问产品页面？

如果没有 Web 浏览器，可以使用以下命令。

```
curl -sS localhost:9080/productpage
```

现在我们已经成功部署了 Istio 附带的示例应用程序，接下来让我们为其启用 Istio。

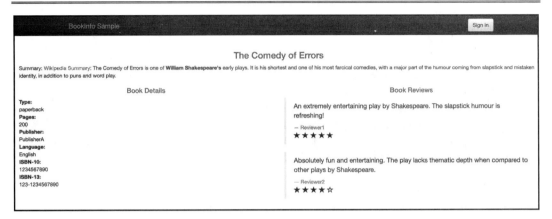

图 2.1　BookInfo 应用程序的产品页面

2.4.6　Sidecar 注入

Sidecar 注入（injection）是将 istio-proxy 作为 Sidecar 注入 Kubernetes Pod 的方式。Sidecar 是在 Kubernetes Pod 中与主容器一起运行的附加容器。

通过与主容器一起运行，Sidecar 可以与 Pod 中的其他容器共享网络接口；istio-proxy 容器可以利用这种灵活性来调解并控制与主容器之间的所有通信。我们将在第 3 章"理解 Istio 控制平面和数据平面"中阐释有关 Sidecar 的更多信息。现在，我们将通过为示例应用程序启用 Istio 来继续前进。

让我们看看为此应用程序启用 Istio 之前和之后的一些有趣的细节。

```
$ kubectl get ns bookinfons -show-labels
NAME          STATUS   AGE      LABELS
bookinfons    Active   114m     kubernetes.io/metadata.
name=bookinfons
```

让我们看一下其中一个 Pod，productpage。

```
$ kubectl describe pod/productpage-v1-65b75f6885-8pt66 -n
bookinfons
```

将输出复制到一个安全的地方。一旦为 bookinfo 应用程序启用了 Istio，我们将使用此信息来比较结果。

需要先删除已经部署的内容。

```
$ kubectl delete -f samples/bookinfo/platform/kube/bookinfo.
yaml -n bookinfons
```

等待几秒钟，检查 bookinfons 命名空间中的所有资源是否已终止。之后，为 bookinfons 启用 istio-injection。

```
$ kubectl label namespace bookinfons istio-injection=enabled
namespace/bookinfons labeled
$ kubectl get ns bookinfons -show-labels
NAME            STATUS    AGE       LABELS
bookinfons  Active    21h       istio-injection=enabled,kubernetes.
io/metadata.name=bookinfons
```

💡 **手动注入 Sidecar**

另一种选择是手动注入 Sidecar，方法是使用 istioctl kube-inject 来增强部署描述符文件，然后使用 kubectl 应用它。

```
$ istioctl kube-inject -f deployment.yaml -o
deployment-injected.yaml | kubectl apply -f -
```

继续部署 bookinfo 应用程序。

```
$ kubectl apply -f samples/bookinfo/platform/kube/bookinfo.yaml
-n bookinfons
```

让我们检查一下已经创建了什么。

```
$ kubectl get po -n bookinfons
```

可以看到，Pod 中的容器数量现在不再是 1 个，而是 2 个。在我们启用 istio-injection 之前，Pod 中的容器数量是 1。我们将很快讨论附加的容器是什么。现在先来检查一下服务数量是否有变化。

```
$ kubectl get svc -n bookinfons
```

好吧，虽然 Pod 行为发生了变化，但服务行为却没有明显变化。让我们更深入地研究其中一个 Pod。

```
$ kubectl describe po/productpage-v1-65b75f6885-57vnb -n
bookinfons
```

该命令的完整输出可以在本章配套 GitHub 存储库中的 Output references/Chapter 2/productpage pod.docx 中找到。

可以看到，productpage Pod 的 Pod 描述以及 bookinfons 中的每个其他 Pod 都有另一个名为 istio-proxy 的容器和一个名为 istio-init 的初始容器。当我们最初创建它们时它们并不存在，但在使用以下命令应用 istio-injection=enabled 标签后即可添加它们。

```
kubectl label namespace bookinfons istio-injection=enabled
```

Sidecar 可以手动或自动注入。自动注入是更简单的 Sidecar 注入方法。但是，一旦熟悉了 Istio，即可通过修改应用程序资源描述符文件来手动注入 Sidecar。现在，让我们简单看一下自动 Sidecar 注入是如何工作的。

Istio 使用 Kubernetes 准入控制器（admission controller）。Kubernetes 准入控制器负责拦截对 Kubernetes API 服务器的请求。拦截发生在身份验证和授权之后，但在对象的修改/创建/删除之前。

可以使用以下命令找到这些准入控制器。

```
$ kubectl describe po/kube-apiserver-minikube -n kube-system |
grep enable-admission-plugins
--enable admission plugins=NamespaceLifecycle, LimitRanger,
ServiceAccount,DefaultStorageClass, DefaultTolerationSeconds,
NodeRestriction, MutatingAdmissionWebhook,
ValidatingAdmissionWebhook, ResourceQuota
```

Istio 将利用变异准入 Webhook 进行自动 Sidecar 注入。让我们看看集群中配置了哪些变异准入 Webhook。

```
$ kubectl get --raw /apis/admissionregistration.k8s.io/v1/
mutatingwebhookconfigurations | jq '.items[].metadata.name'
"istio-revision-tag-default"
"istio-sidecar-injector"
```

图 2.2 显示了准入控制器在对 Kubernetes API 服务器进行 API 调用期间的角色。变异准入 Webhook 控制器负责 Sidecar 的注入。

在第 3 章 "理解 Istio 控制平面和数据平面" 中将更详细地介绍 Sidecar 注入。现在，让我们先将注意力转移回 Pod 描述符由于 istio-injection 而发生的变化。

产品页面 Pod 描述的 istio-init 配置中提到了 istio-iptables，可使用以下命令查看。

```
kubectl describe po/productpage-v1-65b75f6885-57vnb -n
bookinfons
```

以下是 Pod 描述符的片段。

```
istio-iptables -p 15001 -z 15006 -u 1337 -m REDIRECT -I '*' -x
"" -b '*' -d 15090,15021,15020
```

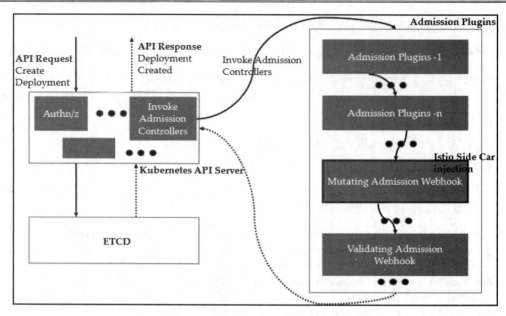

图 2.2　Kubernetes 中的准入控制器

原　　文	译　　文
API Request	API 请求
Create Deployment	创建部署
Authn/z	身份验证
Invoke Admission Controllers	激活准入控制器
Kubernetes API Server	Kubernetes API 服务器
API Response	API 响应
Deployment Created	部署已创建
Admission Plugins	准入插件
Istio Side Car injection	Istio Side Car 注入
Mutating Admission Webhook	变异准入 Webhook
Validating Admission Webhook	验证准入 Webhook

istio-iptables 是一个初始化脚本,负责通过 iptables 为 Istio Sidecar 代理设置端口转发。以下是该脚本执行期间传递的各种参数。

❑　-p 指定所有 TCP 流量将重定向到的 Envoy 端口。

❑　-z 指定 Pod 的所有入站流量应重定向到的端口。

❑　-u 是不应用重定向的用户的 UID。

❑　-m 是用于重定向入站连接的模式。

❑ -I 是需要重定向到 Envoy 的出站连接的 CIDR 块目的地中的 IP 范围列表。

❑ -x 是需要免除重定向到 Envoy 的出站连接的 CIDR 块目的地列表。

❑ -b 是需要将流量重定向到 Envoy 的入站端口列表。

❑ -d 是需要排除重定向到 Envoy 的入站端口列表。

总结 istio-init 容器中的上述参数可知，该容器正在执行一个脚本 istio-iptables，该脚本基本上是在 Pod 级别创建 iptables 规则。也就是说，它将应用于该 Pod 内的所有容器。该脚本配置应用以下内容的 iptables 规则。

❑ 所有流量应重定向到端口 15001。

❑ 到 Pod 的任何流量都应重定向到端口 15006。

❑ 此规则不适用于 UID 1337。

❑ 要使用的重定向模式是 REDIRECT。

❑ 到任何目的地（*）的所有出站连接都应重定向到 15001。

❑ 任何出站目的地均不受此规则约束。

❑ 来自任何 IP 地址的所有入站连接都需要进行重定向，目标端口为 15090、15021 或 15020 时除外。

我们将在第 3 章 "理解 Istio 控制平面和数据平面" 中深入探讨这一点，但是现在你只需要记住，init 容器基本上只是在 Pod 级别设置了一条 iptables 规则，该规则会将所有进入产品页面容器的端口 9080 的流量重定向到 15006，而所有从产品页面容器出去的流量将被重定向到端口 15001。

端口 15001 和 15006 都由 istio-proxy 容器公开，该容器是从 docker.io/istio/proxyv2:1.13.1 创建的。istio-proxy 容器与产品页面容器一起运行。除了 15001 和 15006，它还具有端口 15090、15021 和 15020。

Istio-iptables.sh 的网址如下。

https://github.com/istio/cni/blob/master/tools/packaging/common/istio-iptables.sh

读者可能还会注意到 istio-init 和 istio-proxy 均源自同一个 Docker 镜像 docker.io/istio/proxyv2:1.13.1。读者可以检查以下网址的 Docker 文件。

https://hub.docker.com/layers/proxyv2/istio/proxyv2/1.13.4/images/sha256-1245211d2fdc 0f86cc374449e8be25166b9d06f1d0e4315deaaca4d81520215e?context=explore

该 dockerfile 可以帮助读者更深入地了解镜像的构建方式。

```
# BASE_DISTRIBUTION is used to switch between the old base
distribution and distroless base images
```

```
..
ENTRYPOINT ["/usr/local/bin/pilot-agent"]
```

入口点（entry point）是一个名为 pilot-agent 的 Istio 命令/实用程序，当在 istio-proxy 容器中传递 proxy sidecar 参数时，它会引导 Envoy 作为 Sidecar 运行。当在 istio-init 容器初始化期间传递 istio-iptables 参数时，pilot-agent 还会在初始化期间设置 iptables。

💡 提示：

有关 pilot-agent 的更多信息如下。

通过从容器外部执行 pilot-agent，选择任何注入了 istio-proxy Sidecar 的 Pod，可以找到有关 pilot-agent 的更多信息。在下面的命令中，我们必须在 istio-system 命名空间中使用入口网关 Pod。

```
$ kubectl exec -it po/istio-ingressgateway-569d7bfb4-8bzww
-n istio-system -c istio-proxy -- /usr/local/bin/
pilot-agent proxy router --help
```

和前文一样，用户仍然可以使用 kubectl port-forward 从浏览器访问产品页面。

```
$ kubectl port-forward svc/productpage 9080:9080 -n bookinfons
Forwarding from 127.0.0.1:9080 -> 9080
Forwarding from [::1]:9080 -> 9080
Handling connection for 9080
```

到目前为止，我们已经了解了 Sidecar 注入及其对 Kubernetes 资源部署的影响。接下来，让我们看看 Istio 如何管理流量的入口和出口。

2.4.7　Istio 网关

我们还可以使用 Istio 入口网关来公开应用程序，而不是使用端口转发。网关用于管理进出网格的入站和出站流量。

网关提供对入站和出站流量的控制。用户可以再次尝试以下命令以列出 istiod 命名空间中的 Pod 并发现 Istio 安装期间已安装的网关。

```
$ kubectl get pod -n istio-system
NAME       READY     STATUS       RESTARTS       AGE
istio-egressgateway-76c96658fd-
pgfbn      1/1       Running      0              5d18h
istio-ingressgateway-569d7bfb4-
8bzww      1/1       Running      0              5d18h
istiod-74c64d89cb-
```

```
m44ks    1/1       Running      0          5d18h
$ kubectl get po/istio-ingressgateway-569d7bfb4-8bzww -n istio-
system -o json | jq '.spec.containers[].image'
"docker.io/istio/proxyv2:1.13.1"
$ kubectl get po/istio-egressgateway-76c96658fd-pgfbn -n istio-
system -o json | jq '.spec.containers[].image'
"docker.io/istio/proxyv2:1.13.1"
```

可以看到这些网关也是在网格中运行的另一组 Envoy 代理。它们类似于在 Pod 中作为 Sidecar 部署的 Envoy 代理，但在网关中，它们在通过 pilot-agent 部署的 Pod 中作为独立容器运行，并带有 proxy router 参数。

让我们研究一下出口网关的 Kubernetes 描述符。

```
$ kubectl get po/istio-egressgateway-76c96658fd-pgfbn -n istio-
system -o json | jq '.spec.containers[].args'
[
    "proxy",
    "router",
    "--domain",
    "$(POD_NAMESPACE).svc.cluster.local",
    "--proxyLogLevel=warning",
    "--proxyComponentLogLevel=misc:error",
    "--log_output_level=default:info"
]
```

再来研究一下网关服务。

```
$ kubectl get svc -n istio-system
NAME             TYPE          CLUSTER-
IP        EXTERNAL-IP
    PORT(S)                                    AGE
istio-egressgateway      ClusterIP    10.97.150.168    <none>
        80/TCP,443/TCP                         5d18h
istio-ingressgateway LoadBalancer
    10.100.113.119   <pending>        15021:31391/TCP,80:32295/
TCP,443:31860/TCP,31400:31503/TCP,15443:31574/TCP  5d18h
istiod ClusterIP  10.110.59.167    <none>           15010/
TCP,15012/TCP,443/TCP,15014/
TCP                                                5d18h
```

现在可以尝试使用以下命令来了解入口网关的端口。

```
$ kubectl get svc/istio-ingressgateway -n istio-system -o json
```

```
| jq '.spec.ports'
[
...
    {
        "name": "http2",
        "nodePort": 32295,
        "port": 80,
        "protocol": "TCP",
        "targetPort": 8080
    },
    {
        "name": "https",
        "nodePort": 31860,
        "port": 443,
        "protocol": "TCP",
        "targetPort": 8443
    },
    ...
```

你可以看到入口网关服务在端口 32295 和 31860 处从集群外部获取 http2 和 https 流量。在集群内部，流量在端口 80 和 443 处进行处理。然后 http2 和 https 流量转发到端口 8080 和 8443，再到底层入口 Pod。

让我们为 bookinfo 服务启用入口网关。

```
$ kubectl apply -f samples/bookinfo/networking/bookinfo-
gateway.yaml -n bookinfons
gateway.networking.istio.io/bookinfo-gateway created
virtualservice.networking.istio.io/bookinfo created
```

再来看一下 bookinfo 虚拟服务的定义。

```
$ kubectl describe virtualservice/bookinfo -n bookinfons
Name:          bookinfo
..
API Version:   networking.istio.io/v1beta1
Kind:          VirtualService
...
Spec:
    Gateways:
        bookinfo-gateway
    Hosts:
        *
    Http:
```

```
      Match:
        Uri:
          Exact: /productpage
        Uri:
          Prefix: /static
        Uri:
          Exact: /login
        Uri:
          Exact: /logout
        Uri:
          Prefix: /api/v1/products
      Route:
        Destination:
          Host: productpage
        Port:
          Number: 9080
```

该虚拟服务并不限于任何特定主机名。它将/productpage、login 和/logout 以及带有 /api/v1/products 或/static 前缀的任何其他 URI 路由到端口 9080 上的 productpage 服务。你 应该还记得，9080 也是 productpage 服务公开的端口。

spec.gateways 注释意味着这个虚拟服务配置应该应用于 bookinfo-gateway，因此接下 来我们将仔细研究它。

```
$ kubectl describe gateway/bookinfo-gateway -n bookinfons
Name:             bookinfo-gateway
..
API Version:      networking.istio.io/v1beta1
Kind:             Gateway
..
Spec:
  Selector:
    Istio: ingressgateway
  Servers:
    Hosts:
      *
    Port:
      Name:       http
      Number:     80
      Protocol:   HTTP
..
```

该网关资源描述了接收进出网格的传入和传出连接的负载均衡器。上述示例首先定义了该配置需应用于具有 Istio: ingressgateway 标签的 Pod（istiod 命名空间中的入口网关 Pod）。该配置未绑定到任何主机名，并且它在端口 80 上进行 HTTP 流量连接。

因此，总而言之，你有一个以网关形式定义的负载均衡器配置，另外还有以虚拟服务形式定义的到后端的路由配置。这些配置将应用于代理 Pod，在本示例中为 istio-ingressgateway-569d7bfb4-8bzww。

在浏览器中打开产品页面时，可以检查代理 Pod 的日志。

首先找到 IP 和端口（入口网关服务中的 HTTP2 端口）。

```
$ echo $(minikube ip)
192.168.64.6
$ echo $(kubectl -n istio-system get service istio-
ingressgateway -o jsonpath='{.spec.ports[?(@.name=="http2")].nodePort}')
32295
```

可以通过以下 URL 获取产品。

http://192.168.64.6:32295/api/v1/products

你可以在浏览器中访问或通过 curl 执行此操作。

将 istio-ingressgateway Pod 的日志流式传输到 stdout。

```
$ kubectl logs -f pod/istio-ingressgateway-569d7bfb4-8bzww -n
istio-system
"GET /api/v1/products HTTP/1.1" 200 - via_upstream - "-"
0 395 18 16 "172.17.0.1" "Mozilla/5.0 (Macintosh; Intel
Mac OS X 10_15_7) AppleWebKit/537.36 (KHTML, like Gecko)
Chrome/98.0.4758.102 Safari/537.36" "cfc414b7-10c8-9ff9-
afa4-a360b5ad53b8" "192.168.64.6:32295" "172.17.0.10:9080"
outbound|9080||productpage.bookinfons.svc.cluster.local
172.17.0.5:56948 172.17.0.5:8080 172.17.0.1:15370 - -
```

从该日志中可以推断入站请求 GET /api/v1/products HTTP/1.1 到达 192.168.64.6: 32295，然后路由到 172.17.0.10:9080。这是端点，即 productpage Pod 的 IP 地址。

图 2.3 说明了已注入 istio-proxy Sidecar 的 bookinfo Pod 和 Istio 入口网关的组成。

💡 提示：

如果遇到 TLS 错误（如证书过期）或任何其他 OpenSSL 错误，可以尝试使用以下命令重新启动 BookInfo 应用程序和 Istio 组件。

```
$ kubectl rollout restart deployment --namespace bookinfons
$ kubectl rollout restart deployment --namespace istio-system
```

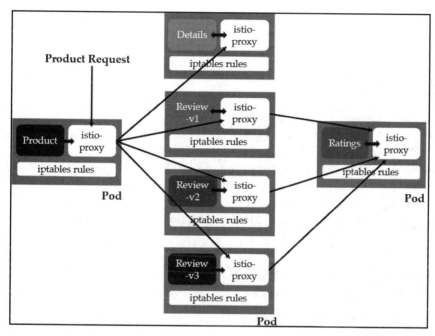

图 2.3　包含已注入 Sidecar 的 BookInfo 应用程序和用于流量入口的 Istio 入口网关

原　　文	译　　文	原　　文	译　　文
Product Request	产品请求	Details	详细信息
Product	产品	Review	评论
istio-proxy	istio 代理	Ratings	评级
iptables rules	iptables 规则		

现在读者已经熟悉了 Istio 的基本概念及其在工作站上的安装。接下来，我们将继续在 Istio 中安装附加组件。

2.5　可观察性工具

Istio 可以生成各种指标，然后将其输入到各种测试应用程序中。其开箱即用的安装还附带了一些附加组件，包括 kiali、Jaeger、Prometheus 和 Grafana 等。现在让我们来仔细研究一下它们。

2.5.1　kiali

我们要安装的第一个组件是 kiali，它是 Istio 的默认管理用户界面。可以首先通过运行以下命令来启用遥测工具。

```
$ kubectl apply -f samples/addons
serviceaccount/grafana created
...
$ kubectl rollout status deployment/kiali -n istio-system
Waiting for deployment "kiali" rollout to finish: 0 of 1
updated replicas are available...
deployment "kiali" successfully rolled out
```

创建所有资源并成功部署 kiali 后，即可使用以下命令打开 kiali 的仪表板。

```
$ istioctl dashboard kiali
http://localhost:20001/kiali
```

当用户想要对网格拓扑以及底层网格流量进行可视化或故障排除时，kiali 非常方便。让我们快速浏览一下一些可视化效果。

如图 2.4 所示，Overview（概览）页面提供集群中所有命名空间的概述。

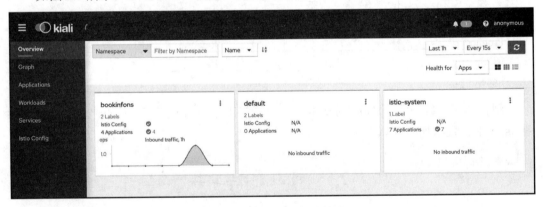

图 2.4　kiali 仪表板概览部分

单击右上角的 3 小点按钮以进一步深入该命名空间并更改其配置，如图 2.5 所示。

你还可以查看各个应用程序、Pod 和服务等。最有趣的可视化之一是 Graph（图），它表示指定时间段内网格中的流量，如图 2.6 所示。

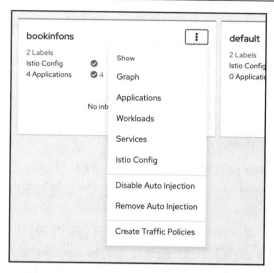

图 2.5　kiali 仪表板上命名空间的 Istio 配置

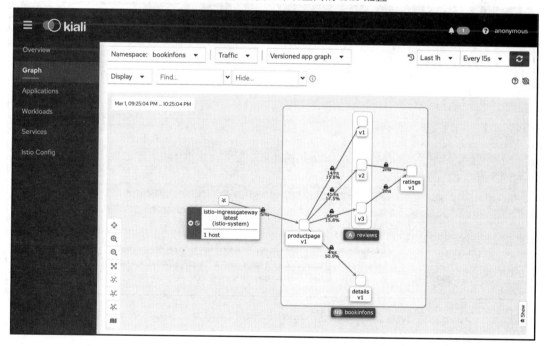

图 2.6　kiali 仪表板上的版本化应用程序图

图 2.6 显示的是 versioned app graph（版本化应用程序图），其中应用程序的多个版本将组合在一起；在本例中，可以看到一个 reviews（评论）应用程序。我们将在第 8 章

"将 Istio 扩展到跨 Kubernetes 的多集群部署"中更详细地研究这一点。

2.5.2　Jaeger

另一个附加组件是 Jaeger。可使用以下命令打开 Jaeger 仪表板。

```
$ istioctl dashboard jaeger
http://localhost:16686
```

上述命令应打开 Web 浏览器并显示 Jaeger 仪表板。Jaeger 是一款开源、端到端、分布式事务监控软件。当我们在第 4 章"管理应用程序流量"中构建和部署实际应用程序时，就明显需要这种工具。

在 Jaeger 仪表板的 Search（搜索）下，可选择你有兴趣查看流量的任何服务。选择服务并单击 Find Traces（查找跟踪）后，应该能够在 bookinfons 命名空间中看到涉及 details（详细信息）的所有跟踪，如图 2.7 所示。

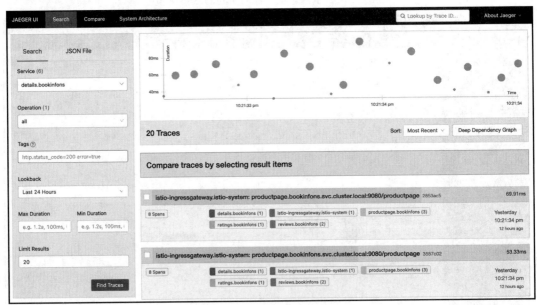

图 2.7　Jaeger 仪表板搜索部分

单击任何条目即可获取更多详细信息，如图 2.8 所示。

在图 2.8 中可以看到，整个调用花费了 69.91ms。详细信息由 productpage 调用，它们花了 2.97ms 才返回响应。单击任何服务即可查看进一步的详细跟踪。

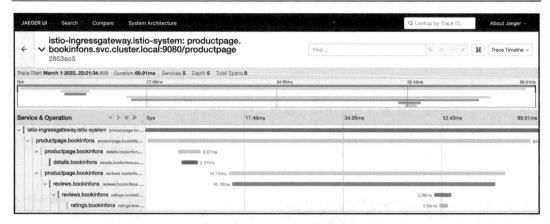

图 2.8　Jaeger 仪表板详细信息部分

2.5.3　Prometheus

接下来让我们看看 Prometheus，它也是一个开源的监控系统和时间序列数据库。Prometheus 用于捕获所有时间指标，以跟踪网格及其组成部分的运行状况。

要启动 Prometheus 仪表板，可使用以下命令。

```
$ istioctl dashboard prometheus
http://localhost:9090
```

这应该会在浏览器中打开 Prometheus 仪表板。通过我们的安装，Prometheus 将配置为从 istiod、入口和出口网关以及 istio-proxy 收集指标。

在如图 2.9 所示的例子中，可以看到我们正在检查 productpage 应用程序由 Istio 处理的请求总数。

图 2.9　Prometheus 仪表板上的 Istio 总请求

另一个值得关注的附加组件是 Grafana，它与 kiali 一样，是另一个可视化工具。

2.5.4　Grafana

要启动 Grafana 仪表板，可使用以下命令。

```
$ istioctl dashboard grafana
http://localhost:3000
```

图 2.10 显示了由 Istio 处理的 productpage 请求总数的可视化。

图 2.10　Grafana 仪表板探索部分

图 2.11 显示了 Istio 性能指标的另一个可视化。

可以看到，通过仅应用标签 istio-injection:enabled 即可为 BookInfo 应用程序启用服务网格。Sidecar 是自动注入的，并且默认启用 mTLS，以便在应用程序的不同微服务之间进行通信。此外，还有大量监控工具提供有关 BookInfo 应用程序及其底层微服务的信息。

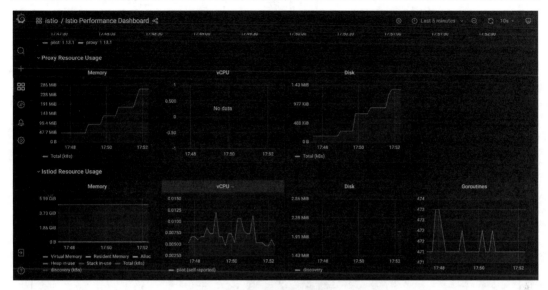

图 2.11　Grafana Istio 性能仪表板

2.6　Istio 架构

　　现在我们已经安装了 Istio，为 BookInfo 应用程序启用了它，并分析了它的操作，现在是时候用图表来简化我们到目前为止所讨论的内容了。图 2.12 显示了 Istio 架构的示意图。

　　可以看到，Istio 服务网格包括数据平面和控制平面两个部分。本章示例将它们都安装在一个节点上。在生产环境或非生产环境中，Istio 控制平面将安装在其自己单独的一组节点上。

　　控制平面（control plane）由 Istiod 组件以及其他一些 Kubernetes 配置组成，它们共同负责管理和提供数据平面的服务发现、与安全和流量管理相关的配置的传播，并提供和管理数据平面组件的身份和证书。

　　数据平面（data plane）是服务网格的另一个组成部分，由与 Pod 中的应用程序容器一起部署的 Istio 代理组成。Istio 代理基本上就是 Envoy。Envoy 是一种具有应用程序感知的服务代理，可根据控制平面的指令协调微服务之间的所有网络流量。Envoy 还将收集各种指标并向各种附加工具报告遥测数据。

　　后续章节将专门讨论控制平面和数据平面，并更深入地了解它们的功能和行为。

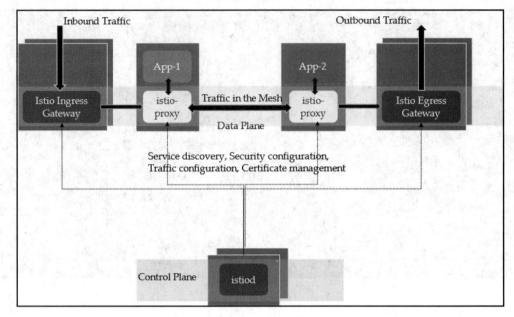

图 2.12　Istio 架构

原　　文	译　　文
Inbound Traffic	入站流量
Istio Ingress Gateway	Istio 入口网关
istio-proxy	Istio 代理
Traffic in the Mesh	网格中的流量
Data Plane	数据平面
Outbound Traffic	出站流量
Istio Egress Gateway	Istio 出口网关
Service discovery, Security configuration, Traffic configuration, Certificate management	服务发现、安全配置、流量配置、证书管理
Control Plane	控制平面

2.7　小　　结

　　本章准备了一个本地环境来使用 Istio 命令行实用程序 istioctl 安装 Istio。然后，通过将名为 istio-injection:enabled 的标签应用到托管微服务的命名空间来启用 Sidecar 注入。

　　我们简要介绍了 Kubernetes 准入控制器，解释了如何改变准入 Webhook 将 Sidecar

注入到 Kubernetes API 服务器的部署 API 调用中。我们还讨论了网关，并查看了随 Istio 一起安装的示例入口和出口网关。此类网关是一个独立的 istio-proxy，又名 Envoy 代理，用于管理进出网格的入口和出口流量。此后，本章还演示了如何配置在入口网关上公开的各种端口以及如何将流量路由到上游服务。

Istio 还提供了与各种遥测和可观测工具的集成。我们研究的第一个工具是 kiali，这是一个可以理解流量的可视化工具。它也是 Istio 服务网格的管理控制台。使用 kiali 时，用户还可以执行 Istio 管理功能，例如检查/修改各种配置以及检查基础设施状态。

除 Kiali 之外，本章还简要介绍了 Jaeger、Prometheus 和 Grafana 等可观察性工具，它们都是开源的，可以轻松与 Istio 集成。

本章内容为读者在接下来的章节中深入了解 Istio 奠定了基础并做好准备。在下一章中，我们将介绍 Istio 的控制平面和数据平面，深入研究它们的各个组件。

第 3 章　理解 Istio 控制平面和数据平面

在第 2 章 "Istio 入门" 中，简要介绍了 Istio 及其安装，以及如何将服务网格应用到示例应用程序。本章将深入研究 Istio 的控制平面和数据平面。

本章包含以下主题。

- ❏　探索 Istio 控制平面的组件。
- ❏　Istio 控制平面的部署模型。
- ❏　Envoy 探索。

本章将帮助读者了解 Istio 控制平面，以便可以规划生产环境中控制平面的安装。在阅读完本章之后，读者应该能够识别 Istio 控制平面的各个组件（包括 istiod），以及它们各自在 Istio 整体工作中所扮演的角色。

3.1　探索 Istio 控制平面的组件

图 3.1 总结了 Istio 架构以及各个组件之间的交互。鉴于在第 2 章 "Istio 入门" 中已经使用过入口网关和 istio-proxy，因此这里我们不再详细介绍它们，而是重点探索图 3.1 中 Istio 控制平面的其他一些组件。

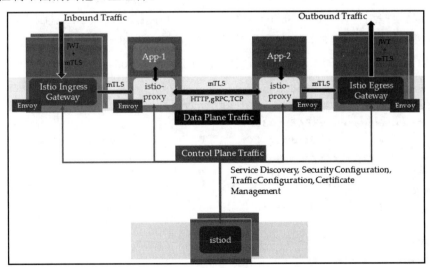

图 3.1　Istio 控制平面

原　　文	译　　文
Inbound Traffic	入站流量
Istio Ingress Gateway	Istio 入口网关
istio-proxy	Istio 代理
Data Plane Traffic	数据平面流量
Control Plane Traffic	控制平面流量
Outbound Traffic	出站流量
Istio Egress Gateway	Istio 出口网关
Service Discovery, Security Configuration, Traffic Configuration, Certificate Management	服务发现、安全配置、流量配置、证书管理

在深入研究控制平面的组件之前，让我们首先了解该术语的定义。

控制平面（control plane）是一组负责 Istio 数据平面操作的 Istio 服务。控制平面并不由单一组件构成，而是由多个组件组成。

接下来，让我们看看 Istio 控制平面的第一个组件：istiod。

3.1.1　istiod

istiod 是 Istio 控制平面的组件之一，提供服务发现、配置和证书管理功能。在 Istio 的早期版本中，控制平面由 Galley、Pilot、Mixer、Citadel、WebHook Injector 等组件组成。istiod 将这些组件（Pilot、Galley 和 Citadel）的功能统一到一个二进制文件中，以提供简化的安装、操作和监控，并且可以让各个 Istio 版本之间实现无缝升级。

让我们看一下运行在 istio-system 命名空间中的 istiod Pod。

```
$ kubectl get po -n istio-system
NAME         READY          STATUS        RESTARTS        AGE
istio-egressgateway-84f95886c7-
5gxps    1/1            Running          0            10d
istio-ingressgateway-6cb4bb68df-
qbjmq    1/1            Running          0            10d
istiod-65fc7cdd7-
r95jk    1/1            Running          0            10d

$ kubectl exec -it pod/istiod-65fc7cdd7-r95jk -n istio-system
-- /bin/sh -c «ps -ef"
UID          PID      PPID     C    STIME    TTY      TIME         CMD
```

```
istio-p+    1      0      0    Mar14    ?         00:08:26    /usr/
local/bin/pilot-discovery discovery --monitoringAddr=:15014
--log_output_level=default:info --domain cluster.local
--keepaliveMaxServerConnectionAge 30m
```

读者一定已经注意到，Pod 本身正在运行 pilot-discovery，并且基于以下镜像。

```
$ kubectl get pod/istiod-65fc7cdd7-r95jk -n istio-system -o
json | jq '.spec.containers[].image'
"docker.io/istio/pilot:1.13.1"
```

读者一定还注意到，istiod Pod 的镜像与作为 Sidecar 插入的 istio-proxy 镜像不同。istiod
镜像基于 pilot-discovery，而 Sidecar 则基于 proxyv2。

以下命令显示 Sidecar 容器是从 proxyv2 创建的。

```
$ kubectl get pod/details-v1-7d79f8b95d-5f4td -n bookinfons -o
json|jq '.spec.containers[].image'
"docker.io/istio/examples-bookinfo-details-v1:1.16.2"
"docker.io/istio/proxyv2:1.13.1"
```

现在我们知道 istiod Pod 是基于 pilot-discovery 的，接下来，让我们看看由 istiod 执行
的一些功能。

1. 配置监视功能

istiod 可以监视 Istio 自定义资源定义（custom resource definition，CRD）以及发送到
Kubernetes API 服务器的任何其他与 Istio 相关的配置。然后，任何此类配置都会在内部
进行处理并分发到 istiod 的各个子组件。用户通过 Kubernetes API 服务器与 Istio 服务网
格交互，但与 Kubernetes API 服务器的所有交互不一定都前往服务网格。

istiod 关注各种配置资源，通常是由某些特征（如标签、命名空间、注释等）标识的
Kubernetes API 服务器资源。然后，这些配置更新被拦截、收集并转换为 Istio 特定的格
式，并通过网格配置协议（mesh configuration protocol，MCP）分发到 istiod 的其他组件。

istiod 还实现了配置转发功能，在后面章节进行 Istio 的多集群安装时，我们还将仔细
讨论这一点。现在读者只需要知道，istiod 还可以通过 MCP 以拉取（pull）和推送（push）
模式将配置传递到另一个 istiod 实例。

2. API 验证

istiod 还添加了一个准入控制器，以在 Kubernetes API 服务器接收 Istio 资源之前强制

对其进行验证。在第 2 章 "Istio 入门"中，我们看到了两个准入控制器：变异 Webhook（mutating webhook）和验证 Webhook（validation webhook）。

变异 Webhook 负责通过添加 Istio Sidecar 注入的配置来增强对资源（例如部署资源）的 API 调用。

类似地，验证 Webhook 可以自动向 Kubernetes API 服务器注册，以便为 Istio CRD 的每个传入调用进行调用。当此类添加/更新/删除 Istio CRD 的调用到达 Kubernetes API 服务器时，它们会被传递到验证 Webhook，然后验证传入的请求，并根据验证结果接收或拒绝 API 调用。

3．Istio 证书颁发机构

Istio 可以为网格中的所有通信提供全面的安全性。所有 Pod 均通过 Istio PKI 使用 Spifee 可验证身份文档（spifee verifiable identity document，SVID）格式的 x.509 密钥/证书分配身份。Istio 证书颁发机构（certificate authority，CA）负责签署与 istio-proxy 一起部署的节点代理的请求。Istio 证书颁发机构构建在 Citadel 之上，负责批准和签署由 Istio 节点代理发送的证书签名请求（certificate signature request，CSR）。Istio CA 还执行证书和密钥的轮换和撤销。它提供了不同 CA 的可插入性以及使用 Kubernetes CA 的灵活性。

Istio 控制平面的其他一些功能和组件如下。

❑ sidecar 注入（sidecar injection）：Istio 控制平面还可以通过变异 Webhook 管理 sidecar 注入。

❑ Istio 节点代理（istio node agent）：节点代理与 Envoy 一起部署，负责与 Istio CA 的通信，向 Envoy 提供证书和密钥。

❑ 身份目录（identity directory）和注册表（register）：Istio 控制平面将管理各种类型工作负载的身份目录，Istio CA 将使用该目录为请求的身份颁发密钥/证书。

❑ 最终用户上下文传播（end-user context propagation）：Istio 提供了一种安全机制来在入口网关上执行最终用户身份验证，然后将用户上下文传播到服务网格中的其他服务和应用程序。用户上下文以 JWT 格式传播，这有助于将用户信息传递到网格内的服务，而无须传递最终用户凭据。

istiod 是一个关键的控制平面组件，执行控制平面的许多关键功能，但并不是唯一值得记住的控制平面组件。接下来，我们将研究不属于 istiod 的其他组件，但它们同样是 Istio 控制平面的重要组件。

3.1.2　Istio operator 和 istioctl

Istio operator 和 istioctl 都是控制平面组件，并且可以选择安装。两者都提供管理功能来安装和配置控制平面和数据平面的组件。

在第 2 章 "Istio 入门" 中，已经多次使用 istioctl 作为命令行工具来与 Istio 控制平面交互以传递指令。这些指令可以是获取信息以及创建、更新或删除与 Istio 数据平面工作相关的配置。Istio operator 和 istioctl 本质上执行相同的功能，只不过 istioctl 使用显式调用来进行更改，而 Istio operator 则是按照 Kubernetes 的操作符（operator）框架/模式来运行。

本书不会使用 Istio operator，但如果读者想使用，可以通过以下命令进行安装。

```
$ istioctl operator init
Installing operator controller in namespace: istio-operator
using image: docker.io/istio/operator:1.13.1
Operator controller will watch namespaces: istio-system
✓ Istio operator installed
✓ Installation complete
```

Istio operator 的两个主要组件是称为 IstioOperator 的客户资源（由高级 API 表示）和一个控制器，该控制器具有将高级 API 转换为低级 Kubernetes 操作的逻辑。IstioOperator CRD 包装了名为 IstioOperatorSpec 的第二个组件、一个状态字段和一些附加元数据。

可使用以下命令查找 IstioOperator 自定义资源（custom resource，CR）的详细信息。

```
$ kubectl get istiooperators.install.istio.io -n istio-system
-o json
```

读者可以在以下网址找到该命令的输出。

https://github.com/PacktPublishing/Bootstrap-Service-Mesh-Implementations-with-Istio/blob/main/Output%20references/Chapter%203/IstioOperator%20CR.docx

正如你在该输出中看到的，API 的结构与控制平面组件基本一致，无外乎就是一些基本 Kubernetes 资源、pilot、入口网关和出口网关以及可选的第三方附加组件。

图 3.2 显示了 Istio Operator 的操作。

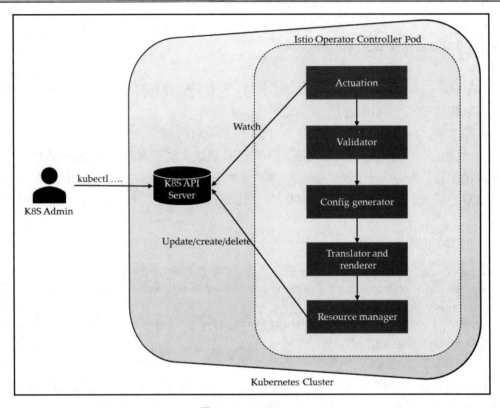

图 3.2　Istio operator

原　　文	译　　文
K8S Admin	Kubernetes 管理员
K8S API Server	K8S API 服务器
Watch	监视
Update/create/delete	更新/创建/删除
Istio Operator Controller Pod	Istio Operator 控制器 Pod
Actuation	激活
Validator	验证器
Config generator	配置生成器
Translator and renderer	转换器和渲染器
Resource manager	资源管理器
Kubernetes Cluster	Kubernetes 集群

图 3.3 显示了 istioctl 的操作。

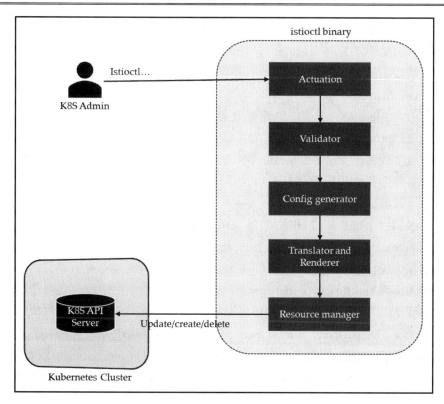

图 3.3　istioctl

原　　文	译　　文
K8S Admin	Kubernetes 管理员
K8S API Server	K8S API 服务器
Update/create/delete	更新/创建/删除
Istioctl binary	Istioctl 二进制命令
Actuation	激活
Validator	验证器
Config generator	配置生成器
Translator and Renderer	转换器和渲染器
Resource manager	资源管理器
Kubernetes Cluster	Kubernetes 集群

　　除了激活（Actuation）阶段，istioctl 和 operator 彼此非常相似。istioctl 是一个用户运行的命令，它接收 IstioOperator CR 作为输入，而只要集群内的 IstioOperator CR 发生变化，

控制器就会运行。余下的组件即使不相同，也是相似的。

下面简单总结一下 Istio operator 和 istioctl 的各个组件。

❑ 激活（Actuation）：触发验证器组件以响应事件（例如 CR 更新请求）。对于 istioctl 来说，激活逻辑是由调用 istioctl CLI 的操作触发的，它是使用 Cobra 在 Go 中编写的，Cobra 是一个用于创建强大的 CLI 应用程序的库。

❑ 验证器（Validator）：根据 CR 的原始模式验证输入（IstioOperator CR）。

❑ 配置生成器（Config generator）：在此阶段，将创建完整的配置。该配置包括原始事件中提供的参数和值，以及原始事件中省略的参数。该配置包含省略的参数及其各自的默认值。

❑ 转换器（Translator）和渲染器（Renderer）：转换器可以将 IstioOperator 的 Kubernetes 资源规范映射到 Kubernetes 资源，而渲染器则可以在应用所有配置后生成输出清单。

❑ 资源管理器（Resource manager）：负责管理集群中的资源。它将资源的最新状态缓存在内置缓存中，然后与输出清单进行比较，每次 Kubernetes 对象（命名空间、Service、Deployment、CRD、ServiceAccounts、ClusterRoles、ClusterRoleBindings、MutatingWebhookConfigurations、ValidatingWebhookConfigurations 或 ConfigMap）的状态和输出清单之间存在偏差或不一致时，资源管理器都将根据清单更新它们。

☀ 卸载 IstioOperator 的步骤

由于本书后续章节不会使用 IstioOperator，因此建议使用以下命令将其卸载。

```
$ istioctl operator remove
    Removing Istio operator...
    Removed Deployment:istio-operator:istio-operator.
    Removed Service:istio-operator:istio-operator.
    Removed ServiceAccount:istio-operator:istio-operator.
    Removed ClusterRole::istio-operator.
    Removed ClusterRoleBinding::istio-operator.
✓   Removal complete
$ kubectl delete ns istio-operator
namespace "istio-operator" deleted
```

在第 2 章"Istio 入门"中简要介绍了 istio-proxy。接下来，我们将研究 Istio agent，它是 istio-proxy 中部署的容器之一。

3.1.3　Istio agent

Istio agent 也称为 pilot-agent，是部署在每个 istio-proxy 中的控制平面的一部分，通过安全地将配置和机密传递给 Envoy 代理来帮助连接到网格。

让我们通过列出 details-v1 的 istio-proxy Sidecar 中所有正在运行的进程来看看 bookinfo 中一个微服务的 istio-agent。

```
$ kubectl exec -it details-v1-7d79f8b95d-5f4td -c istio-proxy
-n bookinfons --/bin/sh -c "ps -ef"
UID          PID PPID     C    STIME    TTY      TIME        CMD
istio-p+     1   0        0    Mar14    ?        00:02:02    /usr/local/
bin/pilot-agent p
istio-p+     15  1        0    Mar14    ?        00:08:17    /usr/local/
bin/Envoy -c etc/
```

你一定已经注意到，pilot-agent 也在 Sidecar 内运行。pilot-agent 不仅引导 Envoy 代理，还为 Envoy 代理生成密钥和证书对，以在网格通信期间建立 Envoy 代理的身份。

在讨论 Istio agent 在证书生成中的作用之前，不妨先来了解一下 Istio 秘密发现服务（secret discovery service，SDS）。SDS 简化了证书管理，最初由 Envoy 项目创建，旨在提供灵活的 API 来向 Envoy 代理传递机密/证书。

需要证书的组件称为 SDS 客户端，生成证书的组件称为 SDS 服务器。在 Istio 数据平面中，Envoy 代理充当 SDS 客户端，Istio agent 充当 SDS 服务器。SDS 客户端和 SDS 服务器之间的通信使用 SDS API 规范进行，主要通过 gRPC 实现。

在 Istio agent、Envoy 和 Istiod 之间将执行以下步骤来生成证书。

（1）在 Sidecar 注入期间，Istiod 会将有关 SDS 的信息（包括 SDS 服务器的位置）传递给 Envoy 代理。

（2）Envoy 通过 SDS 协议以 UNIX 域套接字（UNIX domain socket，UDS）的形式向 pilot-agent（SDS 服务器）发送证书生成请求。pilot-agent 生成证书签名请求。

（3）pilot-agent 与 istiod 通信并提供其身份以及证书签名请求。

（4）istiod 对 pilot-agent 进行身份验证，如果一切正常，则签署证书。

（5）pilot-agent 通过 UDS 将证书和密钥传递给 Envoy 代理。

图 3.4 显示了该过程。

在了解了 Istio 控制平面之后，接下来，让我们看看部署 Istio 控制平面的各种选项。

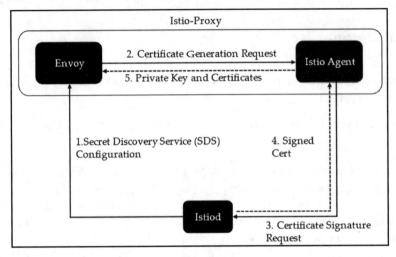

图 3.4　Envoy 通信的证书生成

原　　文	译　　文
1. Secret Discovery Service(SDS) Configuration	1. 秘密发现服务（SDS）配置
2. Certificate Generation Request	2. 证书生成请求
3. Certificate Signature Request	3. 证书签署请求
4. Signed Cert	4. 已签署的证书
5. Private Key and Certificates	5. 私有密钥和证书

3.2　Istio 控制平面的部署模型

　　在前面的章节中，我们在 minikube 上安装了 Istio，这是一个本地集群，用于在本地工作站上的开发。在企业环境中部署 Istio 时，部署就不是在 minikube 上，而是在企业级 Kubernetes 集群上。

　　服务网格可能运行在一个 Kubernetes 集群上，也可能分布在多个 Kubernetes 集群上。还可能出现这样的情况：所有服务都位于一个网络上，或者可能位于不同的网络上，而它们之间并没有直接连接。每个组织都会有不同的网络和基础设施配置，Istio 的部署模型也会发生相应的变化。

🔆 什么是集群？

　　集群（cluster）有许多定义，这取决于它们所指的上下文。

　　在本节中，当我们说集群时，基本上指的是一组托管彼此互连的容器化应用程序的计算节点。也可以将集群视为 Kubernetes 集群。

在第 8 章"将 Istio 扩展到跨 Kubernetes 的多集群部署"中,我们将讨论 Istio 的各种架构选项,但目前我们将仅简要介绍一下控制平面的各种部署模型。

3.2.1 具有本地控制平面的单个集群

集群中所有命名空间中的所有 Sidecar 代理都连接到同一集群中部署的控制平面。同样,控制平面将监视、观察并与部署它的同一集群内的 Kubernetes API 服务器和 Sidecar 进行通信。图 3.5 描述了我们在第 2 章"Istio 入门"中使用的 Istio 的部署模型。

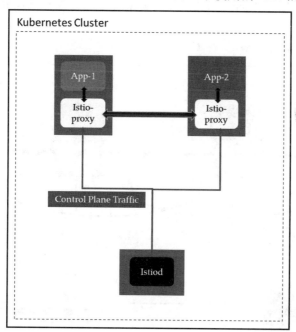

图 3.5 驻留在同一个 Kubernetes 集群中的数据平面和控制平面

原　　文	译　　文
Kubernetes Cluster	Kubernetes 集群
Control Plane Traffic	控制平面流量

从图 3.5 中可以看到,Istio 控制平面和数据平面都驻留在同一个 Kubernetes 集群中;在我们的例子中,它就是 minikube。

Istiod 安装在 istio-system 命名空间或用户选择的任何其他命名空间中。数据平面包含各种命名空间，其中应用程序与 istio-proxy Sidecar 一起部署。

3.2.2　具有单一控制平面的主集群和远程集群

　　服务网格集群，即数据平面和控制平面部署所在的同一个 Kubernetes 集群，也称为主集群（primary cluster）。控制平面与数据平面不并置的集群则称为远程集群（remote cluster）。

　　在此架构中，主集群和远程集群共享公共控制平面。使用此模型时，需要额外的配置来提供主集群中的控制平面和远程集群中的数据平面之间的互连性。远程集群和主集群控制平面之间的连接可以通过添加入口网关来实现，以保护通信并将通信路由到主控制平面。

　　图 3.6 显示了该部署模型。

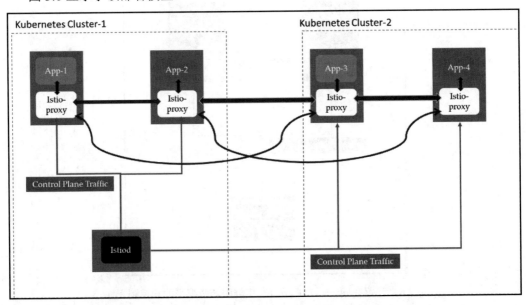

图 3.6　单集群控制平面，数据平面分布在多个 Kubernetes 集群上

原　　文	译　　文
Kubernetes Cluster	Kubernetes 集群
Control Plane Traffic	控制平面流量

　　Istio 控制平面还需要配置，以建立下述通信。

　　❑　与远程平面 Kubernetes API 服务器通信。

❑ 将变异 Webhook 修改到远程平面，以监视为 istio-proxy 自动注入配置的命名空间。

❑ 为远程平面中 Istio agent 的 CSR 请求提供端点。

3.2.3　具有外部控制平面的单个集群

在此配置中，不再是运行一个主集群，然后在同一 Kubernetes 集群上并置控制平面和数据平面，而是将它们彼此分开。这是通过在一个 Kubernetes 集群上远程部署控制平面并将数据平面部署在它自己的专用 Kubernetes 集群上来完成的。

这种部署模型如图 3.7 所示。

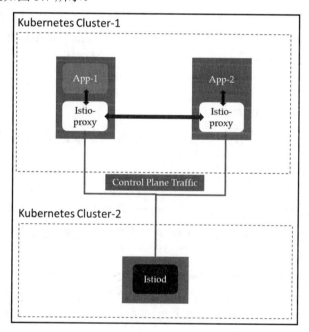

图 3.7　控制平面和数据平面驻留在不同的 Kubernetes 集群中

原　　文	译　　文
Kubernetes Cluster	Kubernetes 集群
Control Plane Traffic	控制平面流量

出于安全性、关注点分离以及联邦信息处理标准（FIPS）等合规性要求，我们可能需要将 Istio 控制平面与数据平面分开部署。将控制平面与数据平面分离可以对控制平面流量实施严格的流量和访问策略，而不会影响数据平面的流量。此外，在企业环境中，

如果你的团队可以将控制平面作为托管服务提供给项目团队，那么这种部署控制平面的模型非常合适。

到目前为止，我们讨论的部署模型驻留在共享网络中的一个或多个 Kubernetes 集群上。在网络不共享的情况下，部署模型会变得更加复杂。我们将介绍其中一些部署模型，以及本章中介绍的模型，并在第 10 章进行一些实践练习。

在下一节中，我们将研究 Istio 数据平面，并通过了解 Envoy 来实现这一点。

3.3　Envoy 探索

Envoy 是 Istio 数据平面的关键组件。要了解 Istio 数据平面，则理解 Envoy 非常重要。

Envoy 是一个开源项目，是云原生计算基金会（Cloud Native Computing Foundation，CNCF）的毕业级（graduate）项目。读者可以在以下网址找到有关 Envoy 作为 CNCF 项目的更多信息。

https://www.cncf.io/projects/Envoy/

本节将介绍 Envoy 并解释为什么要选择它作为 Istio 数据平面的服务代理。

3.3.1　Envoy 的显著特征

Envoy 是一个轻量级、高性能的第 7 层和第 4 层代理，具有易于使用的配置系统，使其具有高度可配置性，适合作为 API 网关架构模式中的独立边缘代理，以及作为服务网格架构模式中的 Sidecar。

在这两种架构模式中，Envoy 与应用程序/服务一起在自己的单一进程中运行，这使升级和管理变得更加容易，并且还允许 Envoy 在整个基础设施中透明地部署和升级。

要理解 Envoy 的工作机制，不妨来看看以下 3 个显著特征，这也是使 Envoy 与当今可用的其他代理不同的地方。

1. 线程模型

Envoy 架构的亮点之一是其独特的线程模型。在 Envoy 中，大多数线程异步运行，不会互相阻塞。多个连接不是按每个连接一个线程的方式工作，而是共享同一个工作线程，该工作线程以非阻塞顺序运行。该线程模型有助于以非阻塞方式异步处理请求，从而产生非常高的吞吐量。

总的来说，Envoy 具有 3 种类型的线程。

❑ 主线程（main thread）：该线程负责 Envoy 和 xDS 的启动和关闭（下文将详细介绍 xDS）、API 处理、运行时和一般流程管理。主线程一般协调所有管理功能，不需要太多的 CPU 资源。因此，与一般管理相关的 Envoy 逻辑是单线程的，使代码库更易于编写和管理。

❑ 工作线程（worker thread）：一般来说，如果 CPU 是超线程的，则为每个 CPU 核心或每个硬件线程运行一个工作线程。工作线程打开下游系统可以连接的一个或多个网络位置（如端口、套接字等）；Envoy 的这个功能称为侦听（listen）。每个工作线程运行一个非阻塞事件循环来执行侦听、过滤和转发。

❑ 文件刷新器线程（file flusher thread）：该线程负责以非阻塞方式写入文件。

2. 架构

Envoy 架构的另一个亮点是它的过滤器架构。Envoy 也是一个第 3 层/第 4 层网络代理。它具有可插入的过滤器链来编写过滤器，以执行不同的 TCP/UDP 任务。

过滤器链（filter chain）基本上就是一组步骤，其中一个步骤的输出将被馈送到第二个步骤作为其输入，以此类推，就像 Linux 系统中的管道一样。可以通过堆叠你想要的过滤器形成过滤器链来构建逻辑和行为。

有许多现成的过滤器可用于支持任务，例如原始 TCP 代理、UDP 代理、HTTP 代理和 TLS 客户端证书身份验证。

Envoy 还支持额外的 HTTP 第 7 层过滤层。通过过滤器，我们可以执行不同的任务，例如缓冲、速率限制、路由和转发等。

Envoy 支持 HTTP 1.1 和 HTTP 2，并且可以在这两种 HTTP 协议中作为透明代理运行。拥有支持 HTTP 1.1 的陈旧应用程序尤其有用，但是当用户将它们与 Envoy 代理一起部署时，也可以桥接转换，这意味着应用程序可以通过 HTTP 1.1 与 Envoy 进行通信，然后 Envoy 使用 HTTP 2 与其他应用程序进行通信。

Envoy 支持全面的路由子系统，允许非常灵活的路由和重定向功能，使其适合构建 Ingress/Egress API 网关以及在 Sidecar 模式中作为代理部署。

Envoy 还支持 gRPC 等现代协议。gRPC 是一个可以在任何地方运行的开源远程过程调用（remote procedure call，RPC）框架。它广泛应用于服务到服务（service-to-service）的通信，性能非常好且易于使用。

3. 配置

Envoy 的另一个亮点是它的配置方式。我们可以使用描述服务以及与它们通信的静态配置文件来配置 Envoy。对于不适用静态配置 Envoy 的高级场景，Envoy 支持动态配置，并且可以在运行时自动重新加载配置，而无须重新启动。

有一组称为 xDS 的发现服务可通过网络动态配置 Envoy，并提供有关主机、集群 HTTP 路由、侦听套接字和加密材料的 Envoy 信息。这使为 Envoy 编写不同类型的控制平面成为可能。控制平面基本上实现了 xDS API 的规范，并保持各种资源的最新信息以及 Envoy 通过 xDS API 动态获取的信息。

Envoy 有许多开源的控制平面实现，以下两个链接就是其中的示例。

❑ https://github.com/envoyproxy/go-control-plane。

❑ https://github.com/envoyproxy/java-control-plane。

各种服务网格实现（例如 Istio、Kuma 和 Gloo 等）使用 Envoy 作为 Sidecar，并通过实现 xDS API 来向 Envoy 提供配置信息。

Envoy 还支持以下功能。

❑ 自动重试：Envoy 支持任意次数或在预定的重试范围内重试请求。根据应用程序要求，可以将请求配置为在某些重试条件下重试。如果读者想进一步了解重试，请访问以下网址。

https://www.abhinavpandey.dev/blog/retry-pattern

❑ 断路：断路对于微服务架构来说很重要。Envoy 提供网络级别的断路功能，以便在所有 HTTP 请求执行过程中保护上游系统。Envoy 根据上游系统支持的最大连接数、最大待处理请求数、最大请求数、最大活动重试次数、最大并发连接池等配置提供各种断路限制。有关断路器模式的更多详细信息，请访问以下网址。

https://microservices.io/patterns/reliability/Circuit-breaker.html

❑ 全局速率限制：Envoy 支持全局速率限制，以控制下游系统免受上游系统的影响。速率限制可以在网络级别以及 HTTP 请求级别执行。

❑ 流量镜像：Envoy 支持从一个集群到另一个集群的流量镜像。这对于测试以及许多其他用例（例如机器学习）非常有用。AWS VPC 是网络级别流量镜像的一个示例，它提供了将所有流量镜像到 VPC 的选项。读者可以在以下网址中了解到有关 AWS 流量镜像的信息。

https://docs.aws.amazon.com/vpc/latest/mirroring/what-is-traffic-mirroring.html

❑ 异常值检测：Envoy 支持动态确定不健康的上游系统，并且可以将其从健康的负载均衡集中删除。

❑　请求对冲（hedging）：Envoy 支持请求对冲策略，即通过向多个上游系统发出请求并向下游系统返回最合适的响应来处理尾部延迟。以下网址提供了有关请求对冲策略的更多信息。

https://medium.com/star-gathers/improving-tail-latency-with-request-hedging-700c77cabeda

我们之前讨论了基于过滤器链的架构如何成为 Envoy 的差异化特征之一，接下来，让我们了解一下构成过滤器链的那些过滤器。

3.3.2　HTTP 过滤器

HTTP 是最常见的应用程序协议之一，大多数给定工作负载通过 HTTP 运行的情况并不罕见。为了支持 HTTP，Envoy 附带了各种 HTTP 级别的过滤器。

配置 Envoy 时，必须处理以下配置。

❑　Envoy 侦听器（listener）：这些配置是指下游系统连接到的端口、套接字和任何其他指定的网络位置等。

❑　Envoy 路由（route）：这些 Envoy 配置描述如何将流量路由到上游系统。

❑　Envoy 集群（cluster）：这些配置是由一组类似的上游系统组成的逻辑服务，Envoy 会将请求路由或转发到这些系统。

❑　Envoy 端点（endpoint）：这些配置是服务请求的单独上游系统。

☑ 注意：

我们现在是将 Docker 与 Envoy 一起使用。如果读者正在运行 minikube，那么现在停止 minikube 是一个好主意。如果没有 Docker，则可以按照以下网址的说明进行安装。

https://docs.docker.com/get-docker/

有了这些基础知识之后，即可开始创建一些 Envoy 侦听器。

下载 envoy Docker 镜像。

```
$ docker pull envoyproxy/envoy:v1.22.2
```

提取 Docker 镜像后，可继续从本章配套的 Git 存储库运行以下命令。

```
docker run -rm -it -v $(pwd)/envoy-config-1.yaml:/envoy-custom.
yaml -p 9901:9901 -p 10000:10000 envoyproxy/envoy:v1.22.2 -c /
envoy-custom.yaml
```

　　上述命令将 envoy-config-1.yaml 文件作为卷挂载，并使用-c 选项将其传递到 Envoy 容器。我们还将 localhost 公开给端口 10000，该端口映射到 Envoy 容器的端口 10000。

　　现在让我们检查一下 envoy-config-1.yaml 的内容。Envoy 配置的根称为引导配置（bootstrap configuration）。第一行描述它是静态配置还是动态配置。本示例通过指定 static_resources 来提供静态配置。

```
Static_resources:
    listeners:
    - name: listener_http
```

　　本示例的配置非常简单。我们定义了一个名为 listener_http 的监听器，它在 0.0.0.0 和端口 10000 上侦听传入请求。

```
Listeners:
    - name: listener_http
      address:
        socket_address:
            address: 0.0.0.0
            port_value: 10000
```

　　我们没有应用任何特定于侦听器的过滤器，但应用了一个名为 HTTPConnectionManager 或 HCM 的网络过滤器。

```
Filter_chains:
    - filters:
        - name: envoy.filters.network.http_connection_manager
            typed_config:
            "@type": type.googleapis.com/envoy.
extensions.filters.network.http_connection_manager.
v3.HttpConnectionManager
            stat_prefix: chapter3-1_service
```

　　HCM 过滤器能够将原始字节转换为 HTTP 级别的消息。它可以处理访问日志记录、生成请求 ID、操作标头、管理路由表和收集统计信息。

　　Envoy 还支持在 HCM 过滤器中定义多个 HTTP 级别的过滤器，可以在 http_filters 字段下定义这些 HTTP 过滤器。

　　以下配置应用了 HTTP 路由过滤器。

```
http_filters:
        - name: envoy.filters.http.router
          typed_config:
          "@type": type.googleapis.com/envoy.extensions.
```

```
filters.http.router.v3.Router
        route_config:
            name: my_first_route_to_nowhere
            virtual_hosts:
            - name: dummy
                domains: ["*"]
                routes:
                - match:
                    prefix: "/"
                  direct_response:
                      status: 200
                      body:
                          inline_string: "Bootstrap Service Mesh
Implementations with Istio"
```

路由过滤器负责执行路由任务，也是 HTTP 过滤器链中最后应用的过滤器。路由过滤器在 route_config 字段下定义路由。

在路由配置中，可以通过查看 URI、标头等元数据来匹配传入请求，并基于此定义流量应路由或处理的位置。

路由配置中的顶级元素是虚拟主机。每个虚拟主机都有一个在发出统计信息时使用的名称（不用于路由）以及一组路由到它的域。在 envoy-config-1.yaml 中，对于所有请求，无论主机标头如何，都会返回硬编码的响应。

要检查 envoy-config1.yaml 的输出，可以使用 curl 来测试响应。

```
$ curl localhost:10000
Bootstrap Service Mesh Implementations with Istio
```

让我们使用以下命令来操作 envoy-config1.yaml 的 route_config 中的虚拟主机定义。

```
        route_config:
            name: my_first_route_to_nowhere
            virtual_hosts:
            - name: acme
                domains: ["acme.com"]
                routes:
                - match:
                    prefix: "/"
                  direct_response:
                      status: 200
                      body:
                          inline_string: "Bootstrap Service Mesh
Implementations with Istio And Acme.com"
```

```
                - name: ace
                  domains: ["acme.co"]
              routes:
                - match:
                  prefix: "/"
              direct_response:
                  status: 200
                  body:
                      inline_string: "Bootstrap Service Mesh
Implementations with Istio And acme.co"
```

本示例在 virtual_hosts 下定义了两个条目。如果传入请求的主机标头是 acme.com，则将处理 acme 虚拟主机中定义的路由。如果传入请求的目的地是 acme.co，则将处理 ace 虚拟主机下定义的路由。

使用以下命令停止 Envoy 容器并重新启动它。

```
docker run -rm -it -v $(pwd)/envoy-config-1.yaml:/envoy-custom.
yaml -p 9901:9901 -p 10000:10000 envoyproxy/envoy:v1.22.2 -c /
envoy-custom.yaml
```

通过将不同的主机头传递给 curl 来检查输出。

```
$ curl -H host:acme.com localhost:10000
Bootstrap Service Mesh Implementations with Istio And Acme.com
$ curl -H host:acme.co localhost:10000
Bootstrap Service Mesh Implementations with Istio And acme.co
```

在大多数情况下，用户不会发送对 HTTP 请求的硬编码响应。实际上，用户希望将请求路由到真正的上游服务。为了演示这个场景，我们使用 nginx 来模拟虚拟上游服务。

使用以下命令运行 nginx Docker 容器。

```
docker run -p 8080:80 nginxdemos/hello:plain-text
```

使用 curl 检查另一个终端的输出。

```
$ curl localhost:8080
Server address: 172.17.0.3:80
Server name: a7f20daf0d78
Date: 12/Jul/2022:12:14:23 +0000
URI: /
Request ID: 1f14eb809462eca57cc998426e73292c
```

我们将利用集群子系统配置将 Envoy 处理的请求路由到 nginx。Listener 子系统配置将处理下游请求，处理并管理下游请求生命周期，而集群子系统则负责选择上游连接并将其连接到端点。在集群配置中，定义的是集群和端点。

让我们编辑 envoy-config-2.yaml 并使用以下配置修改 acme.co 的虚拟主机。

```
          - name: ace
            domains: ["acme.co"]
            routes:
            - match:
                prefix: "/"
                route:
                    cluster: nginx_service
  clusters:
  - name: nginx_service
      connect_timeout: 5s
      load_assignment:
        cluster_name: nginx_service
        endpoints:
        - lb_endpoints:
            - endpoint:
                address:
                    socket_address:
                        address: 172.17.0.2
                        port_value: 80
```

删除 direct_response 属性并将其替换为以下内容。

```
route:
        cluster: nginx_service
```

我们已将 cluster 添加到定义中，它与侦听器配置处于同一级别。

在集群定义中，已经定义了端点。在本例中，端点是在端口 80 上运行的 nginx Docker 容器。请注意，我们假设 Envoy 和 nginx 都在同一 Docker 网络上运行。

可以通过检查容器找到 nginx 容器的 IP。该配置保存在 envoy-config-3.yaml 中。应使用 nginx 容器的正确 IP 地址更新 address 值，并使用更新后的 envoy-config-3.yaml 运行 Envoy 容器。

```
$ docker run -rm -it -v $(pwd)/envoy-config-3.yaml:/
envoy-custom.yaml -p 9901:9901 -p 10000:10000 envoyproxy/
envoy:v1.22.2 -c /envoy-custom.yaml
```

执行 curl 测试，你会注意到发往 acme.co 的请求的响应来自 nginx 容器。

```
$ curl -H host:acme.com localhost:10000
Bootstrap Service Mesh Implementations with Istio And Acme.com
```

```
$ curl -H host:acme.co localhost:10000
Server address: 172.17.0.2:80
Server name: bfe8edbee142
Date: 12/Jul/2022:13:05:50 +0000
URI: /
Request ID: 06bbecd3bc9901d50d16b07135fbcfed
```

Envoy 还提供了若干个内置的 HTTP 过滤器。读者可以在以下网址找到 HTTP 过滤器的完整列表。

https://www.envoyproxy.io/docs/envoy/latest/configuration/http/http_filters/http_filters#config-http-filters

3.3.3　侦听器过滤器

我们之前提到过，侦听器子系统可以处理传入请求以及下游系统的响应。除了定义 Envoy 侦听传入请求的地址和端口，还可以选择使用侦听器过滤器（listener filter）配置每个侦听器。侦听器过滤器对新接收的套接字进行操作，并且可以停止或随后继续执行进一步的过滤器。

侦听器过滤器的顺序很重要，因为 Envoy 在侦听器接收套接字之后和创建连接之前按顺序处理它们。我们使用侦听器过滤器的结果进行过滤器匹配，以选择适当的网络过滤器链。例如，使用侦听器过滤器，我们可以确定协议类型，并基于此，我们可以运行与该协议相关的特定网络过滤器。

让我们看一下 envoy-config-4.yaml 中 listener_filters 下的侦听器过滤器的简单示例。读者会注意到我们正在使用以下类型的 envoy.filters.listener.http_inspector。

type.googleapis.com/envoy.extensions.filters.listener.http_inspector.v3.HttpInspector

HTTPInspector 侦听器过滤器可以检测底层应用程序协议，看看它是 HTTP/1.1 还是 HTTP/2。你可以在以下网址阅读到有关 HTTPInspector 侦听器过滤器的更多信息。

https://www.envoyproxy.io/docs/envoy/latest/configuration/listeners/listener_filters/http_inspector

在此示例中，使用了侦听器过滤器通过过滤器链查找应用程序协议。根据下游系统使用的 HTTP 协议，可以应用各种 HTTP 过滤器，这在前面的小节中已经介绍过。

读者可以在 envoy-config-4.yaml 文件中找到此示例，将配置应用到 Envoy，但也要记住关闭为前面的示例创建的 Docker 容器。

```
$ docker run -rm -it -v $(pwd)/envoy-config-4.yaml:/
envoy-custom.yaml -p 9901:9901 -p 10000:10000 envoyproxy/
envoy:v1.22.2 -c /envoy-custom.yaml
```

使用 HTTP 1.1 和 HTTP 2 协议执行 curl，读者将看到 Envoy 能够找出应用程序协议并将请求路由到正确的目的地。

```
$ curl localhost:10000 -http1.1
HTTP1.1
$ curl localhost:10000 -http2-prior-knowledge
HTTP2
```

正如我们之前在介绍 Envoy 时提到的，它是高度可配置的，并且可以动态配置。我们相信 Envoy 的动态可配置性使其如此受欢迎，并使其在当今可用的其他代理中脱颖而出。接下来让我们更深入地了解这一点。

3.3.4　通过 xDS API 进行动态配置

到目前为止，在前面的示例中，我们一直通过在配置文件开头指定 static_ resources 来使用静态配置。每次想要更改配置时，都必须重新启动 Envoy 容器。为了避免这种情况，可以使用动态配置（dynamic configuration），其中 Envoy 可以通过从磁盘或网络读取配置来动态重新加载配置。

对于 Envoy 通过网络获取配置的动态配置，需要使用 xDS API，它们基本上是与各种 Envoy 配置相关的各种服务发现 API 的集合。

要使用 xDS API，需要实现一个应用程序，该应用程序可以获取各种 Envoy 配置的最新值，然后根据 xDS protobuf 规范通过 gRPC # 呈现它们。

xDS protobuf 规范也称为协议缓冲区（protocol buffer），读者可以在以下位置找到有关协议缓冲区的详细信息。

https://developers.google.com/protocol-buffers

有关 gRPC 的更多信息，请访问以下网址。

https://grpc.io/

该应用通常称为控制平面。图 3.8 显示了这个概念的示意图。

让我们看看服务发现 API 提供了哪些内容。

❑　秘密发现服务（secret discovery service，SDS）：提供秘密（例如证书和私钥）。这是 MTLS、TLS 等所必需的。

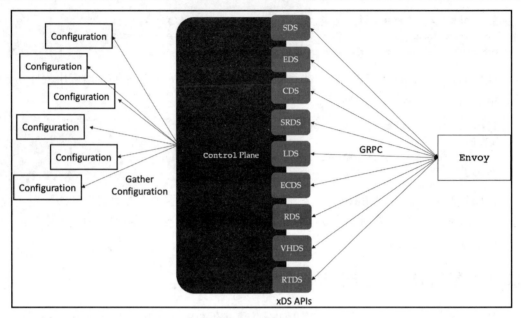

图 3.8   xDS API 的控制平面实现

原　　文	译　　文	原　　文	译　　文
Configuration	配置	Control Plane	控制平面
Gather Configuration	收集配置		

- ❑ 端点发现服务（endpoint discovery service，EDS）：提供集群成员的详细信息。
- ❑ 集群发现服务（cluster discovery service，CDS）：提供集群相关信息，包括对端点的引用。
- ❑ 范围路由发现服务（scope route discovery service，SRDS）：当路由确认量较大时，分块提供路由信息。
- ❑ 侦听器发现服务（listener discovery service，LDS）：提供侦听器的详细信息，包括端口、地址和所有关联的过滤器。
- ❑ 扩展配置发现服务（extension config discovery service，ECDS）：提供扩展配置，例如 HTTP 过滤器等。此 API 有助于独立于侦听器获取信息。
- ❑ 路由发现服务（route discovery service，RDS）：可以提供路由信息，包括对集群的引用等。
- ❑ 虚拟主机发现服务（virtual host discovery service，VHDS）：可以提供有关虚拟主机的信息。
- ❑ 运行时发现服务（runtime discovery service，RTDS）：此服务提供有关运行时

的信息。运行时配置指定包含可重新加载配置元素的虚拟文件系统树。该虚拟文件系统可以通过一系列本地文件系统、静态引导配置、RTDS 和管理控制台派生的覆盖层来实现。

❑ 聚合发现服务（aggregated discovery service，ADS）：ADS 允许通过单个 API 接口交付所有 API 及其资源。通过 ADS API，用户可以对与各种资源类型（包括侦听器、路由和集群）相关的更改进行排序，并通过单个流交付它们。

❑ Delta 聚合发现服务（delta aggregated discovery service，DxDS）：对于其他 API，每次有资源更新时，都需要在 API 响应中包含所有资源。例如，每个 RDS 更新必须包含每个路由。如果不包含路由，Envoy 将认为该路由已被删除。以这种方式进行更新会导致高带宽使用和计算成本，特别是当通过网络发送大量资源时。Envoy 支持 xDS 的 Delta 变体，在该变体中，可以仅包含我们想要添加/删除/更新的资源以改进这种情况。

前文我们介绍了 Envoy 过滤器，但请注意，这不仅限于内置过滤器，读者还可以轻松构建新的过滤器，在下一小节中我们将看到这一点。

3.3.5　可扩展性

Envoy 的过滤器架构使其具有高度的可扩展性；用户可以使用过滤器库中的各种过滤器作为过滤器链的一部分。当用户需要过滤器库中没有的某些功能时，Envoy 还可以灵活地编写用户自己的自定义过滤器，然后 Envoy 动态加载该过滤器，并且可以像任何其他过滤器一样使用。默认情况下，Envoy 过滤器是用 C++语言编写的，但也可以使用 Lua 脚本或编译成 WebAssembly（Wasm）的任何其他编程语言编写。

以下是当前可用于编写 Envoy 过滤器的所有 3 个选项的简要说明。

❑ 原生 C++ API：最有利的选择是编写原生 C++过滤器，然后用 Envoy 打包它们。但此选项需要重新编译 Envoy，如果用户不是想要维护自己版本的 Envoy 的大企业，那么该选项可能并不理想。

❑ Lua 过滤器：Envoy 提供了一个名为 envoy.filters.http.lua 的内置 HTTP Lua 过滤器，它允许用户定义内联或外部文件的 Lua 脚本，并在请求和响应流中执行。
Lua 是一种免费、快速、可移植且功能强大的脚本语言，运行在 LuaJIT 上，LuaJIT 是 Lua 的即时编译器。在运行时，Envoy 可以为每个工作线程创建一个 Lua 环境，并将 Lua 脚本作为协程运行。由于 HTTP Lua 过滤器在请求和响应流期间执行，因此用户可以执行以下操作。

➢ 在请求/响应流期间检查和修改标头和尾部。

> ➤ 在请求/响应流期间检查、阻止或缓冲正文。
> ➤ 异步调用上游系统。

❑ Wasm 过滤器：最后一个但同样很重要的选项是基于 Wasm 的过滤器。我们可以使用首选的编程语言编写这些过滤器，然后将代码编译成名为 Wasm 的低级类似汇编的编程语言，再由 Envoy 在运行时动态加载。

Wasm 广泛用于开放网络，它在 Web 浏览器的 JavaScript 虚拟机内执行。Envoy 将 V8 虚拟机的子集嵌入每个工作线程中以执行 Wasm 模块。在第 9 章"扩展 Istio 数据平面"中将介绍有关 Wasm 的更多信息并进行实践练习。

有关 V8 虚拟机的详细信息，可访问以下网址。

https://v8.dev/

编写自定义过滤器的能力使 Envoy 具有足够的可扩展性，可以实现自定义用例。对基于 Wasm 的过滤器的支持降低了编写新过滤器的学习曲线，因为用户可以使用自己最熟悉的语言。随着 Envoy 的日益普及，开发人员可以使用更多工具来通过自定义过滤器轻松扩展它。

3.4　小　　结

本章为读者提供了有关 Istio 控制平面组件的详细信息，包括 istiod 及其架构。我们还了解了 Istio operator、CLI 以及证书分发的工作原理。Istio 控制平面可以部署在各种架构模式中，我们也概述了其中一些部署模式。

在介绍了 Istio 控制平面之后，本章还探索了 Envoy，这是一个轻量级、高性能的第 3 层/第 4 层/第 7 层代理。它通过侦听器和集群子系统提供一系列配置来控制请求处理。基于过滤器的架构易于使用且可扩展，因为新的过滤器可以用 Lua、Wasm 或 C++ 编写，并且可以轻松插入 Envoy。

最后，本章还介绍了 Envoy 通过 xDS API 支持动态配置的能力。

总而言之，Envoy 是 Istio 数据平面的最佳选择，因为它具有很大的灵活性，作为代理时也具有很高的性能，并且可以通过 xDS API 轻松配置（xDS API 由 Istio 控制平面实现）。如前文所述，istio-proxy 由 Envoy 和 Istio agent 组成。

在下一章，我们将体验 Istio 的实际应用，把应用程序带到类似生产的环境中，然后讨论开发人员在构建和操作此类应用程序时会遇到的问题。在本书的第 2 篇和第 3 篇中，将使用该应用程序进行实战练习。接下来，请读者为下一章的学习做好准备。

第 2 篇

Istio 实战

本篇将介绍 Istio 的应用以及如何使用它来管理应用程序流量、为应用程序提供弹性以及微服务之间的安全通信。在大量实践示例的帮助下，读者将了解各种 Istio 流量管理概念并使用它们来构建应用程序网络。本篇最后有一章阐释了可观察性的概念，读者将在其中了解如何观察服务网格，并使用它来了解系统行为和故障背后的根本原因，以便可以自信地排除问题并分析潜在修复的效果。

本篇包含以下章节：
- ❏ 第4章 管理应用程序流量
- ❏ 第5章 管理应用程序弹性
- ❏ 第6章 确保微服务通信的安全
- ❏ 第7章 服务网格可观察性

第 4 章　管理应用程序流量

微服务架构创建了一系列松散耦合的应用程序，这些应用程序部署为诸如 Kubernetes 之类的平台上的容器。随着应用程序的松散耦合，服务之间的流量管理变得越来越复杂。如果不安全地公开给外部系统，则可能会导致敏感数据暴露，使你的系统容易受到外部威胁。Istio 提供了各种机制来保护和管理以下类型的应用程序流量。

❑　从外部进入你的应用程序的入口（ingress）流量。

❑　应用程序的各个组件之间生成的网格间流量。

❑　从你的应用程序流出到网格外的其他应用程序的出口（egress）流量。

本章包含以下主题。

❑　使用 Kubernetes Ingress 资源管理入口流量。

❑　使用 Istio 网关管理 Ingress。

❑　流量路由和金丝雀版本。

❑　流量镜像。

❑　将流量路由到集群外部的服务。

❑　通过 HTTPS 公开入口。

❑　使用 Istio 管理出口流量。

最好删除 Istio 并再次安装它以重新开始，练习在前面的章节中学习到的内容。

Istio 每 3 个月发布一个次要版本，有关详细信息可访问以下网址。

https://istio.io/latest/docs/releases/supported-releases/

建议读者阅读以下网址的文档并通过在第 2 章"Istio 入门"中所学到的概念来使 Istio 版本保持最新。

https://istio.io/latest/docs/setup/getting-started/#download

4.1　技　术　要　求

本节将创建一个 AWS 云环境，它将用于在本章和后续章节中执行实践练习。读者可以使用自己选择的任何云提供商，但为了在本书中纳入一些变化，第 2 篇选择了 AWS，

第 3 篇选择了 Google Cloud。读者也可以使用 minikube 进行练习。当然，在使用 minikube 时，至少需要将一个 4 核处理器和 16 GB 或更多内存分配给 minikube，以实现流畅、无延迟的操作。

4.1.1　设置环境

请按以下步骤操作。

（1）创建一个 AWS 账户。如果读者还没有 AWS 账户，可访问以下网址以注册 AWS。

https://portal.aws.amazon.com/billing/signup#/start/email

（2）设置 AWS CLI。

① 按以下网址提供的步骤安装 AWS CLI。

https://docs.aws.amazon.com/cli/latest/userguide/getting-started-install.html

② 按以下网址提供的步骤配置 AWS CLI。

https://docs.aws.amazon.com/cli/latest/userguide/cli-chap-configure.html

（3）按以下网址提供的步骤安装 AWS IAM 身份验证器（authenticator）。

https://docs.aws.amazon.com/eks/latest/userguide/install-aws-iam-authenticator.html

（4）安装 Terraform，这是一种基础设施即代码软件，可自动配置基础设施。它可以帮助读者创建与本书中练习所使用的基础架构一致的基础架构。我们希望这能提供一种无忧安装体验，让读者可以花更多时间了解 Istio，而不是解决基础设施问题。可以按照以下网址提供的步骤进行操作。

https://learn.hashicorp.com/tutorials/terraform/install-cli?in=terraform/aws-get-started

接下来，还需要创建 EKS 集群。

4.1.2　创建 EKS 集群

EKS 代表 Elastic Kubernetes Service，它是 AWS 的托管服务产品。EKS 提供了一个无忧安装且易于使用的 Kubernetes 集群，读者无须操心 Kubernetes 控制平面的设置和操作。我们将使用 Terraform 来建立 EKS 集群；Terraform 代码和配置可在本书配套 GitHub

存储库的 sockshop/devops/deploy/terraform 中找到。

从 sockshop/devops/deploy/terraform/src 文件夹执行以下步骤。

（1）初始化 Terraform。准备工作目录以便 Terraform 可以运行配置。

```
% terraform init
Initializing the backend...
Initializing provider plugins...
- Reusing previous version of hashicorp/aws from the
dependency lock file
- Using previously-installed hashicorp/aws v4.26.0
Terraform has been successfully initialized!
```

读者可以在以下网址中了解有关 init 的信息。

https://developer.hashicorp.com/terraform/tutorials/cli/init

（2）通过修改 sockshop/devops/deploy/terraform/src/variables.tf 来配置 Terraform 变量。使用默认值是可行的，但也可以修改它们以满足自己的特定要求。

（3）规划部署。在此步骤中，Terraform 将创建一个执行计划，读者可以检查该执行计划以查找任何差异并预览基础设施（尽管尚未配置）。

为节约篇幅，以下仅提供了节选的输出结果。

```
% terraform plan
...
~ cluster_endpoint =
"https://647937631DD1A55F1FDDAB99E08DEE0C.gr7.us-east-1.
eks.amazonaws.com" -> (known after apply)
```

以下网址提供了有关规划部署的更多信息。

https://developer.hashicorp.com/terraform/tutorials/cli/plan

（4）配置基础设施。在此步骤中，Terraform 将根据上述步骤中创建的执行计划创建基础设施。

```
% terraform apply
```

在配置基础设施之后，Terraform 还将设置一个变量，它是在 sockshop/devops/deploy/terraform/src/outputs.tf 中定义的。

读者可以在以下网址阅读有关 apply 的更多信息。

https://developer.hashicorp.com/terraform/tutorials/cli/apply

接下来，我们将配置 kubectl 以便能够使用 Terraform 连接新创建的 EKS 集群。

4.1.3　设置 kubeconfig 和 kubectl

通过以下 aws cli 命令使用集群详细信息更新 kubeconfig。

```
% aws eks --region $(terraform output -raw region) update-
kubeconfig --name $(terraform output -raw cluster_name)
```

接下来，检查 kubectl 是否使用正确的上下文。

```
% kubectl config current-context
```

如果该值不符合预期，则可以执行以下命令。

```
% kubectl config view -o json | jq '.contexts[].name'
"arn:aws:eks:us-east-1:803831378417:cluster/MultiClusterDemo-
Cluster1-cluster"
"minikube"
```

找到正确的集群名称，然后使用以下命令设置 kubectl 上下文。

```
% kubectl config use-context "arn:aws:eks:us-east-
1:803831378417:cluster/MultiClusterDemo-Cluster1-cluster"
Switched to context "arn:aws:eks:us-east-
1:803831378417:cluster/MultiClusterDemo-Cluster1-cluster".
```

在某些情况下，需要使用 minikube。这时，只需使用以下命令来切换上下文即可。当然，有需要时也可以切换回 EKS。

```
% kubectl config use-context minikube
Switched to context "minikube".
```

4.1.4　部署 Sockshop 应用程序

最后，为了增加实战练习的多样性，我们将使用一个名为 Sockshop 的演示应用程序，该应用程序网址如下。

https://github.com/microservices-demo/microservices-demo

读者可以在 sockshop/devops/deploy/kubernetes/manifests 中找到部署文件。

```
% kubectl create -f sockshop/devops/deploy/kubernetes/
manifests/00-sock-shop-ns.yaml
% kubectl create -f sockshop/devops/deploy/kubernetes/
manifests/* -n sock-shop
```

这将部署 Sockshop 应用程序，并且已完成环境设置。接下来要做的就是使用以下网址中的说明以及读者在第 2 章"Istio 入门"中了解的概念来安装最新版本的 Istio。

https://istio.io/latest/docs/setup/install/istioctl/

在本章和本书的其余部分，将使用 Sockshop 应用程序来演示各种服务网格概念。读者可以任意使用 Istio 提供的示例 BookInfo 应用程序，或者自己喜欢的任何其他应用程序来进行实战练习。

4.2　使用 Kubernetes Ingress 资源管理入口流量

当构建需要由其他应用程序使用的应用程序时（且其他应用程序位于该应用程序所在网络的边界之外），将需要构建一个入口点，这样外部应用程序就可以通过入口点访问该应用程序。而在 Kubernetes 中，服务就是一种抽象，通过它可以将一组 Pod 作为网络服务公开。当这些服务需要被其他应用程序使用时，需要使它们可供外部访问。

4.2.1　了解 Kubernetes Ingress 资源管理机制

对于 Kubernetes 来说，ClusterIP 可用于在集群内部使用服务，NodePort 可用于在集群外部但在网络内部使用服务，LoadBalancer 则用于通过云负载均衡器在外部使用服务，还可以选择公开面向内部的负载均衡器，用于 Kubernetes 集群外部的内部流量。本节将介绍如何配置 Istio 以公开使用 Kubernetes Ingress 资源的服务。

在第 3 章"理解 Istio 控制平面和数据平面"中，我们将前端服务公开为 NodePort 类型，并通过 minikube 隧道以及 AWS Loadbalancer 访问它。这种方法使我们不再需要管理前端服务流量的任何控制。

因此，我们不会使用 Loadbalancer 服务类型来公开前端服务，而是让前端服务面向内部，并利用 Kubernetes Ingress 资源，通过从 YAML 文件中删除以下行来删除 NodePort

（如果使用 minikube）或 LoadBalancer（如果部署在 AWS 上）来更新前端服务 Kubernetes
配置。

```
type: NodePort
...
    nodePort: 30001
```

上述更改使服务类型可采用 ClusterIp 的默认值。

更新后的文件也可以在本书配套 GitHub 存储库的 Chapter4 文件夹中找到，其名称为
10-1-front-end-svc.yaml。

继续使用以下命令将前端服务类型更改为 ClusterIP。

```
$ kubectl apply -f Chapter4/ClusterIp-front-end-svc.yaml
```

更改后，你会注意到由于明显的原因，Sockshop 网站无法从浏览器访问。

现在，我们将利用 Kubernetes Ingress 资源来提供对 Sockshop 前端服务的访问。
Kubernetes Ingress 是一种提供对集群中 ClusterIP 服务访问的方式。Ingress 定义 Ingress
接受的寻址主机，以及 URI 列表和请求需要路由到的服务。图 4.1 强调了这个概念。

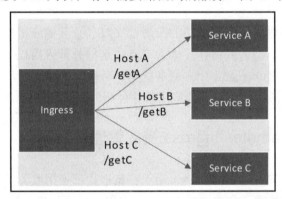

图 4.1　Kubernetes Ingress 资源

原　　文	译　　文	原　　文	译　　文
Host	主机	Service	服务

除了定义 Ingress，我们还需要定义 Ingress 控制器，它是另一个 Kubernetes 资源，负
责根据 Ingress 资源中定义的规范处理流量。

图 4.2 说明了 Ingress、Ingress 控制器和服务之间的关系。请注意，Ingress 是一个逻
辑构造，即由 Ingress 控制器强制执行的一组规则。

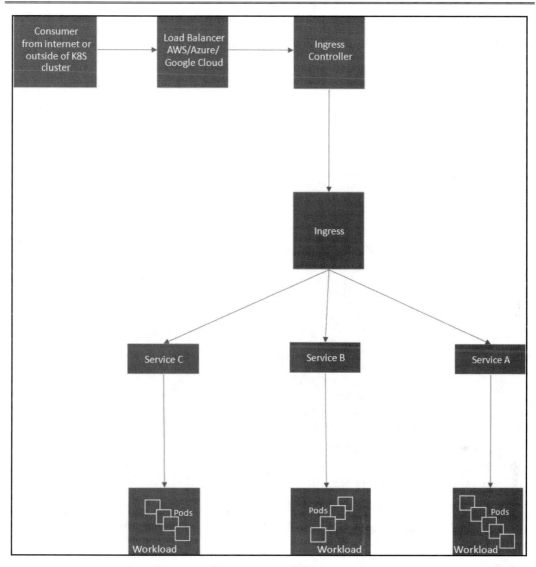

图 4.2　Ingress 控制器

原　　　文	译　　　文
Consumer from Internet or outside of K8S cluster	来自 Internet 或 Kubernetes 集群外部的使用者
Load Balancer AWS/Azure/Google Cloud	负载均衡器 AWS/Azure/Google 云
Ingress Controller	Ingress 控制器
Service	服务
Workload	工作负载

4.2.2　使用 Istio 网关控制器处理 Ingress 资源

接下来，我们将使用 Istio 网关控制器来处理 Ingress。在第 3 章"理解 Istio 控制平面和数据平面"中已经介绍了 Istio 网关。

我们需要提供以下配置（也在本书配套 GitHub 存储库 Chapter4/1-istio-ingress.yaml 文件中定义）来进行更改。

```
apiVersion: networking.k8s.io/v1
kind: Ingress
metadata:
    annotations:
        kubernetes.io/ingress.class: istio
    name: sockshop-istio-ingress
    namespace: sock-shop
spec:
    rules:
    - host: "sockshop.com"
        http:
            paths:
            - path: /
                pathType: Prefix
                backend:
                    service:
                        name: front-end
                        port:
                            number: 80
```

在上述配置中，执行了以下操作。

❑ 创建带有 kubernetes.io/ingress.class: istio 注释的 Ingress 资源，正如我们在第 3 章"理解 Istio 控制平面和数据平面"中讨论的那样，它通过准入控制器告诉 Istio 该 Ingress 将由 Istio 网关处理。

❑ Ingress 资源在 sock-shop 命名空间中定义，因为这是我们的 Sockshop 前端服务所在的位置。

❑ 有一条规则，规定由 / 值路径指定且发往 sockshop.com 主机（由 host 和 sockshop.com 值指定）的任何请求都应由该 Ingress 处理。

❑ 在 path 配置中，我们配置的是 Prefix 的 pathType，这基本上意味着 hostname/ 格式的任何请求都会被匹配。pathType 的其他值如下。

　　➢　Exact：路径与 path 中指定的完全匹配。

　　➢　ImplementationSpecific：path 的匹配由 Ingress 控制器的底层实现决定。

使用以下命令应用规则。

```
$ kubectl create -f Chapter4/1-istio-ingress.yaml
```

如果读者在本练习中使用 minikube，则可以在单独的终端中运行 minikube tunnel 并从输出中获取外部 IP。使用以下命令可查找 Istio Ingress 网关公开的服务端口。

```
$ kubectl get svc istio-ingressgateway -n istio-system -o wide
NAME                TYPE            CLUSTER-IP
EXTERNAL-IP PORT(S)
                                    AGE         SELECTOR
istio-ingressgateway LoadBalancer 10.97.245.106
10.97.245.106 15021:32098/TCP,80:31120/TCP,443:30149/
TCP,31400:30616/TCP,15443:32339/TCP 6h9m app=istio-
ingressgateway,istio=ingressgateway
```

在此实例中，Ingress 网关将来自端口 80 的流量公开到 Ingress 端口 31120，将来自端口 443 的流量公开到 Ingress 端口 30149，但它可能与读者的设置不同。

如果读者使用的是 AWS EKS，则 IP 和端口将会有所不同。以下是 AWS EKS 的 minikube 等效项。

```
$ kubectl get svc istio-ingressgateway -n istio-system
NAME                    TYPE            CLUSTER-IP
    EXTERNAL-IP
                PORT(S)
                                        AGE
istio-ingressgateway LoadBalancer 172.20.143.136
 a816bb2638a5e4a8c990ce790b47d429-1565783620.us-east-1.elb.
amazonaws.com 15021:30695/TCP,80:30613/TCP,443:30166/
TCP,31400:30402/TCP,15443:31548/TCP 29h
```

在此示例中，Ingress 网关通过 AWS 经典负载均衡器公开，如下所示。

（1）对于 HTTP 流量，使用的是：

http://a816bb2638a5e4a8c990ce790b47d429-1565783620.us-east-1.elb.amazonaws.com:80

（2）对于 HTTPS 流量，使用的是：

https://a816bb2638a5e4a8c990ce790b47d429-1565783620.us-east-1.elb.amazonaws.com:443

读者可以根据选择的环境使用适当的 IP 和端口。其余章节中的示例部署在 AWS EKS

集群上，但它们也适用于任何其他 Kubernetes 提供商。

继续通过 curl 测试前端服务的 Ingress，具体如下。

```
curl -HHost:sockshop.com http://
a816bb2638a5e4a8c990ce790b47d429-1565783620.us-east-1.elb.
amazonaws.com/
```

或者，如果使用 Chrome 浏览器，则使用诸如 ModHeader 之类的扩展程序。该程序可从以下网址获取。

http://modheader.com/

无论哪种情况，读者都需要向 host 标头提供 sockshop.com 的值。

因此，我们已经知道了如何配置 Istio Ingress 网关来处理 Kubernetes Ingress 流量。

4.2.3　添加 Ingress 规则

现在让我们添加另一个 Ingress 规则，看看 Istio Ingress 控制器如何处理多个 Ingress 规则。我们将利用第 3 章 "理解 Istio 控制平面和数据平面" 中所做过的 envoy 配置，使用路由过滤器返回一个虚拟字符串。

（1）以下命令将创建一个 chapter4 命名空间，这样就可以将实战练习组织在一起，并且更容易清理。

```
$ kubectl create ns chapter4
```

（2）在目前这个阶段，我们不需要自动 sidecar 注入，但从可见性的角度来看，为了从 Kiali 工具中获取有意义的信息，最好使用我们在第 2 章 "Istio 入门" 中讨论过的以下命令启用 Istio Sidecar 注入。

```
$ kubectl label namespace chapter4 istio-
injection=enabled --overwrite
```

（3）创建 configmap 来加载 envoy 配置（这在第 3 章 "理解 Istio 控制平面和数据平面" 中已经讨论过），这是接下来创建 Pod 所需要的。

```
$ kubectl create configmap envoy-dummy --from-
file=Chapter3/envoy-config-1.yaml -n chapter4
```

（4）创建服务和部署来运行 envoy，为所有 HTTP 请求返回虚拟响应。

```
$ kubectl apply -f Chapter4/01-envoy-proxy.yaml
```

（5）创建一个 Ingress 规则，将所有发往 mockshop.com 的流量路由到前面步骤中创建的 envoy 服务。

```
$ kubectl apply -f Chapter4/2-istio-ingress.yaml
```

（6）使用 sockshop.com 和 mockshop.com 主机头进行测试；Istio Ingress 控制器将根据已定义的 Ingress 规则管理到适当目的地的路由。

图 4.3 显示了到目前为止所配置的内容。可以看到，Ingress 规则定义了如何根据主机名路由服务 A 和 B 的流量。

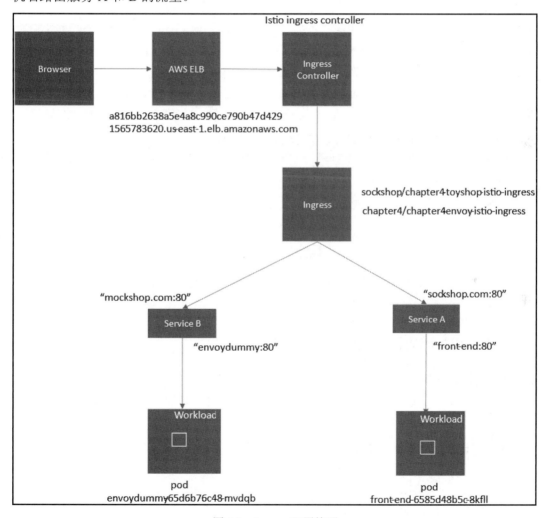

图 4.3　Ingress 配置快照

原　　文	译　　文	原　　文	译　　文
Istio ingress controller	Istio 入口控制器	Service	服务
Browser	浏览器	Workload	工作负载
Ingress Controller	Ingress 控制器		

　　总而言之，本节讨论了如何使用 Kubernetes Ingress 资源和 Istio Ingress 控制器公开 Kubernetes 集群外部的服务。在这种 Ingress 配置中，虽然使用了 Istio 来管理 Ingress，但也受到 Kubernetes Ingress 规范的限制，它允许 Ingress 控制器执行有限的功能，例如负载平衡、SSL 终端和基于名称的虚拟托管。

　　当使用 Kubernetes Ingress 资源类型时，我们并没有利用 Istio 提供的广泛功能来管理 Ingress。在使用 Istio 时，建议使用 Istio 网关自定义资源定义（custom resource definition，CRD）来管理 Ingress，我们将在下一节中讨论这个问题。

　　在继续学习之前，建议读者使用以下命令对自己的环境进行一些技术清理，以免与即将进行的练习发生冲突。

```
$ kubectl delete -f Chapter4/2-istio-ingress.yaml
$ kubectl delete -f Chapter4/1-istio-ingress.yaml
```

注意：

本书将提醒读者恢复或清理配置，可以使用上述命令来执行清理。

4.3　使用 Istio 网关管理 Ingress

管理 Ingress 时，建议使用 Istio 网关而不是 Kubernetes Ingress 资源。Istio Gateway 就像一个在网格边缘运行的负载均衡器，接收传入的 HTTP 和 TCP 连接。

通过 Istio Gateway 配置 Ingress 时，需要执行以下任务。

4.3.1　创建网关

以下代码块将创建 Istio 网关资源。

```
apiVersion: networking.istio.io/v1alpha3
kind: Gateway
metadata:
    name: chapter4-gateway
    namespace: chapter4
spec:
```

```
selector:
    istio: ingressgateway
servers:
- port:
    number: 80
    name: http
    protocol: HTTP
hosts:
- "sockshop.com"
- "mockshop.com"
```

这里，我们声明了一个名为 chapter4-gateway 的 Kubernetes 资源。该资源的类型是 gateway.networking.istio.io，它是在 chapter4 命名空间中定义的自定义资源类型。这也相当于定义一个负载均衡器。

在 servers 属性中，定义了以下内容。

❑ hosts：这些是网关公开的一个或多个 DNS 名称。在上述示例中，定义了两个主机：sockshop.com 和 mockshop.com。除这两个主机之外的任何其他主机都将被 Ingress 网关拒绝。

❑ port：在端口配置中，定义了端口号和协议，这可以是 HTTP、HTTPS、gRPC、TCP、TLS 或 Mongo。端口的名称可以是你喜欢使用的任何名称。在上述示例中，我们公开了 HTTP 协议的端口 80。

换句话说，网关将接收通过端口 80 的任何 HTTP 请求，其主机标头为 sockshop.com 或 mockshop.com。

4.3.2　创建虚拟服务

虚拟服务（virtual service）是 Ingress 网关和目标服务之间的另一组抽象。使用虚拟服务，可以声明如何将单个主机（例如 sockshop.com）或多台主机（例如 mockshop.com 和 sockshop.com）的流量路由到其目的地。例如，用户可以在虚拟服务中为发送至 sockshop.com 的所有流量定义以下项。

❑ 具有/path1 URI 的请求应发送至服务 1，而具有/path2 URI 的请求应发送至服务 2。

❑ 根据标头或查询参数的值路由请求。

❑ 基于权重的路由或流量分割，例如，60%的流量进入服务版本 1，40%的流量进入另一个版本。

❑ 定义超时，也就是说，如果在 X 秒内没有从上游服务接收到响应，则该请求应该超时。

❑ 重试，即如果上游系统没有响应或响应太慢，应尝试请求多少次。

所有这些路由功能都是通过虚拟服务实现的，下文将对此展开详细的讨论。

在以下配置中，我们将定义两个虚拟服务，其中包含有关流量匹配及其应路由到的目的地的规则。

```
---
apiVersion: networking.istio.io/v1alpha3
kind: VirtualService
metadata:
    name: sockshop
    namespace: chapter4
spec:
    hosts:
    - "sockshop.com"
    gateways:
    - chapter4-gateway
    http:
    - match:
        - uri:
            prefix: /
      route:
      - destination:
          port:
              number: 80
          host: front-end.sock-shop.svc.cluster.local
```

可以看到，在上述配置中，定义了一个名为 sockshop 的虚拟服务。在 spec 属性中，定义了以下项。

❑ hosts：此虚拟服务中的规则将应用于发往 sockshop.com 的流量。

❑ gateway：该虚拟服务与我们在 4.3.1 节"创建网关"中创建的 chapter4-gateway 相关联；这强制与上述网关无关的任何其他流量将不会由此虚拟服务配置处理。

❑ http：这里，我们将为 HTTP 流量定义规则和路由信息。还有一个用于定义 tls 和 tcp 路由的选项。其中，tls 用于遍历 TLS 或 HTTPS 流量，而 tcp 则用于不透明 TCP 流量。

❑ match：它们包含匹配条件，可以基于路径、标头等。在此示例中，我们指示所有流量将按照本节中的说明进行路由。

❑ route：如果流量匹配，则根据此处提供的信息路由流量。在此示例中，我们将流量路由到端口 80 上的 front-end.sock-shop.svc.cluster.local。

读者可以在 Chapter4/3-istio-gateway.yaml 中找到 envoy-dummy-svc 相应虚拟服务的

声明。该文件结合了网关和虚拟服务的声明。

下一步，如果读者尚未按照上一节的清理说明执行删除操作，则请删除在上一节中创建的 Ingress 资源，以便它们不会与我们在本节中应用的配置冲突。

应用新配置具体如下。

```
$ kubectl apply -f chapter4/3-istio-gateway.yaml
```

测试你是否能够使用首选的 HTTP 客户端访问 sockshop.com 和 mockshop.com，并且不要忘记注入正确的 host 标头。

如果发现难以可视化端到端配置，则可以借助以下示意图。

图 4.4 总结了本节中的配置。

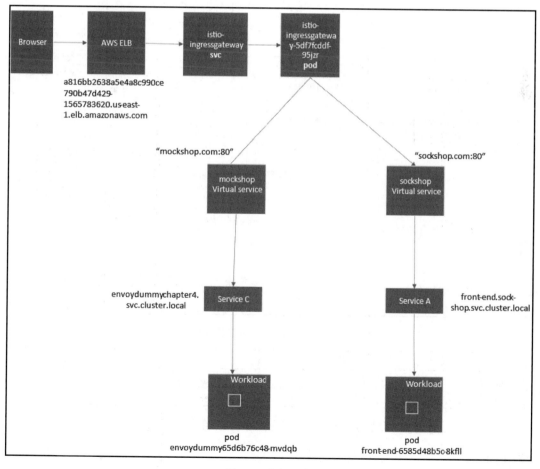

图 4.4　虚拟服务

原　　文	译　　文	原　　文	译　　文
Browser	浏览器	sockshop Virtual service	sockshop 虚拟服务
istio-ingressgateway svc	Istio 入口网关服务	Service	服务
mockshop Virtual service	mockshop 虚拟服务	Workload	工作负载

图 4.5 总结了各种 Istio CRD 和 Kubernetes 资源之间的关联。

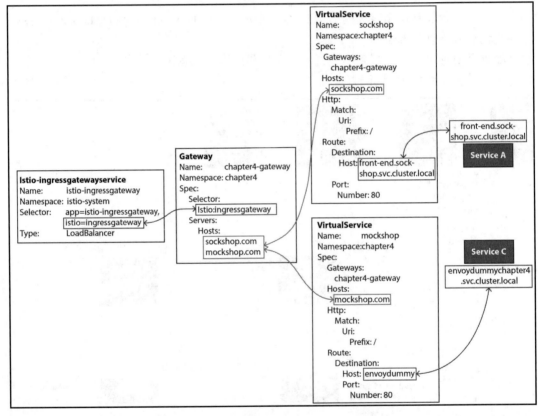

图 4.5　虚拟服务和其他 Istio 资源之间的关联

原　　文	译　　文	原　　文	译　　文
VirtualService	虚拟服务	Gateway	网关
Istio-ingressgatewayservice	Istio 入口网关服务	Service	服务

本节我们了解了如何使用 Istio 网关和虚拟服务来管理 Ingress。

💡 提示：

请清理 Chapter4/3-istio-gateway.yaml 文件，以避免与即将进行的练习发生冲突。

4.4　流量路由和金丝雀版本

在上一节中，我们介绍了虚拟服务的一些功能；接下来，本节将详细介绍如何把流量分配到多个目的地。

4.4.1　流量路由

本节假设读者已经完成 envoy-dummy 配置映射，并且 envoy Pod 和服务正在按照 01-envoy-proxy.yaml 文件中的配置运行。如果没有，则请按照上一节中的说明进行配置。

在下面的练习中，我们将创建名为 v2 的 envoydummy Pod 的另一个版本，它将返回与 v1 不同的响应。我们将与 v1 一起部署 v2，然后配置两个版本的 envoydummy Pod 之间的流量分配。

（1）创建另一个版本的 envoy 模拟服务，但使用不同的消息。

```
direct_response:
            status: 200
            body:
                inline_string: "V2---------Bootstrap
Service Mesh Implementation with Istio----------V2"
```

上述修改内容可以在 Chapter4/envoy-config-2.yaml 文件中找到。

（2）创建另一个配置映射。

```
$ kubectl create configmap envoy-dummy-2 --from-
file=Chapter4/envoy-config-2.yaml -n chapter4
```

（3）创建另一个部署，但这一次对 Pod 进行如下标记。

```
template:
   metadata:
     labels:
        name: envoyproxy
        version: v2
```

（4）应用更改。

```
$ kubectl apply -f Chapter4/02-envoy-proxy.yaml
```

（5）创建另一个虚拟服务，但进行以下更改。

```
route:
- destination:
    port:
        number: 80
    subset: v1
    host: envoy-dummy-svc
    weight: 10
- destination:
    port:
        number: 80
    subset: v2
    host: envoy-dummy-svc
    weight: 90
```

读者一定已经注意到，我们在相同路由下有两个目的地。destination 指示请求最终路由到的服务位置。在 destination 下，有以下 3 个字段。

- ❑　host：这表明请求应路由到的服务名称。服务名称根据 Kubernetes 服务注册表或 Istio 服务条目注册的主机进行解析。下文将介绍有关服务条目的内容。
- ❑　subset：这是由目标规则定义的服务子集。
- ❑　port：这是可访问服务的端口。

我们还将权重与路由规则相关联，指定 10%的流量应发送至 subset:v1，而 90%的流量应发送到 subset:v2。

4.4.2　定义目的地规则

在虚拟服务定义之后，我们还需要定义目的地规则。目的地规则是在流量经过虚拟服务路由规则后应用于流量的一组规则。

在以下配置中，我们定义了一个名为 envoy-destination 的目的地规则，该规则将应用于发往 envoy-dummy-svc 的流量。它进一步定义了两个子集——subset: v1 对应于带有 version = v1 标签的 envoy-dummy-svc 端点，而 subset: v2 则对应于带有 version = v2 标签的端点。

```
apiVersion: networking.istio.io/v1alpha3
kind: DestinationRule
metadata:
    name: envoy-destination
    namespace: chapter4
spec:
    host: envoy-dummy-svc
```

```
subsets:
- name: v1
    labels:
        version: v1
- name: v2
    labels:
        version: v2
```

应用更改如下。

```
kubectl apply -f Chapter4/4a-istio-gateway.yaml
```

读者会注意到，10%的请求将返回 V1 响应："Bootstrap Service Mesh Implementation with Istio"；而 90%的请求将返回 V2 响应："V2----------Bootstrap Service Mesh Implementation with Istio----------V2"。

如果读者发现难以可视化端到端配置，则可以借助图 4.6，该图总结了本节中的配置。

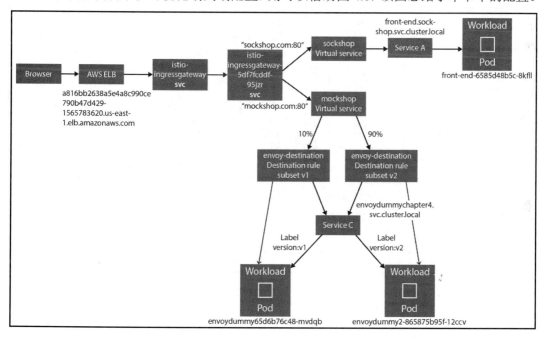

图 4.6　目的地规则

原　　文	译　　文
Browser	浏览器
istio-ingressgateway svc	Istio 入口网关服务

续表

原　　文	译　　文
sockshop Virtual service	sockshop 虚拟服务
mockshop Virtual service	mockshop 虚拟服务
Service	服务
Workload	工作负载
envoy-destination Destination rule subset v1	envoy-destination 目的地规则子集 v1
envoy-destination Destination rule subset v2	envoy-destination 目的地规则子集 v2

图 4.7 总结了各种 Istio CRD 和 Kubernetes 资源之间的关联。

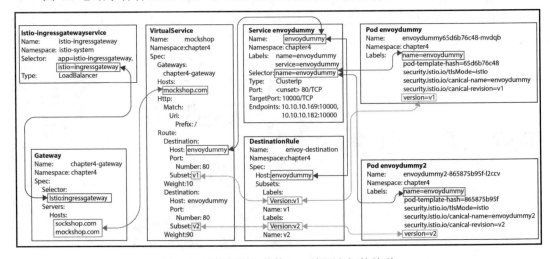

图 4.7　目标规则和其他 Istio 资源之间的关联

原　　文	译　　文	原　　文	译　　文
Istio-ingressgatewayservice	Istio 入口网关服务	Gateway	网关
VirtualService	虚拟服务	DestinationRule	目的地规则

如图 4.8 所示，读者还可以在 Kiali 仪表板中检查流量在两个服务之间以 1∶9 的比例路由。

💡 提示：

请清理 Chapter4/4a-istio-gateway.yaml 文件，以避免与即将进行的练习发生冲突。

本节介绍了如何在服务的两个版本之间路由或拆分流量。这是与流量管理相关的各种操作的基础，金丝雀版本（canary release）就是其中之一。

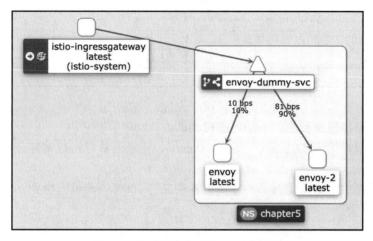

图 4.8　显示流量分配的 Kiali 仪表板

在下一节中，我们将了解流量镜像，后者也称为流量阴影（traffic shadowing），这是流量路由的另一个例子。

4.5　流 量 镜 像

流量镜像（traffic mirroring）是另一个重要功能，它允许你将发送到上游的流量异步复制到另一个上游服务，也称为镜像服务（mirrored service）。流量镜像基于即发即忘（fire-and-forget）的方式，即 Sidecar/网关不会等待来自镜像上游的响应。

图 4.9 显示了流量镜像的示意图。

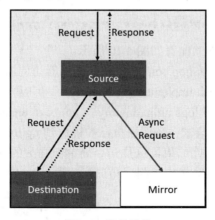

图 4.9　流量镜像

原　　文	译　　文	原　　文	译　　文
Request	请求	Destination	目的地
Response	响应	Mirror	镜像
Source	源	Async Request	异步请求

流量镜像有非常有趣的用例，包括以下内容。

❑　将流量镜像到预生产系统以进行测试。

❑　将流量镜像到接收系统（sink system），记录流量以进行带外分析（out-of-band analysis）。

在以下示例中，路由配置下的虚拟服务定义将 100%的流量镜像到 subset:v2。

```
route:
  - destination:
      port:
        number: 80
  subset: v1
      host: envoydummy
      weight: 100
  mirror:
      host: nginxdummy
      subset: v2
  mirrorPercentage:
      value: 100.0
```

在应用上述更改之前，首先使用以下命令创建 nginx 服务。

```
kubectl apply -f utilities/nginx.yaml
```

在此之后即可部署虚拟服务。

```
kubectl apply -f chapter4/4b-istio-gateway.yaml
```

虚拟服务和目的地规则的配置如图 4.10 所示。

当使用 curl 或带有 mockshop.com 主机头的浏览器访问服务时，读者会注意到总是接收到"Bootstrap Service Mesh Implementing with Istio"响应。

但是如果你使用 kubectl logs nginxdummy -c nginx -n chapter4 命令检查 nginx 日志，则会注意到 nginx 也在接收请求，表明流量已被镜像到 nginx。

关于流量镜像的介绍至此结束，这是一个简单但强大的功能，特别适用于使用机器学习和人工智能时的事件驱动架构、测试和训练模型。

💡 提示：

请清理 Chapter4/4b-istio-gateway.yaml 文件，以避免与即将进行的练习发生冲突。

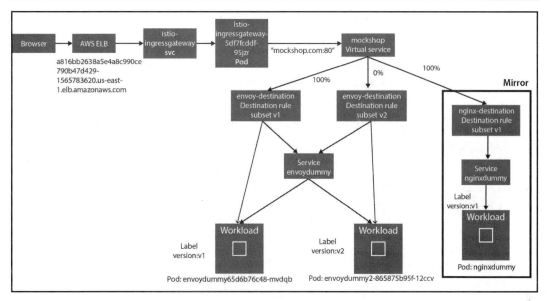

图 4.10　通过虚拟服务进行流量镜像

原　　文	译　　文
Browser	浏览器
istio-ingressgateway svc	Istio 入口网关服务
mockshop Virtual service	mockshop 虚拟服务
envoy-destination Destination rule subset v1	envoy-destination 目的地规则子集 v1
envoy-destination Destination rule subset v2	envoy-destination 目的地规则子集 v2
Service	服务
Workload	工作负载
Mirror	镜像
nginx-destination Destination rule subset v1	nginx-destination 目的地规则子集 v1

4.6　将流量路由到集群外部的服务

在你的 IT 环境中，并非所有服务都会部署在 Kubernetes 集群内。有些服务将在传统虚拟机或裸机环境上运行，有些服务将由 SaaS 提供商以及你的业务合作伙伴提供，并且有些服务将在不同的 Kubernetes 集群外部或不同的 Kubernetes 集群上运行。在这些场景中，需要让网格中的服务能够访问此类服务。因此，接下来，让我们尝试构建到集群外部服务的路由。我们将使用 httpbin 服务，该工具可从以下网址获取。

https://httpbin.org/

任何发往 mockshop.com/get 的请求都应路由至 httpbin；其余的请求应该由前文创建的 envoy-dummy-svc 处理。

在以下虚拟服务定义中，定义了任何带有/get 的请求都应路由到 httpbin.org。

```
- match:
  - uri:
      prefix: /get
  route:
  - destination:
      port:
          number: 80
      host: httpbin.org
```

接下来，我们将创建 ServiceEntry，这是向 Istio 内部服务注册表添加条目的一种方式。Istio 控制平面管理网格内所有服务的注册表。注册表由两种数据源填充：一种是 Kubernetes API 服务器，该服务器使用 etcd 维护集群中所有服务的注册表；第二种是由 ServiceEntry 和 WorkloadEntry 填充的配置存储。

现在，ServiceEntry 和 WorkloadEntry 用于填充 Kubernetes 服务注册表未知服务的详细信息。第 10 章 "为非 Kubernetes 工作负载部署 Istio 服务网格" 将讨论 WorkloadEntry。

以下是将 httpbin.org 添加到 Istio 服务注册表的 ServiceEntry 声明。

```
apiVersion: networking.istio.io/v1alpha3
kind: ServiceEntry
metadata:
    name: httpbin-svc
    namespace: chapter4
spec:
    hosts:
    - httpbin.org
    location: MESH_EXTERNAL
    ports:
    - number: 80
      name: httpbin
      protocol: http
    resolution: DNS
```

在 ServiceEntry 声明中，定义了以下配置。

❑ resolution：在这里，我们将定义主机名应如何解析。以下是可能的值。

　　➢ DNS：利用可用的 DNS 来解析主机名。

　　➢ DNS_ROUND_ROBBIN：在这种情况下，使用第一个解析的地址。

　　➢ NONE：不需要 DNS 解析，目的地以 IP 地址的形式指定。

　　➢ STATIC：针对主机名使用静态端点。

❑ location：服务入口位置用于指定请求的服务是网格的一部分还是网格之外，可能的值为 MESH_EXTERNAL 和 MESH_INTERNAL。

❑ hosts：这是与所请求的服务关联的主机名。在此示例中，主机是 httpbin.org。ServiceEntry 中的主机字段与虚拟服务和目标规则中指定的主机字段相匹配。

应用更改如下。

```
$ kubectl apply -f Chapter4/5a-istio-gateway.yaml
```

当执行 curl 到/get 时，读者将收到来自 httpbin.org 的响应，而 /ping 则应该路由到 envoydummy 服务。在 Kiali 仪表板中的显示如图 4.11 所示。

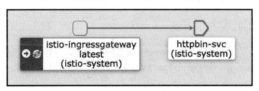

图 4.11　显示通过 ServiceEntry 连接到外部系统的 Kiali 仪表板

💡提示：

请清理 Chapter4/5a-istio-gateway.yaml 文件，以避免与即将进行的练习发生冲突。

ServiceEntry 提供了各种选项来将外部服务注册到 Istio 注册表，以便网格内的流量可以正确路由到网格外的工作负载。

4.7　通过 HTTPS 公开入口

本节将学习如何配置 Istio 网关以通过 HTTPS 公开 Sockshop 前端应用程序。

4.7.1　创建证书

如果已经拥有证书颁发机构（certificate authority，CA），则以下步骤（1）和（3）是可选的；对于生产系统来说，这些步骤通常由用户组织的 CA 执行。

（1）创建 CA。以下示例将创建一个通用名称（common name，CN）为 sockshop.inc 的证书颁发机构。

```
$openssl req -x509 -sha256 -nodes -days 365 -newkey
rsa:2048 -subj '/O=Sockshop Inc./CN=Sockshop.inc' -keyout
Sockshop.inc.key -out Sockshop.inc.crt
```

（2）为 sockshop 生成证书签名请求（certificate signing request，CSR）。以下示例将为 sockshop.com 生成一个 CSR，它还将生成一个私钥。

```
$openssl req -out sockshop.com.csr -newkey rsa:2048
-nodes -keyout sockshop.com.key -subj "/CN=sockshop.com/
O=sockshop.inc"
```

（3）通过以下命令使用 CA 签署 CSR。

```
$openssl x509 -req -sha256 -days 365 -CA Sockshop.inc.crt
-CAkey Sockshop.inc.key -set_serial 0 -in sockshop.com.
csr -out sockshop.com.crt
```

（4）将证书和私钥加载为 Kubernetes Secret。

```
$kubectl create -n istio-system secret tls sockshop-
credential --key=sockshop.com.key --cert=sockshop.com.crt
```

（5）使用以下命令创建网关和虚拟服务。

```
kubectl apply -f Chapter4/6-istio-gateway.yaml
```

这样，我们就创建了一个证书，并将该证书及其私钥作为 Kubernetes Secret 加载。

4.7.2　配置 Istio 网关

现在需要配置 Istio 网关，使用 Secret 作为 TLS 通信的凭证。

在 Chapter4/6-istio-gateway.yaml 文件网关中，我们将 IstioGateway 配置为入口，并侦听 HTTPS 服务器协议上的端口 443。

```
servers:
- port:
    number: 443
    name: https
    protocol: HTTPS
    tls:
      mode: SIMPLE
```

```
        credentialName: sockshop-credential
hosts:
- "sockshop.com"
```

在网关配置中，我们将协议版本从 HTTP 更改为 HTTPS，并在 servers > tls 下添加了以下配置。

- ❑ Mode：指示是否应使用 TLS 保护此端口。该字段的可能值如下。
  - ➢ SIMPLE：这是我们选择用于公开 Sockshop 的标准 TLS 设置。
  - ➢ MUTUAL：这用于网关与调用网关的任何系统之间的共有 TLS。
  - ➢ PASSTHROUGH：当需要将连接路由到虚拟服务时使用此选项，其中主机值作为调用期间提供的服务器名称指示（server name indication，SNI）。

💡 提示：

SNI 是 TLS 协议的扩展，其中目标服务的主机名或域名在 TLS 握手过程中共享，而不是在第 7 层共享。当服务器托管多个域名时，SNI 非常有用，每个域名都由自己的 HTTPS 证书表示。通过在第 5 层握手时知道所请求的主机名，服务器能够根据在握手期间所提供的 SNI 提供正确的证书。

  - ➢ AUTO_PASSTHROUGH：这与 PASSTHROUGH 相同，只不过不需要虚拟服务。根据 SNI 中的详细信息，连接将转发到上游服务。
  - ➢ ISTIO_MUTUAL：这与 MUTUAL 相同，只是用于共有 TLS 的证书是由 Istio 自动生成的。
- ❑ Credential name：这是保存 TLS 期间用于服务器端连接的私钥和证书的 Secret。我们在步骤（4）中创建了 Secret。

接下来可以访问 sockshop.com。读者必须在 curl 中使用--connect-to 来解决由于替换名称和主机的实际名称不同而导致的名称解析问题。

```
$ curl -v -HHost:sockshop.com --connect-to "sockshop.
com:443:a816bb2638a5e4a8c990ce790b47d429-1565783620.us-east-1.
elb.amazonaws.com" --cacert Sockshop.inc.crt https://sockshop.
com:443/
```

注意，a816bb2638a5e4a8c990ce790b47d429-1565783620.us-east-1.elb.amazonaws.com 是 AWS 提供的负载均衡器的完全限定域名（fully qualified domain name，FQDN）。

如果读者使用的是 minikube，则可以通过在 curl 中使用 --resolve 对 localhost 运行命令，这类似于以下命令。

```
$ curl -v -HHost:sockshop.com --resolve "sockshop.
```

```
com:56407:127.0.0.1" http://sockshop.com:56407/
```

上述命令中，56407 是 Ingress 网关侦听的本地端口。

在连接过程中，读者将在输出中注意到网关正确地提供了服务器端证书。

```
* SSL connection using TLSv1.3 / AEAD-CHACHA20-POLY1305-SHA256
* ALPN, server accepted to use h2
* Server certificate:
*   subject: CN=sockshop.com; O=sockshop.inc
*   start date: Aug 12 06:45:27 2022 GMT
*   expire date: Aug 12 06:45:27 2023 GMT
*   common name: sockshop.com (matched)
*   issuer: O=Sockshop Inc.; CN=Sockshop.inc
*   SSL certificate verify ok.
```

这里要特别指出的一点是，我们将 sockshop.com 作为 HTTPS 服务公开，而没有对托管该网站的前端服务进行任何更改。

💡 提示：

请清理 Chapter4/6-istio-gateway.yaml 文件，以避免与即将进行的练习发生冲突。

4.7.3　允许 HTTP 重定向到 HTTPS

对于仍在向非 HTTPS 端口发送请求的下游系统，可以通过对非 HTTPS 端口的网关配置进行以下更改来实现 HTTP 重定向。

```
servers:
- port:
    number: 80
    name: http
    protocol: HTTP
  hosts:
  - "sockshop.com"
  tls:
    httpsRedirect: true
```

我们只是添加了 httpsRedirect: true，这将使网关为所有非 HTTPS 连接发送 301 重定向。应用更改并测试连接。

```
$ kubectl apply -f Chapter4/7-istio-gateway.yaml
$ curl -v -HHost:sockshop.com --connect-to "sockshop.
com:80:a816bb2638a5e4a8c990ce790b47d429-1565783620.us-east-1.
```

```
elb.amazonaws.com" --cacert Sockshop.inc.crt http://sockshop.
com:80/
```

在该输出中，读者会注意到重定向地址为 sockshop.com。

```
* Mark bundle as not supporting multiuse
< HTTP/1.1 301 Moved Permanently
< location: https://sockshop.com/
```

💡 提示：

请清理 Chapter4/7-istio-gateway.yaml 文件，以避免与即将进行的练习发生冲突。

4.7.4　为多个主机启用 HTTPS

在上一小节中，我们在网关上定义了 sockshop.com 的设置。事实上，还可以对网关上的多个主机应用类似的设置。因此，本小节将演示在 mockshop.com 和 sockshop.com 的网关上启用 TLS。

请按以下步骤操作。

（1）我们将利用在上一小节中创建的 CA。因此，接下来的步骤是，为 mockshop.com 生成一个 CSR。

```
$openssl req -out mockshop.com.csr -newkey rsa:2048
-nodes -keyout mockshop.com.key -subj "/CN=mockshop.com/
O=mockshop.inc"
```

（2）使用 CA 签署 CSR。

```
$openssl x509 -req -sha256 -days 365 -CA Sockshop.inc.crt
-CAkey Sockshop.inc.key -set_serial 0 -in mockshop.com.
csr -out mockshop.com.crt
```

（3）将证书和私钥加载为 Kubernetes Secret。

```
$kubectl create -n istio-system secret tls mockshop-
credential --key=mockshop.com.key --cert=mockshop.com.crt
```

（4）在网关的服务器配置下为 mockshop.com 添加以下配置。

```
- port:
    number: 443
    name: https-mockshop
    protocol: HTTPS
    tls:
```

```
      mode: SIMPLE
      credentialName: mockshop-credential
  hosts:
  - "mockshop.com"
```

（5）更改应用。

```
kubectl apply -f Chapter4/8-istio-gateway.yaml
```

更改后，网关将根据主机名解析正确的证书。

（6）现在可以访问 sockshop.com。

```
curl -v --head -HHost:sockshop.com --resolve "sockshop.
com:56408:127.0.0.1" --cacert Sockshop.inc.crt https://
sockshop.com:56408/
```

在响应中，你可以看到已提供正确的证书。

```
* SSL connection using TLSv1.3 / AEAD-CHACHA20-POLY1305-SHA256
* ALPN, server accepted to use h2
* Server certificate:
*   subject: CN=sockshop.com; O=sockshop.inc
*   start date: Aug 12 06:45:27 2022 GMT
*   expire date: Aug 12 06:45:27 2023 GMT
*   common name: sockshop.com (matched)
*   issuer: O=Sockshop Inc.; CN=Sockshop.inc
*   SSL certificate verify ok.
* Using HTTP2, server supports multiplexing
```

（7）同样，也可以测试 mockshop.com。

```
curl -v -HHost:mockshop.com --connect-to "mockshop.
com:443:a816bb2638a5e4a8c990ce790b47d429-1565783620.
us-east-1.elb.amazonaws.com" --cacert Sockshop.inc.
crt https://mockshop.com/
```

（8）检查网关出示的证书是否属于 mockshop.com。

```
SSL connection using TLSv1.3 / AEAD-CHACHA20-POLY1305-SHA256
* ALPN, server accepted to use h2
* Server certificate:
*   subject: CN=mockshop.com; O=mockshop.inc
*   start date: Aug 12 23:47:27 2022 GMT
*   expire date: Aug 12 23:47:27 2023 GMT
*   common name: mockshop.com (matched)
*   issuer: O=Sockshop Inc.; CN=Sockshop.inc
```

```
*   SSL certificate verify ok.
* Using HTTP2, server supports multiplexing
```

这样，我们就配置了 Istio Ingress 网关来根据主机名提供多个 TLS 证书；这也称为服务器名称指示（SNI）。Istio Ingress 网关可以解析 TLS 第 4 层级别的 SNI，从而允许它通过 TLS 提供多个域名服务。

4.7.5　为 CNAME 和通配符记录启用 HTTPS

HTTPS 的最后一个主题是如何管理 CNAME 和通配符记录的证书。特别是对于内部公开的流量来说，支持通配符非常重要。本小节将使用 SNI 支持配置网关以支持通配符。我们将使用在前面小节中创建的 CA。

请按以下步骤操作。

（1）为 *.sockshop.com 创建 CSR 并使用 CA 证书对其进行签名，然后创建 Kubernetes Secret。

```
$openssl req -out sni.sockshop.com.csr -newkey rsa:2048
-nodes -keyout sni.sockshop.com.key -subj "/CN=*.
sockshop.com/O=sockshop.inc"
$openssl x509 -req -sha256 -days 365 -CA Sockshop.inc.crt
-CAkey Sockshop.inc.key -set_serial 0 -in sni.sockshop.
com.csr -out sni.sockshop.com.crt
$kubectl create -n istio-system secret tls sni-sockshop-
credential --key=sni.sockshop.com.key --cert=sni.
sockshop.com.crt
```

（2）将*.sockshop.com 主机名添加到网关中的服务器配置中。

```
servers:
  - port:
      number: 443
      name: https-sockshop
      protocol: HTTPS
    tls:
      mode: SIMPLE
      credentialName: sni-sockshop-credential
    hosts:
    - "*.sockshop.com"
```

（3）修改虚拟服务为 *.sockshop.com。

```
kind: VirtualService
```

```
metadata:
    name: sockshop
    namespace: chapter4
spec:
    hosts:
    - "*.sockshop.com"
    - "sockshop.com"
```

（4）应用该配置。

$ kubectl apply -f Chapter4/9-istio-gateway.yaml

（5）读者可以测试 mockshop.com、sockshop.com 或 sockshop.com 的任何其他
CNAME 记录。以下示例使用 my.sockshop.com。

$ curl -v -HHost:my.sockshop.
com --connect-to "my.sockshop.
com:443:a816bb2638a5e4a8c990ce790b47d429-1565783620.
us-east-1.elb.amazonaws.com" --cacert Sockshop.inc.
crt https://my.sockshop.com/

以下是步骤（5）的输出片段，显示握手期间提供了正确的证书。

```
* SSL connection using TLSv1.3 / AEAD-CHACHA20-POLY1305-SHA256
* ALPN, server accepted to use h2
* Server certificate:
*   subject: CN=*.sockshop.com; O=sockshop.inc
*   start date: Aug 13 00:27:00 2022 GMT
*   expire date: Aug 13 00:27:00 2023 GMT
*   common name: *.sockshop.com (matched)
*   issuer: O=Sockshop Inc.; CN=Sockshop.inc
*   SSL certificate verify ok.
* Using HTTP2, server supports multiplexing
```

可以看到，Istio 为 CNAME 提供了正确的通配符证书。此示例演示了如何配置 Istio
网关来处理多个域和子域。

在本节和前面的部分，我们了解了 Istio 管理 Ingress 以及网格内外流量路由的各种方
式。重要的是，你必须了解网关、虚拟服务、目的地规则和服务条目的概念，并练习本
章提供的示例，思考其他用例并尝试实现它们。在第 6 章"确保微服务通信的安全"中，
我们将更深入地讨论安全性问题，并涵盖诸如 mTLS 之类的主题，但目前让我们先来了
解一下如何使用 Istio 管理出口流量。

💡 提示:

请清理 Chapter4/8-istio-gateway.yaml 文件,以避免与即将进行的练习发生冲突。

4.8 使用 Istio 管理出口流量

在 4.6 节"将流量路由到集群外部的服务"中,介绍了如何使用服务条目来更新 Istio 服务注册表(这些服务注册表与网格和集群外部的服务有关)。服务条目是一种向 Istio 内部服务注册表添加额外条目的方法,以便虚拟服务能够路由到这些条目。当然,出口 (Egress)网关也可用于控制外部服务的流量如何离开网格。

4.8.1 使用 ServiceEntry

为了熟悉 Egress 网关,首先要在网格中部署一个 Pod,以便可以调用外部服务。

```
$ kubectl apply -f utilities/curl.yaml
```

该命令创建了一个 Pod,读者可以从中执行 curl;这模仿了网格内运行的工作负载。

```
$ kubectl exec -it curl sh -n chapter4
```

从 shell 中,使用 curl 访问 httpbin.org。

```
$ curl -v https://httpbin.org/get
```

现在使用以下命令即可停止网格中的所有 Egress 流量。

```
$ istioctl install -y --set profile=demo --set meshConfig.
outboundTrafficPolicy.mode=REGISTRY_ONLY
```

在上述命令中,我们修改了 Istio 安装,将出站流量策略(outboundTrafficPolicy)从 ALLOW_ANY 更改为 REGISTRY_ONLY,这强制只有使用 ServiceEntry 资源定义的主机 才是网格服务注册表的一部分。

返回并再次尝试 curl,读者将看到以下输出。

```
$ curl -v https://httpbin.org/get
curl: (35) OpenSSL SSL_connect: SSL_ERROR_SYSCALL in connection
to httpbin.org:443
```

现在让我们通过创建一个服务条目在 Istio 服务注册表中列出 httpbin.org,如下所示。

```
apiVersion: networking.istio.io/v1alpha3
```

```
kind: ServiceEntry
metadata:
    name: httpbin-svc
    namespace: chapter4
spec:
    hosts:
    - httpbin.org
    location: MESH_EXTERNAL
    resolution: DNS
    ports:
    - number: 443
      name: https
      protocol: HTTPS
    - number: 80
      name: http
      protocol: HTTP
```

应用该配置。

```
$ kubectl apply -f Chapter4/10-a-istio-egress-gateway.yaml
```

从 curl Pod 访问 https://httpbin.org/get；这一次，你会成功的。

ServiceEntry 将 httpbin.org 添加到网格服务注册表中，因此我们能够从 curl Pod 访问
httpbin.org。

尽管 ServiceEntry 非常适合提供外部访问，但它不提供对访问外部端点的任何控制。
例如，用户可能只希望某些工作负载或命名空间能够将流量发送到外部资源，如果需要
通过验证外部资源的证书来验证其真实性，那该怎么办呢？

💡 提示：

请清理 Chapter4/10-a-istio-egress-gateway.yaml 文件，以避免与即将进行的练习发生
冲突。

4.8.2　使用 Egress 网关

Egress 网关与虚拟服务、目标规则和服务条目的组合提供了灵活的选项来管理和控
制网格外的流量。因此，让我们进行配置更改，将 httpbin.org 的所有流量路由到 Egress
网关。

请按以下步骤操作。

（1）配置 Egress 网关，与 Ingress 网关配置非常相似。注意 Egress 网关已附加到

httpbin.org，读者可以提供其他主机或 * 来匹配所有主机名。

```
apiVersion: networking.istio.io/v1alpha3
kind: Gateway
metadata:
    name: istio-egressgateway
    namespace: chapter4
spec:
    selector:
        istio: egressgateway
    servers:
    - port:
        number: 80
        name: http
        protocol: HTTP
      hosts:
      - httpbin.org
```

（2）接下来还需要配置虚拟服务。以下示例配置了虚拟服务以附加到 Egress 网关以及网格。

```
spec:
    hosts:
    - httpbin.org
    gateways:
    - istio-egressgateway
    - mesh
```

在虚拟服务定义的部分中，我们将配置来自 httpbin.org 主机的网格内的所有流量都定向到 Egress 网关。

```
http:
    - match:
        - gateways:
            - mesh
          port: 80
      route:
      - destination:
          host: istio-egressgateway.istio-system.svc.cluster.local
          subset: httpbin
          port:
              number: 80
        weight: 100
```

我们已经配置了 subset:httpbin 来应用目的地规则。在此示例中，目的地规则为空。
此外，还需要添加另一条规则以将流量从 Egress 网关路由到 httpbin.org。

```
- match:
  - gateways:
     - istio-egressgateway
     port: 80
  route:
  - destination:
     host: httpbin.org
     port:
         number: 80
  weight: 100
```

（3）为你可能想要实现的任何目的地规则创建一个占位符。

```
apiVersion: networking.istio.io/v1alpha3
kind: DestinationRule
metadata:
    name: rules-for-httpbin-egress
    namespace: chapter4
spec:
    host: istio-egressgateway.istio-system.svc.cluster.
local
    subsets:
    - name: httpbin
```

（4）还需要为 httpbin.org 添加 ServiceEntry，这在前文中已经讨论过。

（5）应用该更改。

```
kubectl apply -f Chapter4/10-b-istio-egress-gateway.yaml
```

（6）尝试从 curl Pod 访问 httpbin.org。现在，你已经可以访问它了。

检查响应中的标头以及 istio-egressgateway pod 的日志，你将在 X-Envoy-Peer-Metadata-Id 下找到有关 Egress 网关的信息，还可以在 Egress 网关日志中查看该请求。

你会注意到，尽管我们在服务条目中定义了 https，但仍无法访问 https://httpbin.org/get。尝试启用 httpbin.org 的 https 访问，可以在 Chapter4/10-c-istio-egress-gateway.yaml 中找到该解决方案。

Egress 对于控制离开网格的流量非常重要。在第 6 章"确保微服务通信的安全"中，我们将重点讨论 Egress 安全方面的其他一些内容。

💡 提示：

请注意删除 Chapter4/10-b-istio-egress-gateway.yaml 文件以及 chapter4 命名空间。

使用以下命令恢复授权策略以允许所有来自网格的传出流量，而无须 Egress 网关。

```
$ istioctl install -y --set profile=demo --set meshConfig.
outboundTrafficPolicy.mode=ALLOW_ANY
```

4.9 小 结

本章介绍了如何使用 Istio Ingress 网关管理进入服务网格的外部流量，以及如何管理通过 Istio Egress 网关离开网格的内部流量。

我们演示了虚拟服务和目的地规则的使用。

❑ 如何使用虚拟服务来描述规则，以将流量路由到网格中的各个目的地。

❑ 如何使用目的地规则来定义最终目的地。

❑ 目的地如何处理通过规则路由的流量（这些规则通过虚拟服务定义）。

❑ 使用虚拟服务，我们可以执行基于权重的流量路由，这也可用于金丝雀版本和蓝绿部署。

此外，本章还介绍了 ServiceEntry 以及如何使用它来使 Istio 感知外部服务，以便网格中的工作负载可以将流量发送到网格外部的服务。

最后，本章还演示了如何使用 Egress 网关来控制出口流量（出口流量的端点是由 ServiceEntry 定义的），以便我们可以从网格安全可靠地访问外部服务。

本章内容为下一章的学习打下了基础。在下一章中，我们将讨论如何使用本章中的概念来实现应用程序弹性。

第 5 章 管理应用程序弹性

应用程序弹性是指软件应用程序承受故障和失败而不显著降低其消费者的服务质量和水平的能力。从单体架构到微服务的转变加剧了对软件设计和架构中应用程序弹性的需求。在单体应用程序中，存在单一代码库和单一部署；而在基于微服务的架构中，有许多独立的代码库，每个代码库都有自己的部署。在利用 Kubernetes 和其他类似平台时，读者还需要满足部署灵活性以及多个应用程序实例正在部署和弹性扩展的事实；这些动态实例不仅需要相互协调，还需要与所有其他微服务协调。

本章将演示如何利用 Istio 来提高微服务的应用程序弹性。在各个小节中，我们将分别讨论应用程序弹性的各个方面以及 Istio 如何解决这些问题。

本章包含以下主题。

❑ 使用故障注入实现应用程序弹性。
❑ 使用超时和重试实现应用程序弹性。
❑ 使用负载均衡构建应用程序弹性。
❑ 速率限制。
❑ 断路器和异常值检测。

☑ 注意:
本章技术需求和上一章相同。

5.1 使用故障注入实现应用程序弹性

故障注入（fault injection）用于测试应用程序在发生任何类型故障时的恢复能力。原则上，每个微服务的设计都应该具有针对内部和外部故障的内置弹性（但通常情况下并非如此）。构建弹性最复杂、最困难的工作通常是在设计和测试时。

在设计期间，必须确定需要满足的所有已知和未知场景，例如必须解决以下问题。

❑ 微服务内部和外部可能会发生什么样的已知和未知错误。
❑ 应用程序代码应如何处理每个错误。

在测试期间，应该能够模拟这些场景以验证应用程序代码中内置的意外情况。

❑ 实时模仿其他上游服务行为中的不同故障场景，以测试整体应用程序行为。

❑ 不仅模拟应用程序故障，还模拟网络故障（例如延迟、中断等）以及基础设施故障。

混沌工程（chaos engineering）是软件工程术语，用于指通过将不利条件引入软件系统及其执行、通信环境和生态系统来测试软件系统的学科。有关混沌工程的更多信息，可访问以下网址。

https://hub.packtpub.com/chaos-engineering-managing-complexity-by-writing-things/

有各种工具可用于生成混沌状态（例如故障），主要是在基础设施层面。Chaos Monkey就是这样一种流行的工具，其网址如下。

https://netflix.github.io/chaosmonkey/

AWS 还提供了 AWS 故障注入模拟器（fault injection simulator，FIS）来运行故障注入模拟。有关 AWS 故障注入模拟器的更多信息可访问以下网址。

https://aws.amazon.com/fis/

另一种流行的开源软件是 Litmus，这是一个混沌工程平台，通过以受控方式引入混沌测试来识别基础设施中的弱点和潜在中断。有关详细信息可访问以下网址。

https://litmuschaos.io/

Istio 凭借其对应用程序流量的访问和了解，为故障注入提供了细粒度的控制。通过 Istio 故障注入，可以使用应用层故障注入；这与基础设施级故障注入器（例如 Chaos Monkey 和 AWS Fault Simulator）相结合，为测试应用程序弹性提供了非常强大的功能。

Istio 支持以下类型的故障注入。

❑ HTTP 延迟。
❑ HTTP 中止。

接下来，我们将更详细地讨论这两种故障注入类型。

5.1.1 HTTP 延迟

延迟其实就是时间上的失败。它们模仿因网络延迟或上游服务过载而导致的请求周转时间增加。这些延迟是通过 Istio VirtualServices 注入的。

以前文提到的 sockshop 为例，我们可以在前端服务和目录服务之间注入 HTTP 延迟，并测试前端服务无法从目录服务获取图像时的行为。我们将专门针对一张图像而不是所有图像执行此操作。

读者可以在本书配套 GitHub 存储库的 Chapter5/02-faultinjection_delay.yaml 文件中找

到 VirtualService 定义。

图 5.1 显示了目录 VirtualService 中的 HTTP 延迟注入。

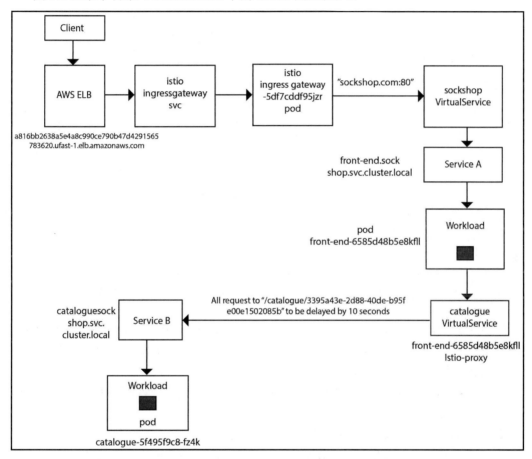

图 5.1　目录 VirtualService 中的 HTTP 延迟注入

原　　文	译　　文
Client	客户端
Istio ingressgateway svc	Istio 入口网关服务
Istio ingress gateway -5df7cddf95jzr pod	Istio 入口网关 -5df7cddf95jzr Pod
Service	服务
Workload	工作负载
All request to "/catalogue/3395a43e-2d88-40de-b95fe00e1502085b" to be delayed by 10 seconds	所有到 "/catalogue/3395a43e-2d88-40de-b95fe00e1502085b" 的请求都将延迟 10s

以下是 VirtualService 定义的片段。

```
spec:
    hosts:
    - "catalogue.sock-shop.svc.cluster.local"
    gateways:
    - mesh
    http:
    - match:
        - uri:
            prefix: "/catalogue/3395a43e-2d88-40de-b95f-e00e1502085b"
          ignoreUriCase: true
      fault:
        delay:
            percentage:
                value: 100.0
            fixedDelay: 10s
      route:
      - destination:
          host: catalogue.sock-shop.svc.cluster.local
          port:
            number: 80
```

首先要注意的是 fault 定义，它用于在将请求转发到路由中指定的目的地之前注入延迟或中止故障。在本例中，我们将注入 delay 类型的故障，用于模拟缓慢的响应时间。

在 delay 配置中，定义了以下字段。

❑ fixedDelay：指定延迟时长，其值可以是小时、分钟、秒或毫秒，分别由 h、m、s 或 ms 后缀指定。

❑ percentage：指定将注入延迟的请求的百分比。

另一件需要注意的事情是，VirtualService 与 mesh 网关相关联；你可能已经注意到，我们没有使用 mesh 定义 Ingress 或 Egress 网关。所以，你一定想知道这是从哪里来的，mesh 是一个保留字，用于引用网格中的所有 Sidecar。这也是网关配置的默认值，因此，如果你不为网关提供值，则 VirtualService 默认情况下会将自身与网格中的所有 Sidecar 关联。

那么，让我们来总结一下已有的配置。

❑ sock-shop VirtualService 与网格中的所有 Sidecar 相关联，并应用于发往 catalogue.sock-shop.svc.cluster.local 的请求。

❑ VirtualService 将为所有包含/catalogue/3395a43e-2d88-40de-b95f-e00e1502085b

前缀的请求注入 10s 的延迟，然后将它们转发到 catalogue.sock-shop.svc.cluster.
local 服务。

❑　不包含/catalogue/3395a43e-2d88-40de-b95f-e00e1502085b 前缀的请求将按原样
　　转发到 catalogue.sock-shop.svc.cluster.local 服务。

为 Chapter5 创建一个启用 Istio 注入的命名空间。

```
$ kubectl create ns chapter5
$ kubectl label ns chapter5 istio-injection=enabled
```

使用以下命令为 sockshop.com 创建 Ingress 网关和 VirtualService 配置。

```
$ kubectl apply -f Chapter5/01-sockshop-istio-gateway.yaml
```

应用目录服务的 VirtualService 配置。

```
$ kubectl apply -f Chapter5/02-faultinjection_delay.yaml
```

在此之后，可以使用 Ingress ELB 和自定义主机标头在浏览器中打开 sockshop.com。
启用"开发者工具"并搜索带有 /catalogue/3395a43e-2d88-40de-b95f-e00e1502085b 前缀
的请求，你会注意到这些特定请求的处理时间超过 10s，如图 5.2 所示。

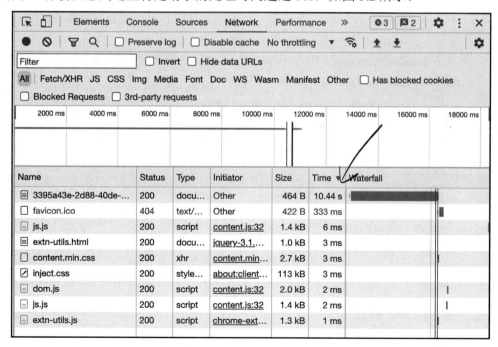

图 5.2　HTTP 延迟导致请求花费的时间超过 10s

你还可以检查 front-end Pod 中注入的 Sidecar 来获取该请求的访问日志。

```
% kubectl logs -l name=front-end -c istio-proxy -n sock-shop |
grep /catalogue/3395a43e-2d88-40de-b95f-e00e1502085b
[2022-08-27T00:39:09.547Z] "GET /catalogue/3395a43e-2d88-
40de-b95f-e00e1502085b HTTP/1.1" 200 DI via_upstream - "-"
0 286 10005 4 "-" "-" "d83fc92e-4781-99ec-91af-c523e55cdbce"
"catalogue" "10.10.10.170:80" outbound|80||catalogue.sock-shop.
svc.cluster.local 10.10.10.155:59312 172.20.246.13:80
10.10.10.155:40834 - -
```

上述代码块中突出显示的部分表明本例中的请求花了 10005ms 来处理。

在本小节中，我们注入了 10s 的延迟，但你可能也注意到前端网页运行时没有任何明显的延迟，这是因为所有图像均异步加载，并且任何延迟都仅限于页面的目录部分。但是，通过配置延迟，你可以测试应用程序的端到端行为，以防网络或目录服务中的处理出现任何不可预见的延迟。

5.1.2　HTTP 中止

HTTP 中止是可以使用 Istio 注入的第二种错误。HTTP abort 可以提前中止请求的处理，用户还可以指定需要向下游返回的错误代码。

以下是 VirtualService 定义中的代码片段，其中包含目录服务的 abort 配置。该配置可在 Chapter5/03-faultinjection_abort.yaml 中找到。

```
spec:
  hosts:
  - "catalogue.sock-shop.svc.cluster.local"
  gateways:
  - mesh
  http:
  - match:
    - uri:
        prefix: "/catalogue/3395a43e-2d88-40de-b95f-e00e1502085b"
      ignoreUriCase: true
    fault:
      abort:
        httpStatus: 500
        percentage:
          value: 100.0
    route:
    - destination:
```

```
host: catalogue.sock-shop.svc.cluster.local
port:
    number: 80
```

在 fault 下，还有另一种配置叫作 abort，它具有以下参数。

❑　httpStatus：指定需要向下游返回的 HTTP 状态码。

❑　percentage：指定需要中止的请求的百分比。

以下是可应用于 gRPC 请求的附加配置列表。

❑　grpcStatus：中止 gRPC 请求时需要返回的 gRPC 状态码。

图 5.3 显示了目录 VirtualService 中的 HTTP 中止注入。

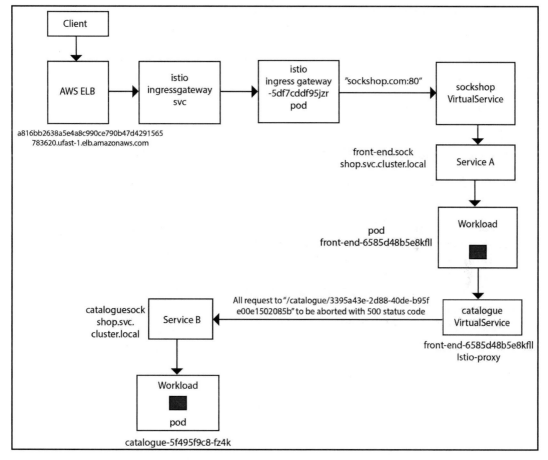

图 5.3　目录 VirtualService 中的 HTTP 中止注入

原　　文	译　　文
Client	客户端
Istio ingressgateway svc	Istio 入口网关服务
Istio ingress gateway -5df7cddf95jzr pod	Istio 入口网关 -5df7cddf95jzr Pod
Service	服务
Workload	工作负载
All request to "/catalogue/3395a43e-2d88-40de-b95fe00e1502085b" to be aborted with 500 status code	所有到 "/catalogue/3395a43e-2d88-40de-b95fe00e1502085b" 的请求都将使用 500 状态码中止

在 Chapter5/03-faultinjection_abort.yaml 中，我们已经为来自网格内部的所有以下目的地的调用配置了一个 VirtualService 规则。

http://catalogue.sock-shop.svc.cluster.local/catalogue/3395a43e-2d88-40de-b95f-e00e1502085b

这些调用将被中止，并且返回 HTTP 状态代码为 500。

应用以下配置。

```
$ kubectl apply -f Chapter5/03-faultinjection_abort.yaml
```

从浏览器加载 sock-shop.com 时，你会注意到有一张图像未加载。查看前端 Pod 的 istio-proxy 访问日志，会发现以下内容。

```
% kubectl logs -l name=front-end -c istio-proxy -n sock-shop |
grep /catalogue/3395a43e-2d88-40de-b95f-e00e1502085b
[2022-08-27T00:42:45.260Z] "GET /catalogue/3395a43e-2d88-
40de-b95f-e00e1502085b HTTP/1.1" 500 FI fault_filter_abort -
"-" 0 18 0 - "-" "-" "b364ca88-cb39-9501-b4bd-fd9ea143fa2e"
"catalogue" "-" outbound|80||catalogue.sock-shop.svc.cluster.
local - 172.20.246.13:80 10.10.10.155:57762 - -
```

故障注入到此结束，读者现在已经练习了如何将 delay 和 abort 注入服务网格中。

💡 提示：

请清理 Chapter5/02-faultinjection_delay.yaml 和 Chapter5/03-faultinjection_abort.yaml 文件，以避免与即将进行的练习发生冲突。

本节演示了如何将故障注入网格中，以便我们可以测试微服务的弹性，并设计它们以承受由于上游服务通信造成的延迟引起的任何故障。接下来，我们将介绍如何在服务网格中实现超时和重试。

5.2　使用超时和重试实现应用程序弹性

在多个微服务之间进行的通信，可能会出现一些问题，例如，网络和基础设施故障就是服务降级和中断的最常见原因。服务响应速度太慢可能会导致其他服务发生级联故障，并对整个应用程序产生连锁反应。因此，微服务设计必须通过在向其他微服务发送请求时设置超时来为意外延迟做好准备。

超时（timeout）是一个服务可以等待其他服务响应的时间量；超过这个超时时间，则响应对于请求者来说没有任何意义。一旦发生超时，微服务将遵循应急方法，其中可能包括为缓存中的响应提供服务或让请求正常失败。

有时，问题是暂时的，再次尝试以获得响应是有意义的。这种方法称为重试（retry），微服务可以根据某些条件重试请求。本节将讨论 Istio 如何在不需要对微服务进行任何代码更改的情况下启用服务超时和重试。

让我们先从超时开始。

5.2.1　超时

超时是 istio-proxy Sidecar 应等待给定服务回复的时间量。超时有助于确保微服务不会等待回复的时间过长，并确保调用在可预测的时间范围内成功或失败。Istio 允许用户使用 VirtualServices 在每个服务的基础上轻松动态调整超时，而无须编辑服务代码。

例如，我们将在 order 服务上配置 1s 的超时，并在 payment 服务中生成 10s 的 delay。order 服务在结账期间调用 payment 服务，因此我们可以模拟缓慢的支付服务，并通过在调用 order 服务期间配置超时来在前端服务中实现弹性。

图 5.4 显示了 payment 服务中的 order 超时和 delay 故障。

我们将首先在 order 服务中配置超时，这也是通过 VirtualService 发生的。读者可以在本书配套 GitHub 存储库的 Chapter5/04-request-timeouts.yaml 文件中找到完整配置。

```
apiVersion: networking.istio.io/v1alpha3
kind: VirtualService
metadata:
    name: orders
    namespace: chapter5
spec:
    hosts:
    - "orders.sock-shop.svc.cluster.local"
```

```
gateways:
- mesh
http:
- timeout: 1s
  route:
  - destination:
      host: orders.sock-shop.svc.cluster.local
      port:
          number: 80
```

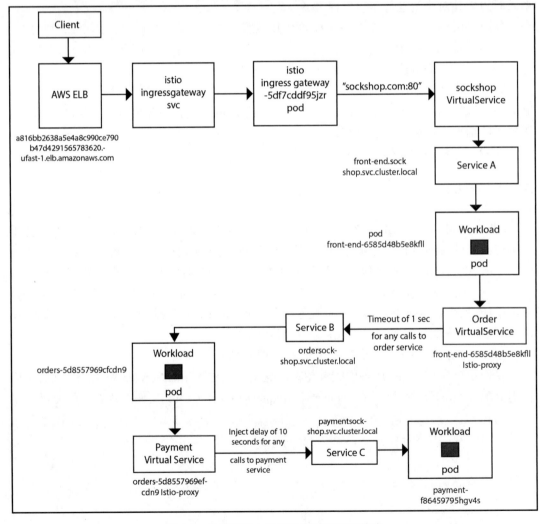

图 5.4　支付服务中的订单超时和延迟故障

原　　文	译　　文
Client	客户端
Istio ingressgateway svc	Istio 入口网关服务
Istio ingress gateway -5df7cddf95jzr pod	Istio 入口网关 -5df7cddf95jzr Pod
Service	服务
Workload	工作负载
Timeout of 1 sec for any calls to order service	任何对 order 服务的调用都将设置 1s 的超时
Inject delay of 10 seconds for any calls to payment service	为任何对 payment 服务的调用注入 10s 的延迟

在上述示例中，我们创建了一个名为 orders 的新 VirtualService，并且为网格内对 orders.sock-shop.svc.cluster.local 发出的任何请求都配置了 1s 的 timeout。该超时是 http 路由配置的一部分。

此后，我们还将向 payment 服务的所有请求注入 10s 的延迟。具体配置可以参考 Chapter5/04-request-timeouts.yaml 文件。

应用更改如下。

```
% kubectl apply -f Chapter5/04-request-timeouts.yaml
```

在 sockshop 示例网站上，将任何商品添加到购物车并结账。观察应用本小节中更改之前和之后的行为变化。

检查 order Pod 中 Sidecar 的日志。

```
% kubectl logs --follow -l name=orders -c istio-proxy -n sock-shop
| grep payment
[2022-08-28T01:24:31.968Z] "POST /paymentAuth HTTP/1.1"
200 - via_upstream - "-" 326 51 2 2 "-" "Java/1.8.0_111-
internal" "ce406513-fd29-9dfc-b9cd-cb2b3dbd24a6" "payment"
"10.10.10.171:80" outbound|80||payment.sock-shop.svc.cluster.
local 10.10.10.229:60984 172.20.93.36:80 10.10.10.229:40816 - -
[2022-08-28T01:25:55.244Z] "POST /paymentAuth HTTP/1.1" 200
DI via_upstream - "-" 326 51 10007 2 "-" "Java/1.8.0_111-
internal" "ae00c14e-409c-94b1-8cfb-951a89411246" "payment"
"10.10.10.171:80" outbound|80||payment.sock-shop.svc.cluster.
local 10.10.10.229:36752 172.20.93.36:80 10.10.10.229:52932 - -
```

可以看到，对 payment Pod 的请求实际上在 2ms 内即已处理，但由于 delay 故障的注入，其总耗时为 10007ms。

此外，还可以检查 front-end Pod 中的 istio-proxy 日志。

```
% kubectl logs --follow -l name=front-end -c istio-proxy -n
```

```
sock-shop | grep orders
[2022-08-28T01:25:55.204Z] "POST /orders HTTP/1.1" 504
UT upstream_response_timeout - "-" 232 24 1004 - "-"
"-" "b02ea4a2-b834-95a6-b5be-78db31fabf28" "orders"
"10.10.10.229:80" outbound|80||orders.sock-shop.svc.cluster.
local 10.10.10.155:49808 172.20.11.100:80 10.10.10.155:55974
- -
[2022-08-28T01:25:55.173Z] "POST /orders HTTP/1.1" 504 - via_
upstream - "-" 0 26 1058 1057 "10.10.10.217" "Mozilla/5.0
(Macintosh; Intel Mac OS X 10_15_7) AppleWebKit/537.36 (KHTML,
like Gecko) Chrome/104.0.0.0 Safari/537.36" "a8cb6589-4fd1-
9b2c-abef-f049cd1f6beb" "sockshop.com" "10.10.10.155:8079"
inbound|8079|| 127.0.0.6:36185 10.10.10.155:8079 10.10.10.217:0
outbound_.80_._.front-end.sock-shop.svc.cluster.local default
```

在上述日志中可以看到，该请求在 1s 多一点后返回，HTTP 状态代码为 504。虽然底层支付请求在 10s 内得到处理，但对 order 服务的请求在 1s 后超时。

在这种情况下，我们可以看到网站没有妥善处理该错误。结账按钮没有返回诸如"你的订单已被接受，我们将返回其状态"之类的消息，而是没有响应。因此可以说，该网站对于 order 服务中的任何故障没有内在的弹性。

💡 提示：

请清理 Chapter5/04-request-timeouts.yaml 文件，以避免与即将进行的练习发生冲突。

5.2.2　重试

超时是很好的防火墙，可以阻止延迟串联影响到应用程序的其他部分，但延迟的根本原因有时是暂时的。在这些情况下，至少让请求重试几次可能是有意义的。重试次数和重试间隔取决于延迟原因，延迟原因由响应中返回的错误代码决定。

本小节将演示如何将重试注入服务网格中。为了让事情变得简单，以便我们可以专注于学习本小节中的概念，可以使用第 4 章"管理应用程序流量"中创建的 envoydummy 服务。Envoy 有许多过滤器来模拟各种延迟，可利用它们来模拟应用程序故障。

首先，配置 envoydummy 服务。

```
$ kubectl create ns utilities
$ kubectl label ns utilities istio-injection=enabled
```

其次，部署 envoy 服务和 Pod。

```
$ kubectl apply -f Chapter5/envoy-proxy-01.yaml
```

再次，部署网关和 VirtualService。

```
$ kubectl apply -f Chapter5/mockshop-ingress_01.yaml
```

测试服务并查看其是否工作正常。

最后，进行 envoy 配置以中止一半的调用并返回错误代码 503。请注意 Istio 配置和 envoy 配置之间的相似性。

配置 envoydummy 以中止一半的 API 调用。

```
http_filters:
      - name: envoy.filters.http.fault
        typed_config:
          "@type": type.googleapis.com/envoy.
extensions.filters.http.fault.v3.HTTPFault
          abort:
            http_status: 503
            percentage:
              numerator: 50
              denominator: HUNDRED
```

完整代码可在 Chapter5/envoy-proxy-02-abort-02.yaml 中找到。

应用更改如下。

```
$ kubectl apply -f Chapter5/envoy-proxy-02-abort-02.yaml
```

现在进行一些测试，你会发现 API 调用工作正常，尽管我们已将 envoydummy 配置为使一半的调用失败。这是因为 Istio 已经启用了默认重试。尽管请求被 envoydummy 中止，但 Sidecar 会默认重试两次并最终获得成功的响应。

重试之间的间隔（超过 25ms）是可变的，由 Istio 自动确定，以防止被调用的服务被请求淹没。这是通过 Sidecar 中的 Envoy 代理实现的，它使用完全抖动（fully jittered）的指数退避算法（exponential backoff algorithm）进行重试，并具有可配置的基本时间间隔（默认值为 25ms）。如果基本时间间隔为 C，重试尝试次数为 N，则重试的退避范围如下。

$$[0, (2^N-1)C)$$

例如，假设基本时间间隔为 25ms，重试尝试次数为 2，则第一次重试将随机延迟 0～24ms，而第二次重试将随机延迟 0～74ms。

要禁用 retries，可以在 mockshop VirtualService 中进行以下更改。

```
http:
- match:
    - uri:
```

```
      prefix: /
  route:
  - destination:
      port:
         number: 80
      host: envoydummy.utilities.svc.cluster.local
  retries:
      attempts: 0
```

在上述示例中，可以看到已将 retries 次数配置为 0。

应用上述更改，这一次，你会注意到一半的 API 调用返回 503。

我们将进行如图 5.5 所示的更改。

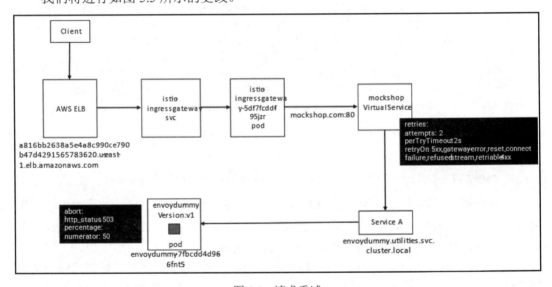

图 5.5　请求重试

原　　文	译　　文
Client	客户端
Istio ingressgateway svc	Istio 入口网关服务
Istio ingress gateway -5df7cddf95jzr pod	Istio 入口网关 -5df7cddf95jzr Pod
Service	服务

对 retries 块进行以下更改。读者可以在 Chapter5/05-request-retry.yaml 中找到完整配置。

```
retries:
   attempts: 2
   perTryTimeout: 2s
```

```
    retryOn: 5xx,gateway-error,reset,connect-failure,refusedstream,
retriable-4xx
```

在 retries 块中，定义了以下配置。

❑ attempts：给定请求的重试次数。

❑ perTryTimeout：每次尝试的超时时间。

❑ retryOn：应重试请求的条件。

应用该配置，你会发现请求正常工作。

```
$ kubectl apply -f Chapter5/05-request-retry.yaml
```

💡 提示：

请清理 Chapter5/05-request-retry.yaml 文件，以避免与即将进行的练习发生冲突。

本节到此结束，读者已了解如何在服务网格中设置超时和重试以提高应用程序的弹性。接下来，我们将探讨负载均衡的各种策略。

5.3 使用负载均衡构建应用程序弹性

负载均衡是提高应用程序弹性的另一种技术。Istio 负载均衡策略可以通过在微服务或底层服务之间有效分配网络流量，帮助用户最大限度地提高应用程序的可用性。负载均衡使用目的地规则，目的地规则可定义策略，以控制服务在路由发生后如何处理流量。

在第 4 章 "管理应用程序流量" 中，使用了目的地规则进行流量管理。本节将介绍 Istio 提供的各种负载均衡策略以及如何使用目的地规则配置它们。

本节将部署另一个 envoydummy Pod，但这一次带有附加标签：version:v2。其输出为 "V2----------Bootstrap Service Mesh Implementation with Istio----------V2"。该配置可在 Chapter5/envoy-proxy-02.yaml 中找到。

```
$ kubectl apply -f Chapter5/envoy-proxy-02.yaml
```

Istio 支持以下负载均衡策略。

5.3.1 循环

循环法（round-robin）是最简单的负载分配方式之一，其中请求被一一转发到底层后端服务。虽然使用简单，但它们并不一定会导致最有效的流量分配，因为通过循环法负载平衡，每个上游都被同等对待，就好像它们正在处理相同类型的流量一样，具有相同的性能，并且经历类似的环境限制。

在 Chapter5/06-loadbalancing-roundrobbin.yaml 中，我们使用 trafficPolicy 创建了一个目的地规则，如下所示。

```
apiVersion: networking.istio.io/v1alpha3
kind: DestinationRule
metadata:
    name: envoydummy
spec:
    host: envoydummy
    trafficPolicy:
        loadBalancer:
            simple: ROUND_ROBIN
```

在 DestinationRule 中，你可以定义多个参数，我们将在本节和后续章节中详细解释这些参数。

对于循环负载均衡，我们在 trafficPolicy 中定义了以下目的地规则。

❑　simple：定义要使用的负载平衡算法，其可能的值如下。
- ➢　UNSPECIFIED：Istio 将选择适当的默认值。
- ➢　RANDOM：Istio 将随机选择一个健康的主机。
- ➢　PASSTHROUGH：此选项允许客户端请求特定的上游，负载均衡策略会将请求转发到所请求的上游。
- ➢　ROUND_ROBIN：Istio 将以循环方式向上游服务发送请求。
- ➢　LEAST_REQUEST：这将根据每个端点上未完成的请求数量在端点之间分配负载。该策略是所有负载均衡策略中最有效的。

使用以下命令应用配置。

```
$ kubectl apply -f Chapter5/06-loadbalancing-roundrobbin.yaml
```

现在测试端点，你会发现可从两个版本的 envoydummy 收到相同数量的响应。

5.3.2　RANDOM

当使用 RANDOM 负载均衡策略时，Istio 会随机选择目标主机。

你可以在 Chapter5/07-loadbalancing-random.yaml 文件中找到 RANDOM 负载均衡策略的示例。以下是具有 RANDOM 负载均衡策略的目的地规则。

```
apiVersion: networking.istio.io/v1alpha3
kind: DestinationRule
```

```
metadata:
    name: envoydummy
spec:
    host: envoydummy
    trafficPolicy:
        loadBalancer:
            simple: RANDOM
```

应用该配置。

```
$ kubectl apply -f Chapter5/07-loadbalancing-random.yaml
```

向端点发出一些请求，你会注意到该响应没有任何可预测的模式。

5.3.3　LEAST_REQUEST

如前文所述，在 LEAST_REQUEST 负载均衡策略中，Istio 会将未完成请求数量最少的流量路由到上游。

为了模拟这种场景，我们将创建另一个服务，专门将所有请求发送到 envoydummy 版本 2 Pod。该配置可在 Chapter5/08-loadbalancing-leastrequest.yaml 中找到。

```
apiVersion: v1
kind: Service
metadata:
    name: envoydummy2
    labels:
        name: envoydummy2
        service: envoydummy2
    namespace: chapter5
spec:
    ports:
        # the port that this service should serve on
    - port: 80
        targetPort: 10000
    selector:
        name: envoydummy
```

我们还对 DestinationRule 进行了更改，以将请求发送到具有最少活动连接的主机。

```
trafficPolicy:
    loadBalancer:
        simple: LEAST_REQUEST
    version: v2
```

应用该配置：

```
$ kubectl apply -f Chapter5/08-loadbalancing-leastrequest.yaml
```

使用 kubectl port-forward，可以从 localhost 向 envoydummy2 服务发送请求。

```
$ kubectl port-forward svc/envoydummy2 10000:80 -n utilities
```

使用以下命令生成针对 envoydummy 服务版本 2 的请求。

```
$ for ((i=1;i<1000000000;i++)); do curl -v "http://
localhost:10000"; done
```

在加载过程中，可以使用 mockshop 端点访问请求，你会注意到，由于采用了 LEAST_REQUEST 负载均衡策略，大多数（如果不是全部的话）请求都将由 envoydummy Pod 的版本 1 提供服务。

```
$ curl -Hhost:mockshop.com http://
a816bb2638a5e4a8c990ce790b47d429-1565783620.us-east-1.elb.
amazonaws.com/
V1----------Bootstrap Service Mesh Implementation with Istio--
--------V1
V1----------Bootstrap Service Mesh Implementation with Istio--
--------V1
V1----------Bootstrap Service Mesh Implementation with Istio--
--------V1
V1----------Bootstrap Service Mesh Implementation with Istio--
--------V1
```

在上述示例中，可以看到 Istio 如何将所有对 mockshop 的请求路由到 envoydummy 的版本 1，因为 v1 的活动连接最少。

5.3.4　定义多个负载均衡规则

Istio 可以为每个子集应用多个负载均衡规则。

在 Chapter5/09-loadbalancing-multirules.yaml 文件中，我们定义了默认负载均衡策略 ROUND_ROBIN、v1 子集的 LEAST_REQUEST 策略以及 v2 子集的 RANDOM 策略。

以下是 Chapter5/09-loadbalancing-multirules.yaml 中定义的配置片段。

```
host: envoydummy
trafficPolicy:
    loadBalancer:
        simple: ROUND_ROBIN
```

```
subsets:
- name: v1
    labels:
        version: v1
    trafficPolicy:
        loadBalancer:
            simple: LEAST_REQUEST
- name: v2
    labels:
        version: v2
    trafficPolicy:
        loadBalancer:
            simple: RANDOM
```

在上述代码块中，我们将 LEAST_REQUEST 负载均衡策略应用于 v1 子集，将 RANDOM 负载均衡策略应用于 v2 子集，并将 ROUND_ROBBIN 负载均衡策略应用于代码块中未指定的任何其他子集。

通过为工作负载定义多个负载平衡规则，用户可以在目的地规则子集级别对流量分配应用细粒度控制。

接下来，我们将讨论应用程序弹性的另一个重要方面，即所谓的速率限制（rate limiting），以及如何在 Istio 中实现它。

5.4 速 率 限 制

应用程序弹性的另一个重要技术是速率限制和熔断。速率限制有助于提供以下控制来处理来自消费者的流量，而不会破坏提供商的系统。

❑ 电涌保护可防止系统因流量突然激增而过载。

❑ 将传入请求的速率与处理请求的可用容量保持一致。

❑ 保护慢速提供商免受快速消费者的侵害。

速率限制是通过使用连接池配置目的地规则来连接到上游服务的。连接池设置可以应用于 TCP 级别以及 HTTP 级别，如 Chapter5/10-connection-pooling.yaml 中的以下配置所示。

```
apiVersion: networking.istio.io/v1alpha3
kind: DestinationRule
metadata:
    name: envoydummy
```

```
    namespace: chapter5
spec:
    host: envoydummy
    trafficPolicy:
        connectionPool:
            http:
                http2MaxRequests: 1
                maxRequestsPerConnection: 1
                http1MaxPendingRequests: 0
```

以下是连接池配置的关键属性。

❑ http2MaxRequests：到目的地的最大活动请求数，默认值为 1024。

❑ maxRequestsPerConnection：每个连接到上游的最大请求数。值为 1 会禁用保持活动状态，而值为 0 则无限制。

❑ http1MaxPendingRequests：等待连接池中的连接时将排队的最大请求数，默认值为 1024。

我们已配置每个上游连接最多 1 个请求，任何时间点最多 1 个活动连接，并且不允许对连接请求进行排队。

测试速率限制、断路器和异常值检测并不像测试应用程序弹性的其他功能那么简单。幸运的是，在以下网址中有一个非常方便的负载测试实用程序，名为 fortio，并打包在 Istio 示例目录中。

https://github.com/fortio/fortio

我们将使用 fortio 来生成负载和测试速率限制。

从 Istio 目录部署 fortio。

```
$ kubectl apply -f samples/httpbin/sample-client/fortio-deploy.
yaml -n utilities
```

应用负载平衡策略之一来测试正常行为。

```
$ kubectl apply -f Chapter5/06-loadbalancing-roundrobbin.yaml
```

使用 fortio 生成负载。

```
$ kubectl exec -it fortio-deploy-7dcd84c469-xpggh
-n utilities -c fortio -- /usr/bin/fortio load
-qps 0 -c 2 -t 1s -H "Host:mockshop.com" http://
a816bb2638a5e4a8c990ce790b47d429-1565783620.us-east-1.elb.
amazonaws.com/
```

在上述请求中，我们将 folio 配置为使用两个并行连接生成 1s 的负载测试，每秒最大查询（query per second，qps）速率为 0，这意味着没有等待，即最大 qps 速率。

在以下输出中，可以看到所有请求均已成功处理.

```
Code 200 : 486 (100.0 %)
Response Header Sizes: count 486 avg 151.01235 +/- 0.1104 min
151 max 152 sum 73392
Response Body/Total Sizes : count 486 avg 223.01235 +/- 0.1104
min 223 max 224 sum 108384
All done 486 calls (plus 2 warmup) 4.120 ms avg, 484.8 qps
```

可以看到，本示例共进行了 486 次调用，成功率为 100%。

接下来，我们将应用更改来实施速率限制。

```
$ kubectl apply -f Chapter5/10-connection-pooling.yaml
```

使用 1 个连接再次运行测试。

```
kubectl exec -it fortio-deploy-7dcd84c469-xpggh
-n utilities -c fortio -- /usr/bin/fortio load
-qps 0 -c 1 -t 1s -H "Host:mockshop.com" http://
a816bb2638a5e4a8c990ce790b47d429-1565783620.us-east-1.elb.
amazonaws.com/
Code 200 : 175 (100.0 %)
Response Header Sizes : count 175 avg 151.01143 +/- 0.1063 min
151 max 152 sum 26427
Response Body/Total Sizes : count 175 avg 223.01143 +/- 0.1063
min 223 max 224 sum 39027
All done 175 calls (plus 1 warmup) 5.744 ms avg, 174.0 qps
```

再次运行测试，这次有两个连接。

```
Code 200 : 193 (66.6 %)
Code 503 : 97 (33.4 %)
Response Header Sizes : count 290 avg 100.55517 +/- 71.29 min 0
max 152 sum 29161
Response Body/Total Sizes : count 290 avg 240.45517 +/- 24.49
min 223 max 275 sum 69732
All done 290 calls (plus 2 warmup) 6.915 ms avg, 288.8 qps
```

可以看到，这一次有 33.4%的调用失败并出现 503 错误代码，因为目的地规则强制执行速率限制规则。

在本节中，读者看到了速率限制的示例，这其实也是基于速率限制条件的断路。接下来，我们将通过检测异常值来了解断路。

5.5　断路器和异常值检测

本节将研究异常值检测和断路器模式。断路器（circuit breaker）是一种设计模式，读者可以在其中持续监视上游系统的响应处理行为，当该行为不可接受时，将停止向上游发送任何进一步的请求，直到该行为再次变得可接受为止。

例如，读者可以监控上游系统的平均响应时间，当它超过某个阈值时，可以决定停止向系统发送任何进一步的请求，这称为断路器跳闸。一旦断路器跳闸，读者就可以将其保留一段时间，以便上游服务能够恢复正常。断路时间结束后，即可重置断路器，让流量重新通过。

断路只是流量处理的部分，而异常值检测（outlier detection）则是一组策略，用于识别断路器何时跳闸。

本节将配置一个 envoy Pod，随机返回一个 503 错误。我们将重用 Chapter5/envoy-proxy-02-abort-02.yaml，在该文件中将配置 envoydummy 的一个版本，为 50%的请求返回一个 503 错误。

为了避免有任何混淆，请删除 utilities 命名空间以及在本节之前执行的任何 Istio 配置中的所有 envoydummy 部署。

按以下顺序执行操作。

```
Kubectl apply -f Chapter5/envoy-proxy-02.yaml
Kubectl apply -f Chapter5/envoy-proxy-02-abort-02.yaml
```

在此阶段，我们有两个 envoydummy Pod。对于 Pod 标记 version:v1，返回"V1----------Bootstrap Service Mesh Implementation with Istio----------V1"，我们对其进行了修改，以中止 50%的请求并返回 503。

执行以下命令以禁用 Istio 默认的自动重试。

```
$ kubectl apply -f Chapter5/11-request-retry-disabled.yaml
```

测试请求，读者会注意到响应是 v1、v2 和 503 的混合包。

现在，读者的任务是定义异常值检测策略，以将 v1 检测为异常值，因为它有返回 503 错误代码的报错行为。我们将通过目的地规则来做到这一点，如下所示。

```
apiVersion: networking.istio.io/v1alpha3
kind: DestinationRule
```

```
metadata:
   name: envoydummy
   namespace: utilities
spec:
   host: envoydummy.utilities.svc.cluster.local
   trafficPolicy:
      connectionPool:
         http:
         http2MaxRequests: 2
         maxRequestsPerConnection: 1
      http1MaxPendingRequests: 0
         outlierDetection:
         baseEjectionTime: 5m
         consecutive5xxErrors: 1
         interval: 1s
         maxEjectionPercent: 100
```

在 outlierDetection 中，提供了以下参数。

❑ baseEjectionTime：每次弹出（ejection）的最短弹出持续时间，将被乘以发现上游不健康的次数。例如，如果发现某个主机 5 次异常，那么它将被从连接池中弹出，持续时间为 baseEjectionTime*5。

❑ Continuous5xxErrors：将上游视为异常值需要发生的 5xx 错误数。

❑ interval：Istio 扫描上游进行健康状态检查的间隔时间。该间隔时间以小时、分钟或秒为单位指定。

❑ maxEjectionPercent：连接池中可以弹出的最大主机数。

在目的地规则中，我们将 Istio 配置为以 1s 为间隔扫描上游。如果连续返回 1 个或多个 5xx 错误，则上游将从连接池中弹出 5min，如果需要，甚至还可以将所有主机都从连接池中弹出。

以下参数也可用于异常值检测的定义，只不过在本示例中没有使用它们。

❑ splitExternalLocalOriginErrors：该标志告诉 Istio 是否应该考虑本地服务行为来确定上游服务是否异常。例如，可能会返回 404，这是一个有效的响应，但过于频繁地返回也意味着可能存在问题。也许上游服务有错误，但由于错误处理不当，上游返回 404，这反过来又使下游服务返回 5XX 错误。总而言之，此标志不仅可以基于上游返回的响应代码，还可以基于下游系统如何感知响应来实现异常值检测。

❑ continuousLocalOriginFailures：这是上游服务从连接池中弹出之前连续发生本地错误的次数。

❏ continuousGatewayErrors：这是上游服务被弹出之前网关错误的数量。这可能是由于网关与上游服务之间的连接不健康或配置错误造成的。当通过 HTTP 访问上游主机时，由于网关和上游服务之间的通信问题，通常会返回 502、503 或 504 之类的 HTTP 状态码。

❏ minHealthPercent：此字段定义负载平衡池中启用异常值检测时可用的健康上游系统的最小数量。一旦健康上游系统的数量低于此水平，异常值检测就会被禁用，以维持服务的可用性。

Chapter5/12-outlier-detection.yaml 中定义的配置使我们能够快速观察异常值检测的效果，但在非实验场景中部署此配置时，需要根据弹性要求调整和配置这些值。

应用更新后的目的地规则如下。

```
$ kubectl apply -f Chapter5/12-outlier-detection.yaml
```

应用此更改后，可以测试请求若干次。你会注意到，除了少数响应带有"V1----------Bootstrap Service Mesh Implementing with Istio----------V1"，大部分响应都包含"V2----------Bootstrap Service Mesh Implementation with Istio----------V2"，因为 Istio 会检测到 v1 Pod 返回 503 并将其标记为连接池中的异常值。

5.6　小　　结

本章详细阐释了 Istio 如何通过提供将延迟和故障注入请求处理的选项来实现应用程序弹性和测试。故障注入有助于验证当底层服务出现意外降级以及网络和基础设施出现故障时应用程序的弹性。

在故障注入之后，我们演示了请求超时设置以及它们如何提高应用程序的弹性。对于暂时性故障，在放弃请求之前进行若干次重试可能是一个明智的主意。因此，本章也练习了配置 Istio 来执行服务重试。故障注入、超时和重试都是 VirtualServices 的属性，在将请求路由到上游服务之前执行。

本章的第二部分介绍了各种负载均衡策略以及如何根据上游服务的动态行为配置负载均衡策略。负载均衡有助于将流量分配到上游服务，LEAST_REQUEST 策略是根据上游在任何时间点处理的请求数量分配流量的最有效策略。负载平衡是在目的地规则中配置的，因为它是作为请求路由到上游服务的一部分发生的。

在负载均衡之后，我们介绍了速率限制以及它如何基于目的地规则中的连接池配置。

在本章的最后部分，我们还了解了如何配置目的地规则来实现异常值检测。

　　本章所有内容中最引人注目的元素是能够通过超时、重试、负载均衡、断路和异常值检测来实现应用程序弹性，而无须更改应用程序代码。应用程序只需成为服务网格的一部分即可从这些弹性策略中受益。软件工程师可以使用各种类型的软件和实用程序来执行混沌工程，以了解出现故障的应用程序的弹性。读者也可以使用这些混沌工程工具来测试服务网格提供的应用程序弹性。

　　下一章的内容非常令人兴奋和紧张，因为我们将了解如何利用 Istio 为网格中运行的应用程序实现稳定的安全性。

第6章 确保微服务通信的安全

Istio 可以保护微服务之间的通信，而无须更改任何微服务的代码。在第 4 章 "管理应用程序流量"中，简要讨论了安全性相关的主题。我们通过 HTTPS 公开 sockshop 应用程序，以此来配置传输层的安全性。我们创建了证书并配置了 Istio Ingress 网关，以在 SIMPLE TLS 模式下将这些证书绑定到主机名。我们还为单个 Ingress 网关管理的多个主机实现了基于 TLS 的安全性。

本章将深入探讨一些与安全相关的高级主题。我们将从理解 Istio 安全架构开始。我们将为与网格中其他服务的服务通信实现双向 TLS，并且还将与网格外的下游客户端实现双向 TLS。然后，我们将执行各种实战练习来创建用于身份验证和授权的自定义安全策略。

本章包含以下主题。

- ❑ 理解 Istio 安全架构。
- ❑ 使用双向 TLS 进行身份验证。
- ❑ 配置 RequestAuthentication。
- ❑ 配置 RequestAuthorization。

📝 **注意:**

本章技术需求和上一章相同。

6.1 理解 Istio 安全架构

在第 3 章 "理解 Istio 控制平面和数据平面"中，讨论了 Istio 控制平面如何负责 Sidecar 的注入并建立信任，以便 Sidecar 可以与控制平面安全地通信，并且安全策略最终也是由 Sidecar 执行的。

当部署在 Kubernetes 中时，Istio 依靠 Kubernetes 服务账户来识别服务网格中工作负载的角色。Istio 认证中心（CA）通过已启用注入的 Istio 监视 Kubernetes API 服务器以添加/删除/修改命名空间中的任何服务账户。它为每个服务账户创建一个密钥和证书，并且在 Pod 创建期间，证书和密钥被安装到 Sidecar 上。

Istio CA 负责管理分发给 Sidecar 的证书的生命周期，包括私钥的轮换和管理。使用适用于每个人的安全生产身份框架（secure production identity framework for everyone，SPIFFE）格式身份，Istio 可以为每个服务提供强大的身份以及服务命名功能，后者表示分配给服务的身份可以担任的角色。

SPIFFE 是一组软件身份的开源标准。SPIFFE 提供与平台无关的可互操作软件身份，以及以完全自动化的方式获取和验证加密身份所需的接口和文档。

在 Istio 中，每个工作负载都会自动分配一个以 X.509 证书格式表示的身份。证书签名请求（certificate signing request，CSR）的创建和签名由 Istio 控制平面管理，这在第 3 章"理解 Istio 控制平面和数据平面"中已经讨论过了。X.509 证书遵循 SPIFFE 格式。

让我们重新部署 envoydummy 服务并检查 envoydummy Pod。

```
$ kubectl apply -f Chapter6/01-envoy-dummy.yaml
$ istioctl proxy-config all po/envoydummy-2-7488b58cd7-m5vpv -n
utilities -o json | jq -r '.. |."secret"?' | jq -r 'select(.
name == "default")' | jq -r '.tls_certificate.certificate_
chain.inline_bytes' | base64 -d - | step certificate
inspect --short
X.509v3 TLS Certificate (RSA 2048) [Serial: 3062...1679]
    Subject: spiffe://cluster.local/ns/utilities/sa/default
    Issuer:
    Valid from: 2022-09-11T22:18:13Z
        to: 2022-09-12T22:20:13Z
```

💡 step CLI

你需要安装 step CLI 才能运行上述命令。要安装它，请按照以下网址中的文档进行操作。

https://smallstep.com/docs/step-cli

在上述命令的输出中，可以看到主题备用名称（subject alternative name，SAN）为 spiffe://cluster.local/ns/utilities/sa/default。这是 SPIFFE ID，用作唯一名称。

❑ spifee 是 URI 方案。

❑ cluster.local 是信任域。

❑ /ns/utilities/sa/default 是标识与工作负载关联的服务账户的 URI。

➢ ns 代表命名空间（namespace）。

➢ sa 代表服务账户（service account）。

服务账户的默认值来自附加到工作负载的服务账户。在我们的 envoydummy 示例中，没有关联任何服务账户，因此默认情况下 Kubernetes 会关联 default 服务账户。可以使用以下命令查找与 Pod 关联的服务账户名称。

```
kubectl get po/envoydummy-2-7488b58cd7-m5vpv -n utilities -o
json | jq .spec.serviceAccountName
"default"
```

你会注意到，default 是与所有命名空间中的所有 Pod 关联的服务账户的默认名称，例如 sock-shop、utilities 等。

Kubernetes 可以在每个命名空间中创建一个名为 default 的服务账户。

```
% kubectl get sa -n utilities
NAME            SECRETS         AGE
default         1               13d
% kubectl get sa -n sock-shop
NAME            SECRETS         AGE
default         1               27d
```

💡 **Kubernetes 服务账户**

服务账户是在 Kubernetes 中分配给工作负载的标识。当工作负载中运行的进程试图访问其他 Kubernetes 资源时，会根据其服务账户的详细信息对其进行标识和身份验证。有关服务账户的更多详细信息，可以访问以下网址。

https://kubernetes.io/docs/tasks/configure-pod-container/configure-service-account/

安全命名（secure naming）是一种将服务名称与服务运行时的身份分离的技术。在上述示例中，spiffe://cluster.local/ns/utilities/sa/default 是 envoydummy-2-7488b58cd7-m5vpv 工作负载中 istio-proxy Sidecar 提供的双向 TLS 期间提供的服务的标识。根据该 SPIFFE ID，MTLS 会话中的另一方（另一个 Pod 中的 istio-proxy）可以验证该端点是否具有 utilities 命名空间中名为 default 的服务账户身份。

Istio 控制平面可以将安全命名信息传播到网格中的所有 Sidecar，并且在双向 TLS 期间，Sidecar 不仅验证身份是否正确，而且还验证相应的服务采用正确的身份。

图 6.1 总结了 Istio 安全架构。

以下是需要记住的关键概念。

❑ Istio CA 管理密钥和证书，证书中的 SAN 为 SPIFFE 格式。

❑ istiod 将身份验证和授权安全策略分发给网格中的所有 Sidecar。

❑ Sidecar 根据 istiod 分发的安全策略强制执行身份验证和授权。

💡 **提示：**

请确保清理 Chapter6/01-envoy-dummy.yaml 文件，以避免与即将进行的练习发生冲突。

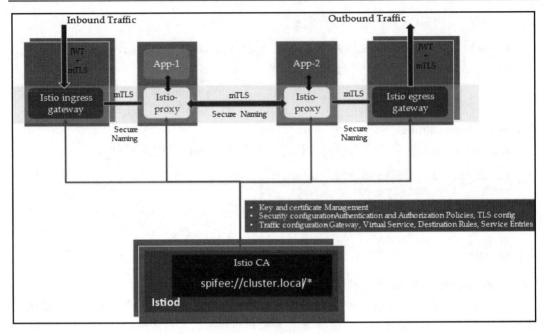

图 6.1　Istio 安全架构

原　　文	译　　文
Inbound Traffic	入站流量
Istio ingress gateway	Istio 入口网关
Secure Naming	安全命名
Outbound Traffic	出站流量
❑　Key and certificate Management ❑　Security configurationAuthentication and Authorization Policies, TLS config ❑　Traffic Configuration Gateway, Virtual Service, Destination Rules, Service Entries	❑　密钥和证书管理 ❑　安全配置认证和授权策略，TLS 配置 ❑　流量配置网关，虚拟服务，目的地规则，服务条目

接下来，我们将了解如何保护服务网格中微服务之间传输的数据。

6.2　使用双向 TLS 进行身份验证

双向 TLS（mutual TLS，mTLS）是一种用于在网络连接两端对双方进行身份验证的技术。通过 mTLS，各方都可以验证对方是否如其所声称的那样。证书颁发机构在 mTLS

中发挥着关键作用，因此我们在 6.1 节"理解 Istio 安全架构"中详细阐释了 Istio 中的证书颁发机构和安全命名。

mTLS 是实现零信任安全框架最常用的身份验证机制之一。所谓"零信任"，就是指默认情况下，任何一方都不会信任另一方，无论另一方位于网络中的哪个位置。零信任假设不存在传统的网络边缘和边界，因此每一方都需要经过身份验证和授权。这有助于消除由于基于假设的信任模型而出现的许多安全漏洞。

在接下来的两个小节中，我们将研究 Istio 如何帮助用户在网格内部实现服务到服务身份验证的 mTLS 以及网格外部的客户端/下游系统和网格服务之间的 mTLS。网格内部的服务到服务身份验证也称为东西向流量（east-west traffic），而网格外部的客户端/下游系统和网格服务之间的通信则称为南北通信（north-south communication）。

6.2.1　服务到服务的身份验证

Istio 通过使用 mTLS 进行传输身份验证来提供服务到服务（service-to-service）的身份验证。在流量处理过程中，Istio 执行以下操作。

❑ 来自 Pod 的所有出站流量都会重新路由到 istio-proxy。

❑ istio-proxy 与服务器端 istio-proxy 启动 mTLS 握手。在握手期间，它还会执行安全命名检查，以验证服务器证书中提供的服务账户是否可以运行该 Pod。

❑ 服务器端 istio-proxy 以相同的方式验证客户端 istio-proxy，如果一切正常，则在两个代理之间建立安全通道。

Istio 在实现 mTLS 时提供以下两个选项。

❑ 宽容模式（permissive mode）：在宽容模式下，Istio 允许 mTLS 和非 mTLS 模式下的流量。此功能主要是为了改进客户端加入 mTLS 的过程。尚未准备好通过 mTLS 进行通信的客户端可以继续通过 TLS 进行通信，并认为只要准备好，它们最终就会迁移到 mTLS。

❑ 严格模式（strict mode）：在严格模式下，Istio 强制执行严格的 mTLS，不允许任何非 mTLS 流量。

可以在网格外部尝试访问网格内工作负载的客户端以及网格内尝试访问网格中其他工作负载的客户端之间建立双向 TLS 流量。对于在网格外部尝试访问网格内工作负载的客户端，我们将在下一节中讨论细节。对于网格内尝试访问网格中其他工作负载的客户端，我们将在本节中介绍一些示例。

现在让我们使用 mTLS 设置服务到服务的通信。

（1）创建一个名为 Chapter6 的命名空间，启用 Istio 注入并部署 httpbin 服务。

```
$ kubectl apply -f Chapter6/01-httpbin-deployment.yaml
```

此部署中的大部分配置都是常见的，我们还在 Chapter6 命名空间中创建了一个名为 httpbin 的默认 Kubernetes 服务账户。

```
apiVersion: v1
kind: ServiceAccount
metadata:
    name: httpbin
    namespace: chapter6
```

按照以下规范将 httpbin 身份分配给 httpbin Pod。

```
Spec:
    serviceAccountName: httpbin
    containers:
    - image: docker.io/kennethreitz/httpbin
      imagePullPolicy: IfNotPresent
      name: httpbin
      ports:
      - containerPort: 80
```

（2）接下来以 curl Pod 的形式创建一个客户端来访问 httpbin 服务。创建一个禁用 Istio 注入的 utilities 命名空间，并使用自己的服务账户创建一个 curl 部署。

```
$ kubectl apply -f Chapter6/01-curl-deployment.yaml
```

确保未应用 istio-injection 标签。如果已应用，则可以使用以下命令将其删除。

```
$ kubectl label ns utilities istio-injection-
```

（3）从 curl Pod 中尝试访问 httpbin Pod，应该会收到响应。

```
$ kubectl exec -it curl -n utilities - curl -v http://
httpbin.chapter6.svc.cluster.local:8000/get
{
    "args": {},
    "headers": {
        "Accept": "*/*",
        "Host": "httpbin.chapter6.svc.cluster.local:8000",
        "User-Agent": "curl/7.87.0-DEV",
        "X-B3-Sampled": "1",
        "X-B3-Spanid": "a00a50536c3ec2f5",
        "X-B3-Traceid": "49b6942c85c7c1f2a00a50536c3ec2f5"
    },
    "origin": "127.0.0.6",
```

```
    "url": "http://httpbin.chapter6.svc.cluster.local:8000/
get"
```

（4）到目前为止，我们已经在网格中运行了 httpbin Pod，但默认情况下以宽松 TLS 模式运行。我们现在将创建一个 PeerAuthentication 策略来强制执行 STRICT mTLS。PeerAuthentication 策略定义了流量如何通过 Sidecar 进行隧道传输。

```
apiVersion: security.istio.io/v1beta1
kind: PeerAuthentication
metadata:
    name: "httpbin-strict-tls"
    namespace: chapter6
spec:
    mtls:
        mode: STRICT
    selector:
        matchLabels:
            app: httpbin
```

在上述 PeerAuthentication 策略中，定义了以下配置参数。

❑ mtls：这定义了 mTLS 设置。如果未指定，则该值将从默认网格宽度设置继承。它有一个名为 mode 的字段，可具有以下值。

➢ UNSET：使用此值时，mTLS 设置将从父级继承，如果父级没有任何设置，则该值设置为 PERMISSIVE。

➢ MTLS：使用此值时，Sidecar 接受 mTLS 和非 mTLS 连接。

➢ STRICT：将强制执行严格的 mTLS，任何非 mTLS 连接都将被丢弃。

➢ DISABLE：mTLS 已禁用并且连接不会通过隧道传输。

❑ selector：定义了工作负载成为此身份验证策略的一部分需要满足的条件，它有一个名为 matchLabels 的字段，采用 key:value 格式获取标签信息。

为了汇总配置，我们创建了 httpbin-strict-tls，它是 Chapter6 命名空间中的 PeerAuthentication 策略。该策略对标签为 app=httpbin 的所有工作负载强制执行字符串 mTLS。该配置可在 Chapter6/02-httpbin-strictTLS.yaml 中找到。

（5）通过以下命令更改应用。

```
$ kubectl apply -f Chapter6/02-httpbin-strictTLS.yaml
peerauthentication.security.istio.io/httpbin-strict-tls
created
```

（6）现在尝试从 curl Pod 连接到 httpbin 服务。

```
$ kubectl exec -it curl -n utilities - curl -v http://
```

```
httpbin.chapter6.svc.cluster.local:8000/get
* Connected to httpbin.chapter6.svc.cluster.local
(172.20.147.104) port 8000 (#0)
> GET /get HTTP/1.1
> Host: httpbin.chapter6.svc.cluster.local:8000
> User-Agent: curl/7.87.0-DEV
> Accept: */*
>
* Recv failure: Connection reset by peer
* Closing connection 0
curl: (56) Recv failure: Connection reset by peer
command terminated with exit code 56
```

curl 无法连接，因为 curl Pod 运行在禁用 Istio 注入的命名空间中，而 httpbin Pod 运行在网格中，且 PeerAuthentication 策略强制执行 STRICT mTLS。一种选择是手动建立 mTLS 连接，这相当于修改应用程序代码来执行 mTLS。在这种情况下，当我们尝试在网格内模拟服务通信时，可以简单地打开 Istio 注入并让 Istio 也处理客户端 mTLS。

（7）使用以下步骤为 curl Pod 启用 Istio 注入。

① 删除 Chapter6/01-curl-deployment.yaml 创建的资源。

② 修改 Istio 注入的值以启用它。

③ 应用已更新的配置。

一旦 curl Pod 与 istio-proxy Sidecar 一起处于 RUNNING 状态，用户就可以在 httpbin 服务上执行 curl，将看到以下输出。

```
$ kubectl exec -it curl -n utilities -- curl -s http://
httpbin.chapter6.svc.cluster.local:8000/get
{
    "args": {},
    "headers": {
        "Accept": "*/*",
        "Host": "httpbin.chapter6.svc.cluster.local:8000",
        "User-Agent": "curl/7.85.0-DEV",
        "X-B3-Parentspanid": "a35412ed46b7ec46",
        "X-B3-Sampled": "1",
        "X-B3-Spanid": "0728b578e88b72fb",
        "X-B3-Traceid": "830ed3d5d867a460a35412ed46b7ec46",
        "X-Envoy-Attempt-Count": "1",
        "X-Forwarded-Client-Cert": "By=spiffe://cluster.
local/ns/chapter6/sa/
httpbin;Hash=b1b88fe241c557bd1281324b458503274eec3f04b1d-
439758508842d6d5b7018;Subject=\"\";URI=spiffe://cluster.
```

```
local/ns/utilities/sa/curl"
    },
    "origin": "127.0.0.6",
    "url": "http://httpbin.chapter6.svc.cluster.local:8000/
get"
}
```

在该 httpbin 服务的响应中，可以看到 httpbin Pod 接收到的所有标头。最有趣的标头是 X-Forwarded-Client-Cert，也称为 XFCC。

XFCC 标头值的两个部分可以阐明 mTLS。

❑ By：此处填写的是 SAN，即 httpbin Pod 的 istio-proxy 客户端证书的 SPIFFE ID（spiffe://cluster.local/ns/chapter6/sa/httpbin）。

❑ URI：这包含了 SAN，它是在 mTLS 期间提供的 curl Pod 客户端证书的 SPIFFE ID（spiffe://cluster.local/ns/utilities/sa/curl）。

还有一个 Hash，它是 httpbin Pod 的 istio-proxy 客户端证书的 SHA256 摘要。

读者也可以有选择地在端口级别应用 mTLS 配置。以下配置暗示对除端口 8080 之外的所有端口严格执行 mTLS，端口 8080 应允许宽松连接。

该配置可在 Chapter6/03-httpbin-strictTLSwithException.yaml 中找到。

```
apiVersion: security.istio.io/v1beta1
kind: PeerAuthentication
metadata:
    name: "httpbin-strict-tls"
    namespace: chapter6
spec:
    portLevelMtls:
        8080:
            mode: PERMISSIVE
        8000:
            mode: STRICT
    selector:
        matchLabels:
            app: httpbin
```

本小节演示了如何在网格内的服务之间执行 mTLS。mTLS 可以在服务级别以及端口级别启用。接下来，让我们看看如何在网格外的客户端执行 mTLS。

💡 提示：

请确保清理 Chapter6/01-httpbin-deployment.yaml、Chapter6/01-curl-deployment.yaml 和 Chapter6/02-httpbin-strictTLS.yaml 文件，以避免与即将进行的练习发生冲突。

6.2.2　使用网格外的客户端进行身份验证

对于网格外的客户端，Istio 可以通过 Istio Ingress 网关支持 mTLS。

在第 4 章"管理应用程序流量"中，我们在 Ingress 网关配置了 HTTPS。本小节将扩展该配置以支持 mTLS。

现在我们将为 httpbin Pod 配置 mTLS。注意，前 5 个步骤非常类似于 4.7 节"通过 HTTPS 公开入口"的步骤（1）～步骤（5）。

具体操作如下。

（1）创建 CA。本示例将创建一个通用名称（CN）为 sock.inc 的 CA。

```
$ openssl req -x509 -sha256 -nodes -days 365 -newkey
rsa:2048 -subj '/O=sock Inc./CN=sock.inc' -keyout sock.
inc.key -out sock.inc.crt
```

（2）为 httpbin.org 生成 CSR。本示例将生成 httpbin.org 的证书签名请求（certificate signing request，CSR），它还会生成私钥。

```
$ openssl req -out httpbin.org.csr -newkey rsa:2048
-nodes -keyout httpbin.org.key -subj "/CN=httpbin.org/
O=sockshop.inc"
Generating a 2048 bit RSA private key
.........+++
..+++
writing new private key to 'httpbin.org.key'
```

（3）使用步骤（1）中创建的 CA 签署 CSR。

```
$ openssl x509 -req -sha256 -days 365 -CA sock.inc.crt
-CAkey sock.inc.key -set_serial 0 -in httpbin.org.csr
-out httpbin.org.crt
Signature ok
subject=/CN=httpbin.org/O=sockshop.inc
Getting CA Private Key
```

（4）将证书和私钥作为 Kubernetes 密钥加载，另外还有 CA 证书，这是验证客户端证书必需的东西。

```
$ kubectl create -n istio-system secret generic httpbin-
credential --from-file=tls.key=httpbin.org.key --from-
file=tls.crt=httpbin.org.crt --from-file=ca.crt=sock.inc.
crt
secret/httpbin-credential created
```

（5）配置 Ingress 网关以对所有传入连接强制实施 mTLS，并使用步骤（4）中创建的密钥作为包含 TLS 证书和 CA 证书的密钥。

```
tls:
    mode: MUTUAL
    credentialName: httpbin-credential
```

（6）部署 httpbin Pod、Ingress 网关和虚拟服务。

```
$ kubectl apply -f Chapter6/02-httpbin-deployment-MTLS.
yaml
```

（7）要执行 mTLS，你还需要生成可用于证明客户端身份的客户端证书。为此，应执行以下步骤。

```
$ openssl req -out bootstrapistio.packt.com.csr -newkey
rsa:2048 -nodes -keyout bootstrapistio.packt.com.key
-subj "/CN= bootstrapistio.packt.com/O=packt.com"
$ openssl x509 -req -sha256 -days 365 -CA sock.inc.crt
-CAkey sock.inc.key -set_serial 0 -in bootstrapistio.
packt.com.csr -out bootstrapistio.packt.com.crt
```

（8）通过在请求中传递客户端证书来测试与 httpbin.org 的连接。

```
% curl -v -HHost:httpbin.org --connect-to "httpbin.
org:443:a816bb2638a5e4a8c990ce790b47d429-1565783620.
us-east-1.elb.amazonaws.com" --cacert sock.inc.crt --cert
bootstrapistio.packt.com.crt --key bootstrapistio.packt.
com.key https://httpbin.org:443/get
```

💡 提示：

请确保使用以下命令进行清理，以避免与即将进行的练习发生冲突。

```
kubectl delete -n istio-system secret httpbin-credential
kubectl delete -f Chapter6/02-httpbin-deployment-MTLS.yaml
```

6.3　配置 RequestAuthentication

与服务到服务的身份验证一样，Istio 还可以对最终用户进行身份验证，或根据最终用户提出的断言验证最终用户是否已通过身份验证。

RequestAuthentication 策略可用于指定工作负载支持哪些身份验证方法。此策略将标识经过身份验证的身份，但不强制是否应允许或拒绝该请求。相反，它将向授权策略提供有关经过身份验证的身份的信息，我们将在下一节中介绍这些信息。

本节将学习如何利用 Istio RequestAuthentication 策略来验证已通过 Auth0 身份验证并提供不记名令牌作为 Istio 安全凭证的最终用户。如果你不熟悉 OAuth，则可在以下网址阅读更多相关信息。

https://auth0.com/docs/authenticate/protocols/oauth

我们将按照实际步骤来配置 Auth0 并执行 OAuth 流程，同时揭开幕后发生的所有事情。

（1）注册 Auth0。访问 Auth0 官网（https://auth0.com/），选择 Developers（开发人员），然后单击进入 Developer Center（开发人员中心）页面，再单击右上角的 Sign up（注册）按钮，进入注册界面，如图 6.2 所示。

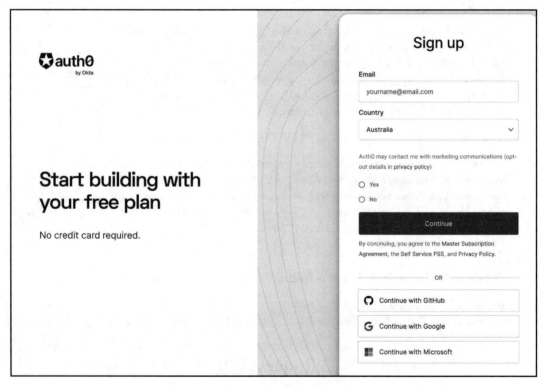

图 6.2　Auth0 注册

（2）注册完成后，在 Auth0 中创建应用程序，如图 6.3 所示。

（3）创建应用程序后，还需要创建 API。你可以提供 Ingress URL 作为标识符，如图 6.4 所示。

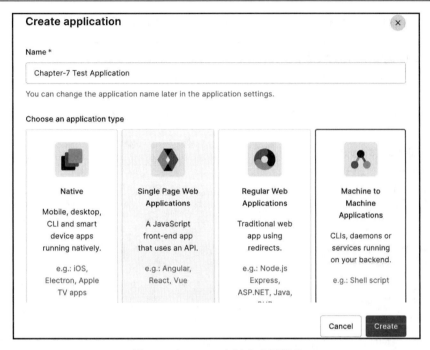

图 6.3　在 Auth0 中创建应用程序

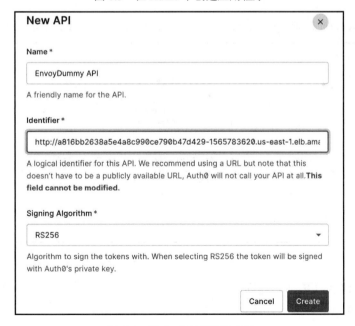

图 6.4　在 Auth0 中创建 API

（4）声明此 API 的使用者访问该 API 能够获得的权限，如图 6.5 所示。

图 6.5　Auth0 中的 API 许可（范围）

（5）在 General Settings（常规设置）中为 API 启用 RBAC，如图 6.6 所示。

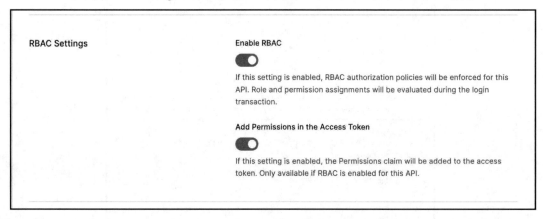

图 6.6　在 Auth0 中为 API 启用 RBAC

（6）在创建 API 之后，返回应用程序并授权该应用程序访问 EnvoyDummy API，同时还需要配置范围，如图 6.7 所示。

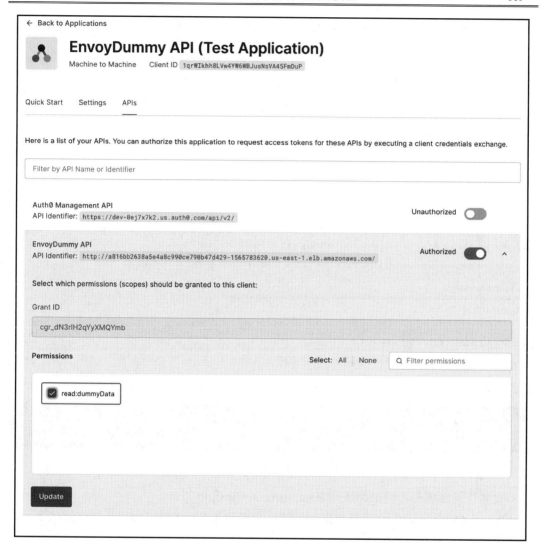

图 6.7　在 Auth0 中向应用程序授予权限

（7）转到应用程序页面获取可用于获取访问令牌的请求，如图 6.8 所示。

复制 curl 字符串，包括 client_id、client_secret 等，至此，我们就完成了 Auth0 中的所有步骤。

现在，使用在前面的步骤中复制的 curl 字符串，从终端获取访问令牌。

```
$ curl --request POST --url https://dev-0ej7x7k2.us.auth0.com/
oauth/token --header 'content-type:application/json' --data
```

```
'{"client_id":"XXXXXX-id","client_secret":"XXXXX-secret","
"audience":"http://a816bb2638a5e4a8c990ce790b47d429-1565783620.
us-east-1.elb.amazonaws.com/","grant_type":"client_credentials"}'

{"access_token":"xxxxxx-accesstoken"
"scope":"read:dummyData","expires_in":86400,"token_type":"Bearer"}%
```

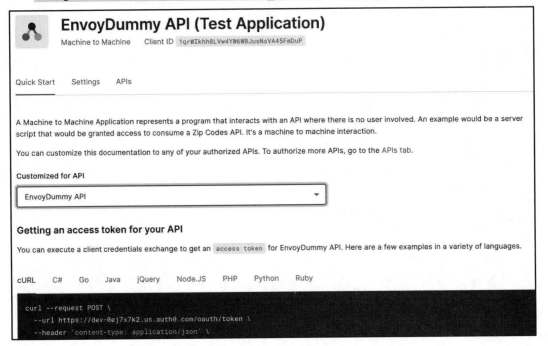

图 6.8　在 Auth0 中获取访问令牌的快速入门示例

收到访问令牌后，我们将应用 RequestAuthentication 策略。

RequestAuthentication 策略指定如何验证身份验证期间提供的 JWT 的详细信息。以下是 RequestAuthentication 策略。

```
apiVersion: security.istio.io/v1beta1
kind: RequestAuthentication
metadata:
    name: "auth0"
    namespace: chapter6
spec:
    selector:
        matchLabels:
            name: envoydummy
```

```
jwtRules:
- issuer: "https://dev-0ej7x7k2.us.auth0.com/"
  jwksUri: "https://dev-0ej7x7k2.us.auth0.com/.well-known/
jwks.json"
```

上述配置也可以在 Chapter6/01-requestAuthentication.yaml 中找到。我们在 Chapter6 命名空间中声明了一个名为 auth0 的 RequestAuthentication 策略，其规范如下。

❑ issuer：这是 Auth0 应用程序的 Domain（域）的值。你可以从如图 6.9 所示的屏幕中获取该值。

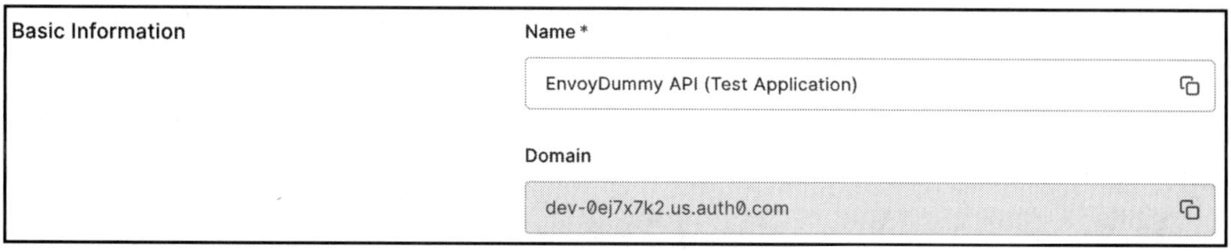

图 6.9 应用程序域

❑ jwksUri：这是 JWKS 端点，Istio 可以使用它来验证签名。Auth0 可以为每个租户公开一个 JWKS 端点，该端点可在 https://DOMAIN/.well-known/jwks.json 中找到。此端点将包含用于验证该租户的所有 Auth0 颁发的 JWT 的 JWK。将 DOMAIN 值替换为该应用程序中的值。

使用 RequestAuthentication 策略时，最佳实践是同时配置 RequestAuthentication 和 AuthorizationPolicy 并强制执行一条规则，即不允许任何具有空主体的请求。

以下是一个授权策略的示例，你将在下一节中了解到有关授权策略的更多信息。

```
apiVersion: security.istio.io/v1beta1
kind: AuthorizationPolicy
metadata:
    name: auth0-authz
    namespace: chapter6
spec:
    action: DENY
    selector:
        matchLabels:
            name: envoydummy
    rules:
    - from:
        - source:
            notPrincipals: ["*"]
```

6.4　配置 RequestAuthorization

在上一节中，我们配置了 RequestAuthentication 策略，该策略基于 JWKS 位置根据颁发者和 JWK 详细信息验证 JWT 令牌。我们将 Auth0 配置为身份验证提供程序并生成不记名令牌。本节将学习如何利用对等身份验证和请求身份验证等身份验证策略提供的信息来授权客户端访问服务器（请求的资源、Pod、工作负载和服务等）。

让我们先来看看如何结合 6.3 节"配置 RequestAuthentication"中创建的自定义认证策略来实现一个自定义授权策略。

为了让 curl 使用 Auth0 颁发的访问令牌访问 envoydummy，我们还需要创建一个 AuthorizationPolicy。

```yaml
apiVersion: "security.istio.io/v1beta1"
kind: "AuthorizationPolicy"
metadata:
    name: "envoydummy-authz-policy"
    namespace: utilities
spec:
    action: ALLOW
    selector:
        matchLabels:
            name: envoydummy
    rules:
    - when:
        - key: request.auth.claims[permissions]
          values: ["read:profile"]
```

AuthorizationPolicy 包含以下数据。

❑ action：定义当请求符合定义的规则时要采取的操作类型。action 的可能值为 ALLOW、DENY 和 AUDIT。

❑ selector：定义了该策略应该应用于哪些工作负载。在这里，你将提供一组标签，这些标签应与工作负载的标签相匹配，以成为选择的一部分。

❑ rules：在这里，我们将定义一组应该与请求匹配的规则。规则包含以下子配置。

　　➢ source：提供了有关请求来源的规则。

　　➢ to：提供了有关请求的规则，例如请求的主机、方法名称是什么以及请求 URI 标识的资源。

➢ when：指定附加条件列表。可在以下网址找到所有参数的详细列表。

https://istio.io/latest/docs/reference/config/security/conditions/

在此示例中，我们定义了一个授权策略，允许访问带有 name:envoydummy 标签的 Pod，前提是请求包含经过身份验证的 JWT 令牌，并且声明为 read:profile。

在应用更改之前，请确保你可以访问虚拟数据，并确保已将 Ingress 网关和 envoydummy Pod 部署在 utilities 命名空间中。如果没有，则可以通过应用以下命令来实现。

```
$ curl -Hhost:mockshop.com http://
a816bb2638a5e4a8c990ce790b47d429-1565783620.us-east-1.elb.
amazonaws.com/
V1----------Bootstrap Service Mesh Implementation with Istio--
--------V1%
```

应用这两项策略。

```
% kubectl apply -f Chapter6/01-requestAuthentication.yaml
requestauthentication.security.istio.io/auth0 created
% kubectl apply -f Chapter6/02-requestAuthorization.yaml
authorizationpolicy.security.istio.io/envoydummy-authz-policy
created
```

检查是否能够访问 mockshop.com。

```
% curl -Hhost:mockshop.com http://
a816bb2638a5e4a8c990ce790b47d429-1565783620.us-east-1.elb.
amazonaws.com/
RBAC: access denied
```

该访问被拒绝，因为我们需要提供有效的访问令牌作为请求的一部分。复制你从上一个请求中获得的访问令牌，然后按以下方式重试。

```
$ curl -Hhost:mockshop.com -H "authorization:
Bearer xxxxxx-accesstoken " http://
a816bb2638a5e4a8c990ce790b47d429-1565783620.us-east-1.elb.
amazonaws.com/
RBAC: access denied%
```

虽然 JWT 验证成功，但由于 RBAC 控制，请求失败。该错误是故意的，因为我们没有在 Chapter6/02-requestAuthorization.yaml 中提供 read:dummyData，而是提供了 read:profile。这些更改在 Chapter6/03-requestAuthorization.yaml 中已更新。应用该更改并测试 API。

```
% kubectl apply -f Chapter6/03-requestAuthorization.yaml
authorizationpolicy.security.istio.io/envoydummy-authz-policy
configured
$ curl -Hhost:mockshop.com -H "authorization:
Bearer xxxxxx-accesstoken " http://
a816bb2638a5e4a8c990ce790b47d429-1565783620.us-east-1.elb.
amazonaws.com/
V2----------Bootstrap Service Mesh Implementation with Istio--
--------V2%
```

总结一下，包括 6.3 节"配置 RequestAuthentication"在内，我们做了以下工作。

（1）将 Auth0 配置为身份验证提供程序和 OAuth 服务器。

（2）我们创建了一个 RequestAuthentication 策略来验证请求中提供的不记名令牌。

（3）我们创建了一个 AuthorizationPolicy 来验证 JWT 令牌中提供的声明以及该声明是否与所需值匹配，然后让请求通过上游。

接下来，让我们看看如何结合在 6.2.1 节"服务到服务的身份验证"中配置的 PeerAuthentication 来配置请求授权。

我们将修改 curl Pod 以使用不同的服务账户，可将其称为 chapter6sa。

```
apiVersion: v1
kind: ServiceAccount
metadata:
    name: chapter6sa
    namespace: utilities
```

由于无法更改现有 Pod 的服务账户，因此需要删除之前的部署并使用新的服务账户重新部署。

```
Kubectl delete -f Chapter6/01-curl-deployment.yaml
kubectl apply -f Chapter6/02-curl-deployment.yaml
```

你可以检查 curl Pod 是否正在使用 chapter6sa 服务账户的身份运行。在此之后，让我们创建一个 AuthorizationPolicy 以允许向 httpbin Pod 发出请求，前提是，请求者的主体是 cluster.local/ns/utilities/sa/curl。

```
apiVersion: "security.istio.io/v1beta1"
kind: "AuthorizationPolicy"
metadata:
    name: "httpbin-authz-policy"
    namespace: chapter6
spec:
```

```
action: ALLOW
selector:
    matchLabels:
        app: httpbin
rules:
- from:
    - source:
        principals: ["cluster.local/ns/utilities/sa/curl"]
to:
- operation:
    methods: ['*']
```

之前我们已经介绍了 AuthorizationPolicy，因此你应该熟悉此示例中的大部分配置。在此示例中，我们在对等身份验证（peer authentication）而不是请求身份验证（request authentication）之上构建 AuthorizationPolicy。最有趣的部分是 rules 部分中的 source 字段。在 source 配置中，定义了请求的源身份。源请求中的所有字段都需要匹配才能使规则成功。

可以在 source 配置中定义以下字段。

❑ principals：这是在 mTLS 期间从客户端证书派生的可接受身份的列表。这些值采用以下格式。

```
<TRUST_DOMAIN NAME>/ns/<NAMESPACE NAME>/sa/<SERVICE_ACCOUNT NAME>
```

在此示例中，主体的值将为 cluster.local/ns/utilities/sa/curl。

❑ notPrincipals：这是请求将不被接受的身份的列表。这些值的派生方式与 principals 相同。

❑ requestPrincipals：这是请求可被接受的身份的列表，其中请求主体派生自 JWT，格式为<ISS>/<SUB>。

❑ notRequestPrincipals：这是请求不被接受的身份的列表，其中请求主体派生自 JWT，格式为<ISS>/<SUB>。

❑ namespaces：这是请求将被接受的命名空间的列表。该命名空间派生自对等证书详细信息。

❑ notNamespaces：这是请求将不被接受的命名空间的列表。该命名空间派生自对等证书详细信息。

❑ ipBlocks：这是请求将被接受的 IP 或 CIDR 块的列表。该 IP 是从 IP 数据包的源地址填充的。

❑ notIpBlocks：这是请求将被拒绝的 IP 块的列表。

❑ remoteIpBlocks：这是一个 IP 块的列表，其填充来自 X-Forwarded-For 标头或代

理协议。

❑   notRemoteIpBlocks：这是 remoteIpBlocks 的负列表。

应用该配置并测试是否能够从 curl Pod 访问 httpbin Pod。

```
$ kubectl apply -f Chapter6/04-httpbinAuthorizationForSpecificSA.yaml
authorizationpolicy.security.istio.io/httpbin-authz-policy
configured
$ kubectl exec -it curl -n utilities -- curl -v http://httpbin.
chapter6.svc.cluster.local:8000/headers
* Trying 172.20.152.62:8000...
* Connected to httpbin.chapter6.svc.cluster.local
(172.20.152.62) port 8000 (#0)
> GET /headers HTTP/1.1
> Host: httpbin.chapter6.svc.cluster.local:8000
> User-Agent: curl/7.85.0-DEV
> Accept: */*
>
* Mark bundle as not supporting multiuse
< HTTP/1.1 403 Forbidden
< content-length: 19
< content-type: text/plain
< date: Tue, 20 Sep 2022 02:20:39 GMT
< server: envoy
< x-envoy-upstream-service-time: 15
<
* Connection #0 to host httpbin.chapter6.svc.cluster.local left
intact
RBAC: access denied%
```

可以看到，Istio 拒绝了从 curl Pod 到 httpbin 的请求，因为 curl Pod 提供的对等证书
包含 cluster.local/ns/utilities/sa/chapter6sa 而不是 cluster.local/ns/utilities/sa/curl 作为主体。
尽管 curl Pod 是网格的一部分并且包含有效的证书，但它无权访问 httpbin Pod。

可以通过将正确的服务账户分配给 curl Pod 来解决该问题。

💡 提示：

可使用以下命令来解决该问题。

```
$ kubectl delete -f Chapter6/02-curl-deployment.yaml
$ kubectl apply -f Chapter6/03-curl-deployment.yaml
```

我们将实现一项以上的授权策略,但这一次策略将强制使用 utilities 或 curl 服务账户,

请求者只能访问 httpbin 的/headers。

以下是授权策略。

```
apiVersion: "security.istio.io/v1beta1"
kind: "AuthorizationPolicy"
metadata:
    name: "httpbin-authz-policy"
    namespace: chapter6
spec:
    action: ALLOW
    selector:
        matchLabels:
            app: httpbin
    rules:
    - from:
        - source:
            requestPrincipals: ["cluster.local/ns/utilities/sa/curl"]
    - to:
        - operation:
            methods: ["GET"]
            paths: ["/get"]
```

在此策略中，我们在规则的 to 字段中定义了 HTTP 方法和 HTTP 路径。to 字段包含
将应用规则的操作列表。操作字段支持以下参数。

❑ hosts：指定请求将被接受的主机名的列表。如果未设置，则任何主机的请求都
将被接受。

❑ notHosts：这是 hosts 的负列表。

❑ ports：这是请求将被接受的端口的列表。

❑ notPorts：这是 ports 的负匹配列表。

❑ methods：这是 HTTP 请求中指定的方法的列表。如果未设置，则允许任何方法。

❑ notMethods：这是 HTTP 请求中指定的方法的负匹配列表。

❑ paths：这是 HTTP 请求中指定的路径列表。路径按照以下网址的说明进行标准化。

https://istio.io/latest/docs/reference/config/security/normalization/

❑ notPaths：这是路径的负匹配列表。

应用更改如下。

```
kubectl apply -f Chapter6/05-httpbinAuthorizationForSpecificPath.yaml
```

然后尝试访问 httpbin。

```
kubectl exec -it curl -n utilities -- curl -X GET -v http://
httpbin.chapter6.svc.cluster.local:8000/headers
...
RBAC: access denied%
```

可以看到，该请求的访问被拒绝，因为授权策略只允许使用 HTTP GET 方法发出的 /get 请求。以下是正确的请求。

```
kubectl exec -it curl -n utilities -- curl -X GET -v http://
httpbin.chapter6.svc.cluster.local:8000/get
```

关于如何构建自定义策略来执行请求身份验证和请求授权的讨论到此结束。为了更好地熟悉它们，建议多练习几次本章中的示例，读者还可以通过构建自己的变体来学习如何有效地使用这些策略。

6.5　小　　结

本章介绍了 Istio 如何提供身份验证和授权。我们演示了如何使用 PeerAuthentication 策略在服务网格内使用双向 TLS 实现服务到服务的身份验证，以及如何通过在 Ingress 网关处使用双向 TLS 模式实现与服务网格外部客户端的双向 TLS。

本章探索了使用 RequestAuthentication 策略的最终用户身份验证。我们配置 Auth0 是为了获得一些使用身份验证和身份提供程序的实际经验。

最后，我们介绍了 AuthorizationPolicy 以及如何使用它来强制执行各种授权检查，以确保经过身份验证的身份有权访问所请求的资源。

在下一章中，我们将探讨 Istio 如何使微服务变得可观察，以及如何将各种可观察工具和软件与 Istio 集成。

第 7 章　服务网格可观察性

使用微服务架构构建的分布式系统是复杂且不可预测的。无论用户在编写代码时多么勤奋，失败、崩溃、内存泄漏等情况都极有可能发生。处理此类事件的最佳策略是主动观察系统，以识别任何故障或可能导致故障或任何其他不良行为的情况。

观察系统可以帮助用户了解系统行为和故障背后的根本原因，以便用户可以自信地解决问题并分析潜在修复的效果。本章将详细阐释为什么可观察性很重要、如何从 Istio 收集遥测信息、如何通过 API 获取可用的不同类型的指标以及如何启用分布式跟踪等。

本章包含以下主题。

❑　理解可观察性。

❑　使用 Prometheus 抓取指标。

❑　自定义 Istio 指标。

❑　使用 Grafana 可视化遥测信息。

❑　实现分布式跟踪。

让我们从理解可观察性开始。

✔ 注意：

本章技术需求和前面的章节相同。

7.1　理解可观察性

可观察性（observability）的概念最初是作为控制论（control theory）的一部分引入的，控制论涉及自调节动态系统的控制。控制论是一个抽象概念，具有跨学科应用；它主要是提供一个模型，用于管理系统输入的应用，以将系统驱动到所需状态，同时最大限度地提高其稳定性和性能。

图 7.1 显示了控制论中的可观察性概念。

系统的可观察性就是指图 7.1 中显示的某种测量，我们将基于外部输出的信号和观察来了解该系统的内部状态。然后控制器使用它对系统进行补偿控制，将其驱动到期望状态。如果系统发出信号，控制器可以使用信号来确定系统的状态，则该系统被认为是可观察的。

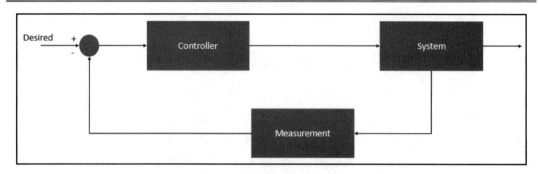

图 7.1　控制论中的可观察性概念

原　　文	译　　文	原　　文	译　　文
Desired	期望输入	System	系统
Controller	控制器	Measurement	测量

在计算机和信息技术的世界中，图 7.1 中的系统（System）就是指软件系统，控制器（Controller）是操作者，这些操作者可以是其他的软件系统，也可以是人类操作员，例如依赖可观察系统提供的测量结果的站点可靠性工程师（site reliability engineer，SRE）。如果你希望你的软件系统具有弹性和自我调节能力，那么软件系统的所有部分都应该是可观察的，这一点很重要。

另一个需要记住的概念是遥测数据（telemetry data），它是由系统传输的用于系统可观察性的数据。一般来说，它们是日志、事件跟踪和一些指标。

❑　日志（log）：这些是软件系统以详细格式发出的信息。日志通常是应用程序发出的数据，是在设计应用程序时预先考虑好的。开发人员大量使用日志来排除代码故障，因为通过日志可以关联到发出日志的代码块。

日志可以结构化，这意味着所有日志条目都遵循特定的模式，使可观察性系统更容易提取和理解它们。

日志也可以是非结构化的，遗憾的是大多数日志都属于这种情况。

Istio 可以生成每个请求的完整记录，包括源和目标元数据。

❑　跟踪（trace）：在分布式系统或应用程序中，跟踪是查找如何跨多个组件处理和执行请求或活动的方法。

跟踪由描述系统内执行/软件处理的跨度组成。然后可以将多个跨度放在一起以提供正在执行的请求的跟踪。

跟踪描述了不同系统之间的关系以及它们如何合作完成任务。为了使跟踪在分布式系统中工作，在所有系统之间共享上下文非常重要，这些上下文通常采用相关 ID 或类似内容的形式，所有参与系统都可以理解和遵守。

Istio 可以为每个服务生成分布式跟踪跨度，提供请求流的详细信息以及各种服务之间的相互依赖关系。

❑ 指标（metrics）：这些是特定时期内的内部值的数字测量。指标用于聚合一段时间内的大量数据，然后这些数据将被用作所观察系统的关键性能指标。例如，一段时间内的 CPU 使用百分比，每小时或每秒处理的请求数等。

Istio 可以生成延迟、错误、流量和饱和度的指标数据，这些数据被称为监控的 4 个黄金信号（four golden signals）。

➢ 延迟（latency）是处理请求所需的时间。

➢ 流量（traffic）是系统处理的请求的度量，例如每秒的请求数。流量的度量进一步分为与流量类型相对应的类别。

➢ 错误（error）是指请求失败的比率。例如，有多少请求具有 500 响应代码。

➢ 饱和度（saturation）显示系统使用了多少系统资源，例如内存、CPU、网络和存储。

Istio 可以生成数据平面和控制平面的指标数据。

所有这些遥测数据都可以结合使用以提供系统的可观察性。有多种类型的开源和商业软件可用于观察软件系统；Istio 包含各种开箱即用的工具，我们在第 2 章 "Istio 入门" 中简要讨论了这些工具。例如，Prometheus 和 Grafana 都随 Istio 一起提供，开箱即用。

接下来，我们将安装 Prometheus 和 Grafana 并配置它们来收集 Istio 的指标数据。

7.2 使用 Prometheus 抓取指标

Prometheus 是开源系统监控软件，它可以存储所有指标信息以及记录时的时间戳。Prometheus 与其他监控软件的区别在于其强大的多维数据模型和名为 PromQL 的强大查询语言。它的工作原理是从不同的目标收集数据，然后分析和处理这些数据以生成指标。系统还可以实现提供指标数据的 HTTP 端点，然后 Prometheus 调用这些端点来从应用程序收集指标数据。从各种 HTTP 端点收集指标数据的过程即称为抓取（scrap）。

如图 7.2 所示，Istio 控制平面和数据平面组件将公开发出指标的端点，而 Prometheus 则配置为抓取这些端点以收集指标数据并将其存储在时间序列数据库中。

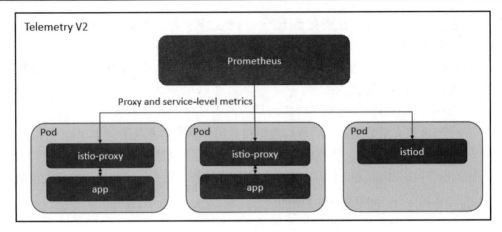

图 7.2　使用 Prometheus 进行指标抓取

原　　文	译　　文
Proxy and service-level metrics	代理和服务级别的指标
app	应用程序

接下来，让我们仔细看看该过程。

7.2.1　安装 Prometheus

Istio 已经在/sample/addons/prometheus.yaml 中提供了示例安装文件，这作为起点已经足够了。我们稍微修改了一下该文件，以满足仅支持严格 mTLS 模式的应用程序。

```
% kubectl apply -f Chapter7/01-prometheus.yaml
serviceaccount/prometheus created
configmap/prometheus created
clusterrole.rbac.authorization.k8s.io/prometheus created
clusterrolebinding.rbac.authorization.k8s.io/prometheus created
service/prometheus created
deployment.apps/prometheus created
```

与现成的示例文件相比，我们的文件 01-prometheus.yaml 的变化是，它已经为 Prometheus 提供了 Istio 证书，具体方法是注入一个 Sidecar 并配置它，将证书写入共享卷，然后将其安装到 Prometheus 容器上。该 Sidecar 仅用于安装和管理证书，不会拦截任何入站和出站请求。读者将在 Chapter7/01-prometheus.yaml 中找到该更改。

可以检查 istio-system 命名空间中已安装的内容。

```
% kubectl get po -n istio-system
NAME                         READY    STATUS   RESTARTS    AGE
istio-egressgateway-7d75d6f46f-
28r59    1/1     Running      0       48d
istio-ingressgateway-5df7fcddf-
7qdx9    1/1     Running      0       48d
istiod-56fd889679-
ltxg5    1/1     Running      0       48d
prometheus-7b8b9dd44c-
sp5pc    2/2     Running      0       16s
```

接下来，让我们看看如何部署示例应用程序。

7.2.2　部署示例应用程序

现在让我们部署启用 istio-injection 的 sockshop 应用程序。

先使用以下代码修改 sockshop/devops/deploy/kubernetes/manifests/00-sock-shop-ns.yaml
文件。

```
apiVersion: v1
kind: Namespace
metadata:
    labels:
        istio-injection: enabled
    name: sock-shop
```

然后部署 sockshop 应用程序。

```
% kubectl apply -f sockshop/devops/deploy/kubernetes/manifests/
```

再配置一个 Ingress 网关。

```
% kubectl apply -f Chapter7/sockshop-IstioServices.yaml
```

现在从浏览器进行一些调用，将流量发送到前端服务，然后使用以下命令访问仪表
板，检查 Prometheus 抓取的一些指标。

```
% istioctl dashboard prometheus
http://localhost:9090
```

在仪表板中可以检查 Prometheus 抓取的指标。其显示方法是：单击 Prometheus 仪表
板上的 Status（状态）| Targets（目标），如图 7.3 所示。

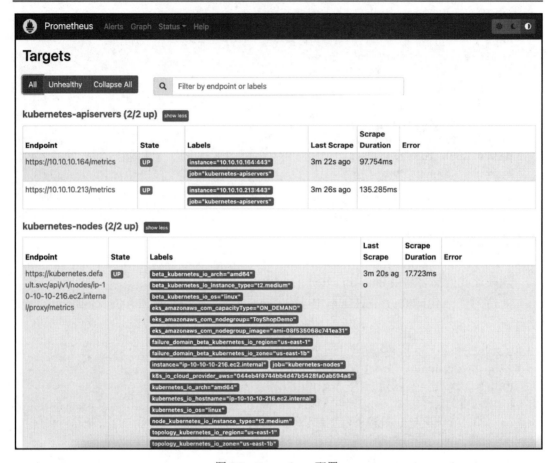

图 7.3　Prometheus 配置

可以看到 Prometheus 从中抓取指标的所有目标。

在仪表板上,我们将使用以下代码启动查询以获取 istio-Ingress 网关和前端服务之间的总请求。

```
istio_requests_total{destination_service="front-end.sock-shop.
svc.cluster.local",response_code="200",source_app="istio-
ingressgateway", namespace="sock-shop"}
```

其操作界面如图 7.4 所示。

在图 7.4 中,指标的名称是 istio_requests_total,大括号中的字段称为指标维度(metric dimension)。使用 PromQL 字符串,我们指定希望 istio_requests_total 指标(其维度为 destination_service、response_code、source_app 和 namespace)的值分别匹配 front-end.

sock-shop.svc.cluster.local、200、istio-ingressgateway 和 sock-shop。

图 7.4　PromQL

在响应中，我们收到指标计数 51，其他维度也是指标的一部分。

让我们使用以下代码进行另一个查询，以检查前端服务生成了多少个对目录服务的请求。

```
istio_requests_total{destination_service="catalogue.
sock-shop.svc.cluster.local",source_workload="front-
end", reporter="source",response_code="200"}
```

可以看到，在查询中提供了 reporter = "source"，这意味着我们需要前端 Pod 报告的指标。

其操作界面如图 7.5 所示。

如果更改 reporter = "destination"，那么你将看到类似的指标，但由目录 Pod 报告，如图 7.6 所示。

还可以使用以下查询检查目录服务和 MySQL 目录数据库之间的数据库连接。

```
istio_tcp_connections_opened_total{destination_canonical_
```

```
service="catalogue-db",source_workload="catalogue", source_
workload_namespace="sock-shop}
```

图 7.5 从前端到目录的 PromQL istio_request_total

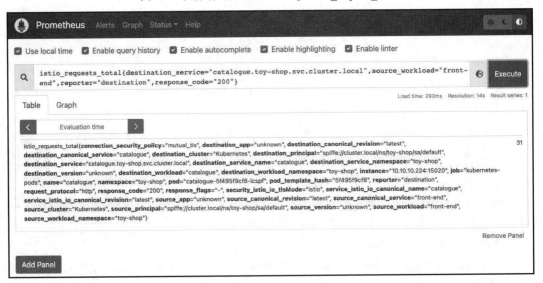

图 7.6 从前端到目录的 PromQL istio_request_total，由目录 Sidecar 报告

其操作界面如图 7.7 所示。

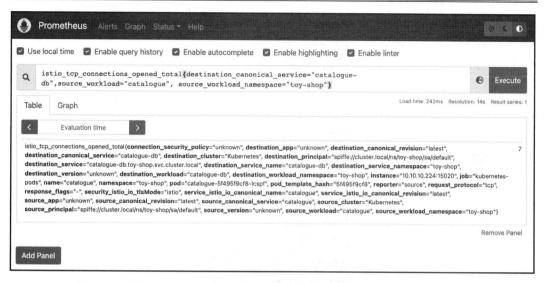

图 7.7 catalog 和 catalogue-db 之间的 PromQL TCP 连接

指标数据显示目录服务建立了 7 个 TCP 连接。

到目前为止,我们已经使用了默认的指标配置。接下来,我们将了解如何配置这些指标以及如何通过添加新指标来自定义它们。

7.3 自定义 Istio 指标

Istio 并不仅限于使用现成的指标,而是可以创建自定义的观察指标,这为观察与特定应用程序相关的指标提供了很大的灵活性。

7.3.1 Istio 指标、维度和值

让我们先来看看 Sidecar 公开的/stats/prometheus 端点。

```
% kubectl exec front-end-6c768c478-82sqw -n sock-shop -c istio-
proxy -- curl -sS 'localhost:15000/stats/prometheus' | grep
istio_requests_total
```

图 7.8 显示了此端点返回的示例数据,该数据也是由 Prometheus 抓取的,它与读者在上一小节中使用仪表板看到的数据相同。

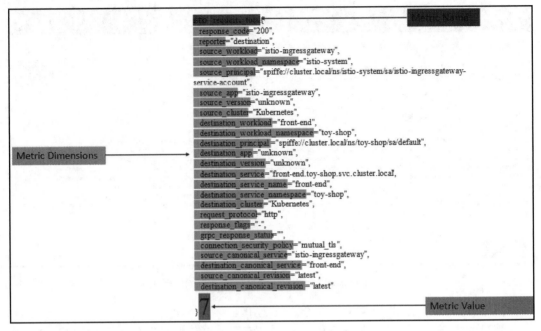

图 7.8　Istio 指标、维度和值

原　　文	译　　文	原　　文	译　　文
Metric Name	指标名称	Metric Value	指标值
Metric Dimensions	指标维度		

该指标按以下结构组织。

❑　指标名称（Metric name）：这是 Istio 导出的指标的名称。Istio 可以生成许多现成的指标，其详细信息可在以下网址找到。

https://istio.io/latest/docs/reference/config/metrics/#metrics

❑　指标维度（Metric dimensions）：这些是多个字段，也属于指标的一部分。这些字段在 Prometheus 上下文中称为维度，在 Istio 指标上下文中称为标签。有关 Istio 指标的标准标签部分的详细信息，可以访问以下网址。

https://istio.io/latest/docs/reference/config/metrics/#labels

❑　指标值（Metric value）：这是指标的值，可以是计数器、仪表或直方图。

➢　计数器（counter）：用于跟踪事件的发生。计数器以时间序列的形式递增公开的值。具有计数器类型值的指标的一些示例包括请求计数、接收的字节数和 TCP 连接。

> 仪表（gauge）：是单个时间点测量的快照。它可用于测量 CPU 使用和内存消耗等指标。

> 直方图（histogram）：可用于测量一段时间内分布的观察结果。它们也是最复杂的衡量指标。

Istio 的遥测组件是通过 proxy-wasm 插件实现的。在第 9 章"扩展 Istio 数据平面"中将介绍更多相关内容，但目前读者只需将其理解为构建 Envoy 扩展的方法之一。

可使用以下命令找到这些过滤器。

```
% kubectl get EnvoyFilters -A
NAMESPACE          NAME                          AGE
istio-system       stats-filter-1.16             28h
istio-system       tcp-stats-filter-1.16         28h
```

过滤器可以在请求执行的不同点运行 WebAssembly 并收集各种指标。使用相同的技术，读者可以通过添加/删除新维度轻松自定义 Istio 指标，还可以添加新指标或覆盖任何现有指标。接下来让我们看看如何实现这一目标。

7.3.2　向 Istio 指标添加维度

istio_request_total 指标没有任何请求路径的维度。也就是说，我们无法计算单个请求路径接收到的请求数量。本小节将配置 EnvoyFilter 以将 request.url_path 包含在 request_total 指标中。请注意，istio_ 是 Prometheus 添加的前缀；Istio 上下文中的实际指标名称是 request_total。

我们将在第 9 章"扩展 Istio 数据平面"中讨论 EnvoyFilter，如果读者急于学习，可以直接跳转到该章以了解扩展 Istio 的各种方法；或者，也可以通过以下网址阅读有关此过滤器的信息。

https://istio.io/latest/docs/reference/config/networking/envoy-filter/#EnvoyFilter-PatchContext

在以下配置中，我们使用 workloadSelector 中的条件创建了一个应用于前端 Pod 的 EnvoyFilter，其代码块如下。

```
apiVersion: networking.istio.io/v1alpha3
kind: EnvoyFilter
metadata:
    name: custom-metrics
    namespace: sock-shop
```

```
spec:
   workloadSelector:
      labels:
         name: front-end
```

接下来，我们将 configPatch 应用于 HTTP_FILTER，以获取到 Sidecar 的入站流量。其他选项有 SIDECAR_OUTBOUND 和 GATEWAY。该补丁适用于 HTTP 连接管理器过滤器，特别是 istio.stats 子过滤器；这是我们在前文讨论的过滤器，负责 Istio 遥测。

```
configPatches:
   - applyTo: HTTP_FILTER
     match:
       context: SIDECAR_INBOUND
       listener:
          filterChain:
             filter:
                name: envoy.filters.network.http_connection_manager
                subFilter:
                   name: istio.stats
       proxy:
          proxyVersion: ^1\.16.*
```

请注意，代理版本（1.16）必须与你安装的 Istio 版本匹配。

接下来，可使用以下代码替换 istio.stats 过滤器的配置。

```
patch:
   operation: REPLACE
   value:
      name: istio.stats
      typed_config:
         '@type': type.googleapis.com/udpa.type.v1.TypedStruct
         type_url: type.googleapis.com/envoy.extensions.
filters.http.wasm.v3.Wasm
         value:
            config:
               configuration:
                  '@type': type.googleapis.com/google.protobuf.
StringValue
                  value: |
                     {
                        "debug": "false",
                        "stat_prefix": "istio",
```

```
                                    "metrics": [
                                        {
                                            "name": "requests_total",
                                            "dimensions": {
                                                "request.url_path":
"request.url_path"
                                            }
                                        }
                                    ]
                                }
```

在此配置中，我们通过添加一个名为 request.url.path 的新维度来修改 metrics 字段。
request.url.path 维度与 Envoy 的 request.url.path 属性具有相同的值。

要删除任何现有维度（如 response_flag），可使用以下配置。

```
"metrics": [
    {
        "name": "requests_total",
        "dimensions": {
            "request.url_path": "request.url_path"
        },
        "tags_to_remove": [
            "response_flags"
        ]
    }
```

然后应用该配置。

```
% kubectl apply -f Chapter7/01-custom-metrics.yaml
envoyfilter.networking.istio.io/custom-metrics created
```

默认情况下，Istio 不会包含 Prometheus 新添加的 request.url.path 维度；需要应用以
下注释来包含 request.url_path。

```
spec:
    template:
        metadata:
            annotations:
                sidecar.istio.io/extraStatTags: request.url_path
```

将更改应用到前端部署。

```
% kubectl patch Deployment/front-end -n sock-shop --type=merge
--patch-file Chapter7/01-sockshopfrontenddeployment_patch.yaml
```

现在将能够看到添加到 istio_requests_total 指标中的新维度，如图 7.9 所示。

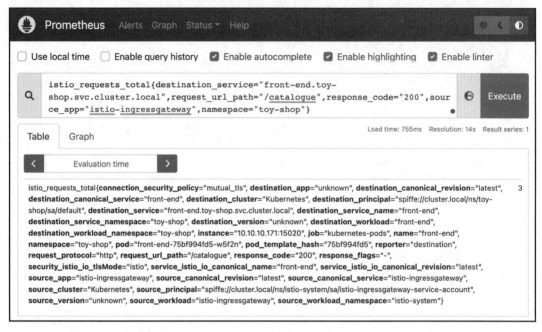

图 7.9　新维度

可以将任何 Envoy 属性作为维度添加到指标中，并且可在以下网址中找到可用属性的完整列表。

https://www.envoyproxy.io/docs/envoy/latest/intro/arch_overview/advanced/attributes

7.3.3　创建新的 Istio 指标

读者还可以使用 EnvoyFilter 创建新的 Istio 指标，类似于创建自定义指标的方法。在以下示例中，我们使用 definitions 创建了新指标，并添加了另一个维度。

```
configuration:
  '@type': type.googleapis.com/google.protobuf.StringValue
  value: |
    {
        "debug": "false",
        "stat_prefix": "istio",
        "definitions": [
```

```json
                    {
                        "name": "request_total_bymethod",
                        "type": "COUNTER",
                        "value": "1"
                    }
                ],
                "metrics": [
                    {
                        "name": "request_total_bymethod",
                        "dimensions": {
                            "request.method": "request.method"
                        }
                    }
                ]
            }
```

应用该更改。

```
% kubectl apply -f Chapter7/02-new-metric.yaml
envoyfilter.networking.istio.io/request-total-bymethod
configured
```

我们还必须使用 sidecar.istio.io/statsInclusionPrefixes 注释前端 Pod，以便 Prometheus 包含 request_total_bymethod 指标。

```
% kubectl patch Deployment/front-end -n sock-shop --type=merge
--patch-file Chapter7/02-sockshopfrontenddeployment_patch.yaml
deployment.apps/front-end patched
```

最好重新启动前端 Pod 以确保应用注释。

应用更改后，可以使用以下代码抓取 Prometheus 端点。

```
% kubectl exec front-end-58755f99b4-v59cd -n sock-shop -c
istio-proxy -- curl -sS 'localhost:15000/stats/prometheus' |
grep request_total_bymethod
# TYPE istio_request_total_bymethod counter
istio_request_total_bymethod{request_method="GET"} 137
```

使用 Prometheus 仪表板检查新指标是否可用，如图 7.10 所示。

有了这个基础之后，现在你应该能够创建一个带有维度的新 Istio 指标，并且可以更新任何现有指标的维度。

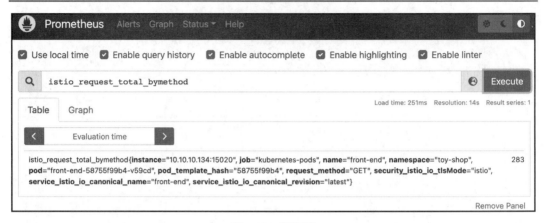

图 7.10　新指标

接下来，我们将介绍 Grafana，它是另一个强大的可观察性实用程序。

7.4　使用 Grafana 可视化遥测信息

Grafana 是用于遥测数据可视化的开源软件。它提供了一个易于使用的交互式选项，用于可视化可观察性指标。Grafana 还有助于将来自不同系统的遥测数据统一到一个集中位置，从而提供跨所有系统的统一可观察性视图。

7.4.1　安装 Grafana

Istio 安装提供了 Grafana 的示例清单，位于 samples/addons 中。可使用以下命令安装 Grafana。

```
% kubectl apply -f samples/addons/grafana.yaml
serviceaccount/grafana created
configmap/grafana created
service/grafana created
deployment.apps/grafana created
configmap/istio-grafana-dashboards created
configmap/istio-services-grafana-dashboards created
```

安装 Grafana 后，可使用以下命令打开 Grafana 仪表板。

```
% istioctl dashboard grafana
http://localhost:3 000
```

这应该打开 Grafana 仪表板，如图 7.11 所示。

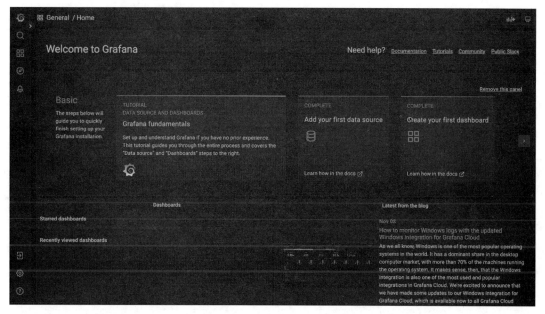

图 7.11　Grafana 仪表板

Grafana 已包含以下 Istio 仪表板。

❑ Istio 控制平面仪表板（Istio control plane dashboard）：提供显示 Istio 控制平面
组件资源消耗的图表。它还提供有关控制平面和数据平面之间交互的指标，包
括 xDS 推送、配置同步期间的错误以及数据平面和控制平面之间的配置冲突等。

❑ Istio 网格仪表板（Istio mesh dashboard）：这提供了网格的摘要视图。该仪表板
可以提供请求、错误、网关和策略的摘要视图，以及有关服务及其在请求处理
期间的相关延迟的详细信息。

❑ Istio 性能仪表板（Istio performance dashboard）：该仪表板可以提供显示 Istio
组件资源利用率的图表。

❑ Istio 服务仪表板（Istio service dashboard）和 Istio 工作负载仪表板（Istio Workload
Dashboard）：这些仪表板提供了有关每个服务和工作负载的请求响应的指标。
使用此仪表板，读者可以找到有关服务和工作负载行为方式的更详细信息，可

以根据各种维度搜索指标，在 7.2 节"使用 Prometheus 抓取指标"中已讨论了此操作。

图 7.12 显示了 Istio 服务仪表板。

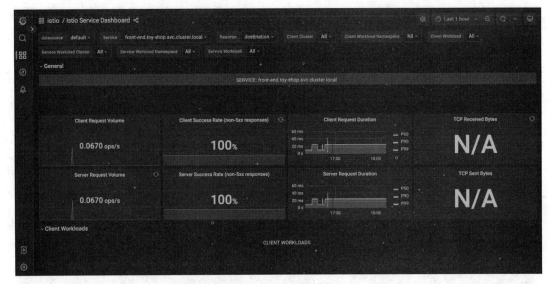

图 7.12　Istio 服务仪表板

7.4.2　创建警报

Grafana 的另一个强大功能是警报（alert），读者可以根据某些类型的事件创建警报。在以下示例中就将创建这样一个警报。

（1）基于最近 10min 内的 istio_request_total 指标，当 response_code 不等于 200 时创建一个警报，如图 7.13 所示。

（2）配置当最近 10min 内响应码不等于 200 的请求数量超过 3 时发出警报，这也称为阈值（threshold）。我们还将配置此警报的评估频率以及触发警报的阈值。在以下示例中，我们将警报设置为每分钟评估一次，但在 5min 后触发。通过调整这些参数，我们可以防止警报触发得太早或太晚，如图 7.14 所示。

图 7.13　在 Grafana 中创建警报

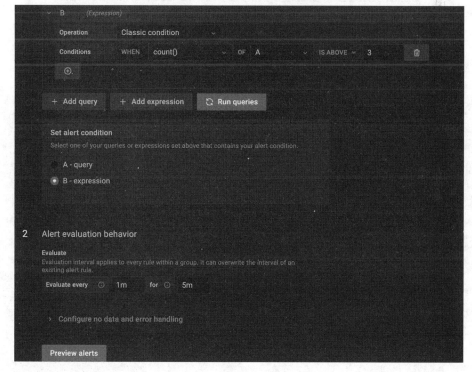

图 7.14　配置发出警报的阈值

（3）配置警报规则的名称以及警报在 Grafana 中的存储位置，如图 7.15 所示。

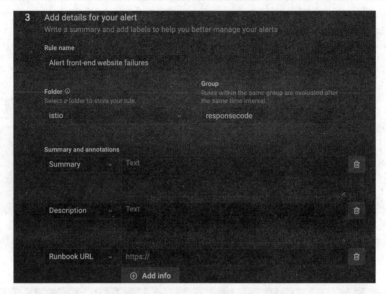

图 7.15　添加有关警报的详细信息

（4）配置规则名称后，还可以配置标签，这是将警报与通知策略关联起来的一种方式，如图 7.16 所示。

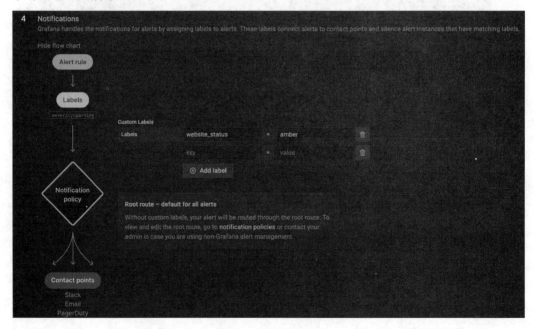

图 7.16　警报通知

（5）配置发出警报时需要通知的联系点，如图 7.17 所示。

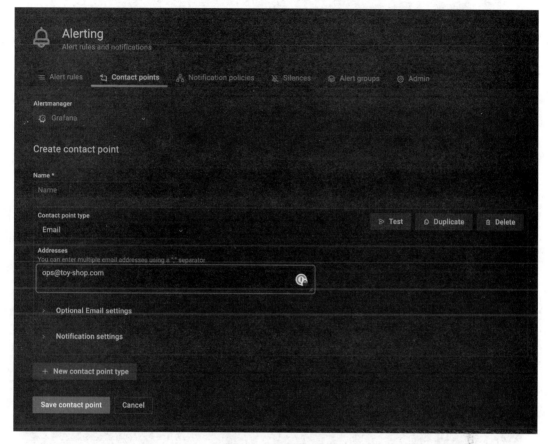

图 7.17　配置联系点

（6）创建通知策略，指定将接收到有关警报的通知的联系点，如图 7.18 所示。

警报配置完成。现在读者可以先禁用 sockshop.com 中的目录服务，然后从该网站发出一些请求，那么你将看到 Grafana 中发出的如图 7.19 所示的警报。

本节讨论了如何使用 Grafana 可视化 Istio 生成的各种指标的示例。Grafana 提供了全面的工具来可视化数据，这有助于寻找新的机会以及发现系统中产生的任何问题。

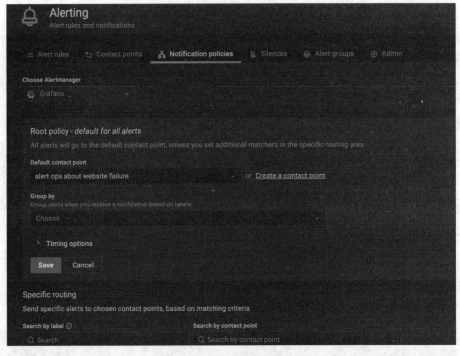

图 7.18　配置通知策略

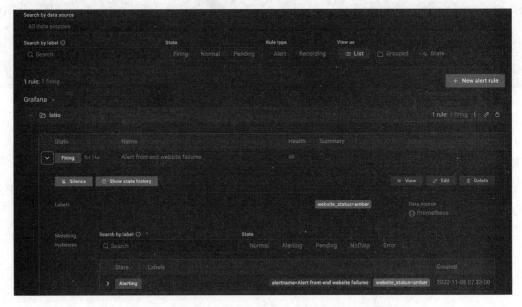

图 7.19　由于目录服务中断导致的故障而引发的警报

7.5　实现分布式跟踪

分布式跟踪（distributed tracing）可帮助读者了解请求在各种 IT 系统中经历的过程。在微服务上下文中，分布式跟踪可帮助读者了解流经各种微服务的请求流，帮助读者诊断请求可能遇到的任何问题，并帮助读者快速诊断任何故障或性能问题。

在 Istio 中，只要你的应用程序将所有跟踪标头转发到上游服务，即可启用分布式跟踪，而无须对应用程序代码进行任何更改。Istio 支持与各种分布式跟踪系统集成，Jaeger 就是这样一个受支持的系统，它也作为 Istio 的附加组件提供。

Istio 分布式跟踪基于 Envoy 构建，其中跟踪信息直接从 Envoy 发送到跟踪后端。跟踪信息包括 x-request-id、x-b3-trace-id、x-b3-span-id、x-b3-parent-spanid、x-b3-sampled、x-b3-flags 和 b3。这些自定义标头由 Envoy 为流经 Envoy 的每个请求创建。

Envoy 将这些标头转发到 Pod 中关联的应用程序容器。然后，应用程序容器需要确保这些标头不会被截断，而是转发到网格中的任何上游服务。最后，代理应用程序需要在应用程序的所有出站请求中传播这些标头。

有关标头的更多信息，可访问以下网址。

https://www.envoyproxy.io/docs/envoy/latest/intro/arch_overview/observability/tracing

接下来，让我们看看如何安装 Jaeger 并为 sockshop 示例应用程序启用分布式跟踪。

7.5.1　Jaeger 简介

Jaeger 是开源分布式追踪软件，最初由 Uber Technologies 公司开发，后来被捐赠给云原生计算基金会（CNCF）。Jaeger 用于监控基于微服务的系统并对其进行故障排除。它主要用于以下用途。

- ❑ 分布式上下文传播和事务监控。
- ❑ 微服务依赖关系分析与排查。
- ❑ 了解分布式架构中的瓶颈。

Jaeger 的创建者 Yuri Shkuro 出版了一本名为《精通分布式跟踪》（*Mastering Distributor Tracing*）的图书，解释了 Jaeger 设计和操作的许多方面。有关该图书的详细信息，可访问以下网址。

https://www.shkuro.com/books/2019-mastering-distributed-tracing

有关 Jaeger 的更多信息，可访问以下网址。

https://www.jaegertracing.io/

7.5.2 安装和配置 Jaeger

现在让我们看看如何在 Istio 中安装和配置 Jaeger。

用于部署 Jaeger 的 Kubernetes 清单文件已在 samples/addons/jaeger.yaml 中提供。

```
% kubectl apply -f samples/addons/jaeger.yaml
deployment.apps/jaeger created
service/tracing created
service/zipkin created
service/jaeger-collector created
```

此代码块将 Jaeger 安装在 istio-system 命名空间中。可使用以下命令打开仪表板。

```
$ istioctl dashboard jaeger
```

遗憾的是，sockshop 应用程序并非旨在传播标头，因此对于此场景，我们将使用 bookinfo 应用程序作为 Istio 的示例。但在此之前，我们将部署 httpbin 应用程序来了解由 Istio 注入的 Zipkin 跟踪标头。

```
% kubectl apply -f Chapter7/01-httpbin-deployment.yaml
```

让我们向 httpbin 发出请求并检查响应标头。

```
% curl -H "Host:httpbin.com" http://
a858beb9fccb444f48185da8fce35019-1967243973.us-east-1.elb.
amazonaws.com/headers
{
    "headers": {
        "Accept": "*/*",
        "Host": "httpbin.com",
        "User-Agent": "curl/7.79.1",
        "X-B3-Parentspanid": "5c0572d9e4ed5415",
        "X-B3-Sampled": "1",
        "X-B3-Spanid": "743b39197aaca61f",
        "X-B3-Traceid": "73665fec31eb46795c0572d9e4ed5415",
        "X-Envoy-Attempt-Count": "1",
        "X-Envoy-Internal": "true",
        "X-Forwarded-Client-Cert": "By=spiffe://cluster.local/
ns/Chapter7/sa/default;Hash=5c4dfe997d5ae7c853efb8b-
```

```
81624f1ae5e4472f1cabeb36a7cec38c9a4807832;Subject=\"\";URI=s
piffe://cluster.local/ns/istio-system/sa/istio-ingressgate
way-service-account"
    }
}
```

在该响应中,请注意 Istio 注入的标头——x-b3-parentspanid、x-b3-sampled、x-b3-spanid 和 x-b3-traceid。这些标头也称为 B3 标头,用于跨服务边界的跟踪上下文传播。

❑　x-b3-sampled：这表示是否应该跟踪请求。值为 1 表示应该,0 表示禁止。

❑　x-b3-traceid：长度为 8 或 16 字节,表示跟踪的整体 ID。

❑　x-b3-parentspanid：长度为 8 个字节,表示父操作在跟踪树中的位置。每个跨度都会有一个父跨度,除非它是根本身。

❑　x-b3-spanid：长度为 8 个字节,表示当前操作在跟踪树中的位置。

在来自 httpbin 的响应中,请求会遍历到 Ingress 网关,然后到达 httpbin。一旦请求到达 Ingress 网关,Istio 就会注入 B3 标头。Ingress 网关生成的 Span ID 为 5c0572d9e4ed5415,它是 Span ID 为 743b39197aaca61f 的 httpbin 跨度的父级。Ingress 网关和 httpbin 跨度都会有相同的跟踪 ID,因为它们是同一跟踪的一部分。

由于 Ingress 网关是根跨度,因此它没有 parentspanid。在此示例中,只有两跳,因此有两个跨度。如果有更多,那么它们都会生成 B3 标头,因为 x-b3-sampled 的值为 1。

有关这些标头的更多信息,可访问以下网址。

https://www.envoyproxy.io/docs/envoy/latest/configuration/http/http_conn_man/headers.html

7.5.3　检查跟踪信息

现在读者已经熟悉了 Istio 注入的 x-b3 标头,让我们部署示例 bookinfo 应用程序并配置 Ingress。如果尚未创建 Chapter7 命名空间,请在启用 Istio 注入的情况下创建。

```
% kubectl apply -f samples/bookinfo/platform/kube/bookinfo.ya
ml -n Chapter7
% kubectl apply -f Chapter7/bookinfo-gateway.yaml
```

请注意,Chapter7/bookinfo-gateway.yaml 将 bookshop.com 配置为主机;这样做是为了它可以与 sock-shop.com 一起运行。部署 Ingress 配置后,即可使用 istio-ingress 网关服务的外部 IP 访问 bookinfo。可使用/productpage 作为 URI。

现在读者可以向 bookinfo 应用程序发出一些请求,然后就可以检查 Jaeger 仪表板并选择 productpage.Chapter7 作为服务。选择服务后,可以单击 Find Traces（查找跟踪）,其将显示该服务最新跟踪的详细视图,如图 7.20 所示。

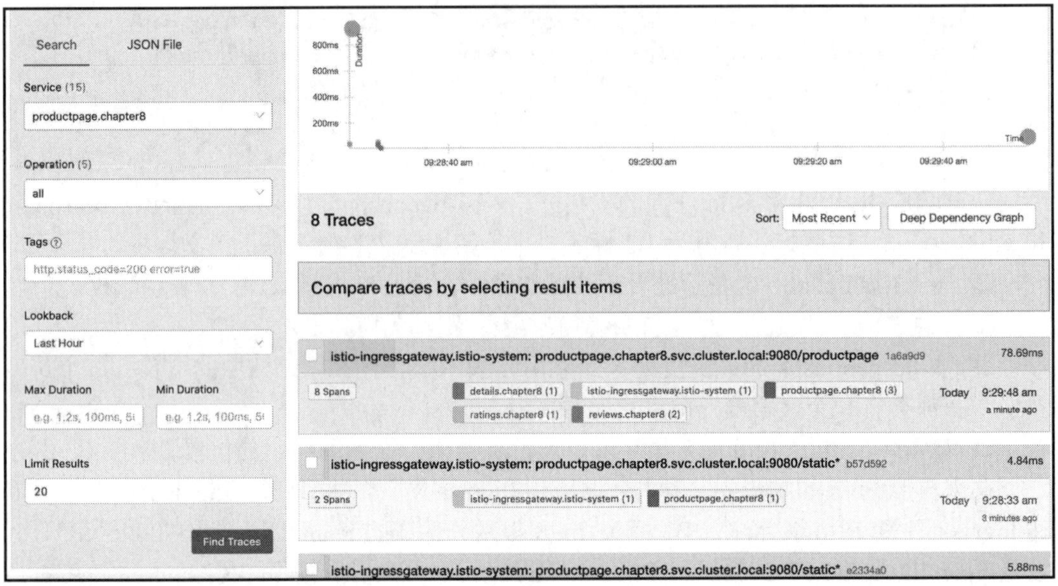

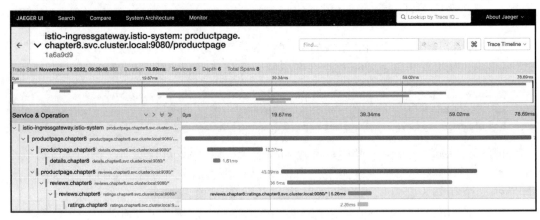

图 7.20　Jaeger 仪表板

Jaeger 中的跟踪（Trace）是一次请求执行的表示，由多个跨度（Span）组成。跟踪可以记录请求所采取和遍历的路径。一个跟踪由多个跨度组成；跨度代表一个工作单元，用于跟踪请求所进行的特定操作。第一个跨度代表根跨度（root span），是一个从头到尾的请求；每个后续跨度都提供了请求执行部分中所发生情况的更深入的上下文。

用户可以单击仪表板上的任何跟踪。图 7.21 显示了具有 8 个跨度的跟踪示例。

图 7.21　Jaeger 中的跟踪和跨度

在图 7.21 中，可以观察到以下内容。

（1）该请求在 istio-ingressgateway 中花费了 78.69ms，这也是根跨度。如图 7.22 所示，该请求被转发到端口 9080 处的 productpage 上游服务。

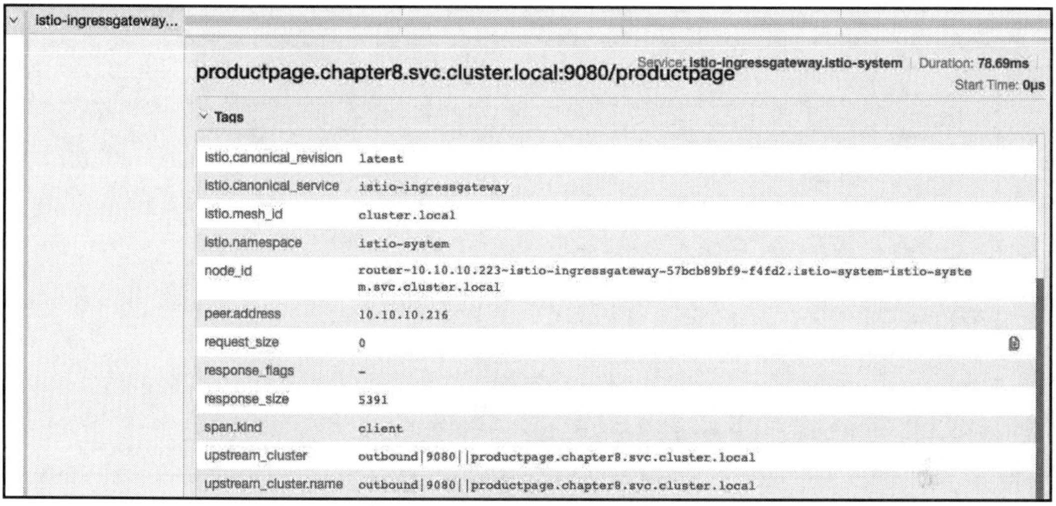

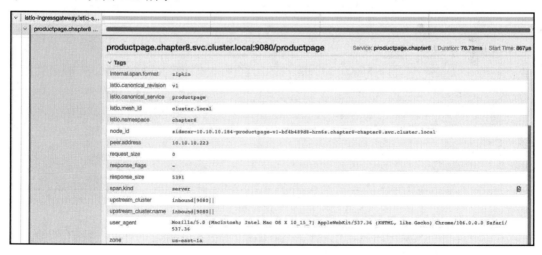

图 7.22　BookInfo 的根跨度

如果查看下一个子跨度，则会看到 istio-ingressgateway 中花费的时间为 78.69ms–76.73ms = 1.96 ms。

（2）productpage 服务在整个处理时间线上的 867μs 处接收到该请求。处理请求花费了 76.73ms，如图 7.23 所示。

图 7.23　到达产品页面的请求

（3）productpage 服务在 867μs 到 5.84μm 之间进行了一些处理，之后，它在端口 9080 调用 details 服务。往返 details 服务花费了 12.27ms，如图 7.24 所示。

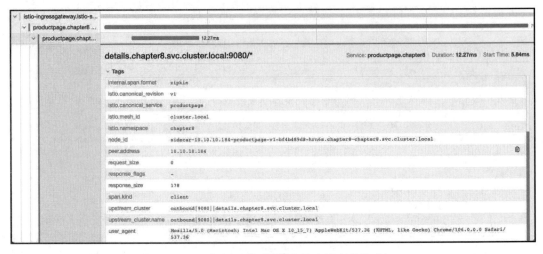

图 7.24　从产品页面到详细信息服务的请求

（4）在 7.14ms 之后，details 服务接收到该请求，并且花费了 1.61ms 处理该请求，如图 7.25 所示。

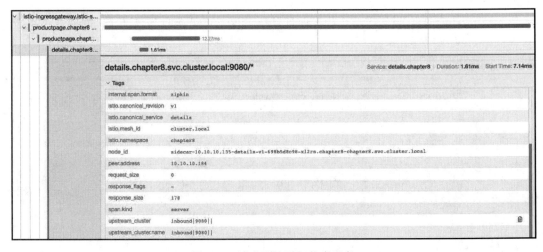

图 7.25　请求到达详细信息服务

虽然没有说明其余的跨度，但我们希望读者了解进行此练习的好处。我们刚刚经历的例子提出了一些有趣的观察。

❑ 通过对比第三个和第四个跨度的开始时间，可以明显看出，请求从产品页面到
达详细信息页面花费了 1.3ms。

❑ 详细信息页面处理请求只用了 1.6ms，但产品页面接收请求并发送给详细信息页
面却用了 12.27ms，这凸显了产品页面实现上的一些低效问题。

可以通过单击仪表板右上角的下拉菜单来进一步探索，如图 7.26 所示。

图 7.26　查看跟踪详细信息的其他选项

Trace Spans Table（跟踪跨度表）选项对于呈现多个跨度处理请求所用时间的汇总视
图非常有用，如图 7.27 所示。

Service Name	Operation	ID	Duration
istio-ingressgateway.istio-system	productpage.chapter8.svc.cluster.local:9080/productpage	7f56e5a06fdec307	78.689ms
productpage.chapter8	productpage.chapter8.svc.cluster.local:9080/productpage	2454be88e319126c	76.725ms
productpage.chapter8	details.chapter8.svc.cluster.local:9080/*	cb7c6d2190474871	12.273ms
details.chapter8	details.chapter8.svc.cluster.local:9080/*	62e4ad2e3e086f07	1.608ms
productpage.chapter8	reviews.chapter8.svc.cluster.local:9080/*	62c3e3f1bcbd7c5b	43.394ms
reviews.chapter8	reviews.chapter8.svc.cluster.local:9080/*	a148d22bea2ee476	36.501ms
reviews.chapter8	ratings.chapter8.svc.cluster.local:9080/*	9a5452fa8e216070	5.262ms
ratings.chapter8	ratings.chapter8.svc.cluster.local:9080/*	f83b5a365d198da0	2.353ms

图 7.27　Jaeger 中的跟踪跨度表

值得一提的是，跟踪是以性能为代价的，跟踪所有请求并不理想，因为它们会导致性能下降。我们在演示性能分析中安装了 Istio，默认情况下会对所有请求进行采样，因此，可以通过以下配置映射来进行控制。

```
% kubectl get cm/istio -n istio-system -o yaml
```

可以通过在 tracing 中提供正确的 sampling 值来控制采样率。

```
apiVersion: v1
data:
   mesh: |-
..
        tracing:
          sampling: 10
            zipkin:
                address: zipkin.istio-system:9411
      enablePrometheusMerge: true
..
kind: ConfigMap
```

这也可以在部署级别进行控制。例如，可以通过将以下代码添加到 bookinfo.yaml 来将产品页面配置为仅采样 1%的请求。

```
template:
   metadata:
      annotations:
          proxy.istio.io/config: |
              tracing:
                sampling: 1
                zipkin:
                    address: zipkin.istio-system:9411
```

整个配置可在 Chapter7/bookinfo-samplingdemo.yaml 中找到。

本节介绍了如何使用 Jaeger 执行分布式跟踪，而无须对应用程序代码进行任何更改，前提是用户的应用程序可以转发 x-b3 标头。

7.6　小　　　结

本章介绍了 Istio 如何通过生成各种遥测数据使系统可观察。Istio 提供了各种指标，Istio 操作者可以使用这些指标来微调和优化系统。这一切都是由 Envoy 实现的，Envoy

可以生成各种指标，然后由 Prometheus 抓取。

Istio 允许用户配置新指标以及向现有指标添加新维度。本章演示了如何通过 Prometheus 使用 PromQL 查询各种指标，并构建可以深入了解系统和业务运行的查询。我们还安装了 Grafana 来可视化 Prometheus 收集的指标，尽管它为 Istio 提供了许多现成的仪表板，用户仍可以轻松添加新仪表板、配置警报并创建有关这些警报应如何处理的策略分布。

最后，本章还安装了 Jaeger 来执行分布式跟踪，以了解请求在分布式系统中是如何处理的。在完成上述操作时，我们无须修改任何应用程序代码。因此，本章提供了对 Istio 如何使系统可观察，从而使系统不仅健康而且最优的基本理解。

在下一章中，我们将介绍用户操作 Istio 时可能遇到的各种问题，并深入探讨如何解决这些问题。

第 3 篇

缩放、扩展和优化

本篇将带读者进入 Istio 的高级主题。我们会详细阐释将 Istio 部署到生产环境的各种架构，了解扩展 Istio 数据平面的各种选项，并解释为什么它是 Istio 的一个非常有用且强大的功能。Istio 还为基于虚拟机的工作负载提供了极大的灵活性，因此本篇也会讨论如何将 Istio 扩展到虚拟机。

到本篇结束时，读者将了解有关 Istio 故障排除的各种提示以及在生产中操作和配置 Istio 的最佳实践。我们将总结所学的知识并将其应用到另一个示例应用程序中。最后，我们还将讨论 eBPF 并进一步了解 Istio 的方法。

本书末尾的附录将为读者提供有关其他服务网格技术的有价值的详细信息，并将帮助读者获得关于其他选项的 Istio 的类似知识。

本篇包含以下章节：

第 8 章　将 Istio 扩展到跨 Kubernetes 的多集群部署

容器（container）不仅改变了应用程序的开发方式，还改变了应用程序的连接方式。应用程序网络（application networking），即应用程序之间的网络，对于生产部署至关重要，并且必须自动化、弹性可扩展且安全。实际应用程序可能跨本地、跨多个云、跨Kubernetes 集群以及集群内的命名空间部署，因此，需要提供跨传统和现代环境的服务网格，在应用程序之间提供无缝连接。

在第 3 章"理解 Istio 控制平面和数据平面"中，简要讨论了 Istio 控制平面的部署模型。我们介绍了具有本地控制平面的单个集群、具有单个控制平面的主集群和远程集群以及具有外部控制平面的单个集群。单网格/单集群部署是最简单的，但也是一种不实用的部署模型，因为你的生产工作负载将包括多个 Kubernetes 集群，并且可能分布在多个数据中心。

本章包含以下主题。

- ❑　在多集群部署中建立互信。
- ❑　多网络上的 primary-remote 配置。
- ❑　同一网络上的 primary-remote 配置。
- ❑　不同网络上的 primary-primary 配置。
- ❑　同一网络上的 primary-primary 配置。

本章非常强调实战，因此应特别注意 8.1 节"技术要求"部分。另外，在每个小节中，请特别注意设置集群和配置 Istio 的说明。

8.1　技术要求

本章将使用 Google Cloud 进行实战练习。如果你是新用户，则可能有资格获得免费积分，有关详细信息，可访问以下网址。

https://cloud.google.com/free

你需要一个 Google 账户才能注册。注册后，请按照 Google 说明文档安装 Google CLI，有关详细信息，可访问以下网址。

https://cloud.google.com/sdk/docs/install

安装 Google CLI 后，还需要对其进行初始化。在进行必要的配置之后，才能使用 CLI
与你的 Google Cloud 账户进行交互。有关详细信息，可访问以下网址。

https://cloud.google.com/sdk/docs/initializing

8.1.1　设置 Kubernetes 集群

设置账户后，我们将使用 Google Kubernetes Engine 服务创建两个 Kubernetes 集群。
为此，请按以下步骤操作。

（1）使用以下命令创建集群 1。

```
% gcloud beta container --project "istio-book-370122"
clusters create "cluster1" --zone "australia-
southeast1-a" --no-enable-basic-auth --cluster-version
"1.23.12-gke.100" --release-channel "regular" --machine-
type "e2-medium" --image-type "COS_CONTAINERD" --disk-
type "pd-standard" --disk-size "30" --num-nodes "3"
```

在上述示例中可以看到，我们在 australia-southeast1 区域的 australia-southeast1-a 区域
中创建了一个名为 cluster1 的集群。要使用的机器类型是 e2-medium，默认池大小为 3。
读者可以将区域更改为最接近自己地理位置的区域，也可以更改实例类型和其他参数，
但要注意它可能产生的任何成本。

（2）创建集群 2。过程与上一步相同，只不过使用不同的区域和不同的子网。

```
% gcloud beta container --project "istio-book-370122"
clusters create "cluster2" --zone "australia-
southeast2-a" --no-enable-basic-auth --cluster-version
"1.23.12-gke.100" --release-channel "regular" --machine-
type "e2-medium" --image-type "COS_CONTAINERD" --disk-
type "pd-standard" --disk-size "30" --max-pods-per-node
"110" --num-nodes "3"
```

（3）设置环境变量以引用已创建的集群。从 kubectl 配置中查找集群引用名称。

```
% kubectl config view -o json | jq '.clusters[].name'
"gke_istio-book-370122_australia-southeast1-a_primary-cluster"
"gke_istio-book-370122_australia-southeast2-a_primary2-cluster"
```

```
"minikube"
```

（4）在本章将要使用的每个终端窗口中设置以下上下文变量。

```
export CTX_CLUSTER1="gke_istio-book-370122_australia-
southeast1-a_primary-cluster"
export CTX_CLUSTER2="gke_istio-book-370122_australia-
southeast2-a_primary2-cluster"
```

Google Cloud 中 Kubernetes 集群的设置至此完成。

接下来，我们将在工作站上设置 OpenSSL。

8.1.2　设置 OpenSSL

我们将使用 OpenSSL 生成根和中间证书颁发机构（certificate authority，CA）。读者
将需要 OpenSSL 3.0 或更高版本。Mac 用户可以按照以下网址中的说明进行操作。

https://formulae.brew.sh/formula/openssl@3

读者会看到以下响应。

```
openssl@3 is keg-only, which means it was not symlinked into /
opt/homebrew,
because macOS provides LibreSSL.
```

在这种情况下，可以手动将 OpenSSL 添加到 PATH。

```
% export PATH="/opt/homebrew/opt/openssl@3/bin:$PATH"
% openssl version
OpenSSL 3.0.7 1
```

请确保该路径反映了你将在其中执行与证书相关命令的终端。

8.1.3　其他 Google Cloud 步骤

以下步骤对于在两个 Kubernetes 集群之间建立连接非常有用。请先不要执行本节中
的步骤。我们将在后续章节中进行实际练习时参考这些步骤。

（1）计算集群 1 和 2 的无类别域间路由（classless inter-domain routing，CIDR）块。

```
% function join_by { local IFS="$1"; shift; echo "$*"; }
ALL_CLUSTER_CIDRS=$(gcloud container clusters list -
format='value(clusterIpv4Cidr)' | sort | uniq)
ALL_CLUSTER_CIDRS=$(join_by , $(echo "${ALL_CLUSTER_CIDRS}"))
```

ALL_CLUSTER_CIDR 的值将类似于 10.124.0.0/14,10.84.0.0/14。

（2）获取集群 1 和集群 2 的 NETTAGS。

```
% ALL_CLUSTER_NETTAGS=$(gcloud compute instances list -
format='value(tags.items.[0])' | sort | uniq)
ALL_CLUSTER_NETTAGS=$(join_by , $(echo "${ALL_CLUSTER_NETTAGS}"))
```

ALL_CLUSTER_NETTAGS 的值类似于 gke-primary-cluster-9d4f7718-node、gke-remote-cluster-c50b7cac-node。

（3）创建防火墙规则以允许集群 1 和集群 2 之间的所有流量。

```
% gcloud compute firewall-rules create primary-remote-
shared-network \
    --allow=tcp,udp,icmp,esp,ah,sctp \
    --direction=INGRESS \
    --priority=900 \
    --source-ranges="${ALL_CLUSTER_CIDRS}" \
    --target-tags="${ALL_CLUSTER_NETTAGS}" -quiet
```

（4）通过执行以下步骤删除 Google Cloud Kubernetes 集群和防火墙规则。

① 删除防火墙。

```
% gcloud compute firewall-rules delete primary-remote-
shared-network
```

② 使用以下命令删除 cluster1。

```
% gcloud container clusters delete cluster1 -zone
"australia-southeast1-a"
```

③ 使用以下命令删除 cluster2。

```
% gcloud container clusters delete cluster2 -zone
"australia-southeast2-a"
```

准备步骤至此结束。

接下来，我们将从多集群部署所需的基础知识开始。

8.2 在多集群部署中建立互信

在设置多集群部署时，还必须在集群之间建立信任。Istio 架构基于零信任模型，该模型假设网络是敌对的，并且对服务没有隐式信任。因此，Istio 对每个服务通信进行身份验证，以确定工作负载的真实性。集群中的每个工作负载都会分配一个身份，并且服务间通信由 Sidecar 通过 mTLS 执行。

此外，Sidecar 和控制平面之间的所有通信也都通过 mTLS 进行。在前面的章节中，我们使用了带有自签名根证书的 Istio CA。

设置多集群时，我们必须确保为工作负载分配网格中所有其他服务可以理解和信任的身份。Istio 通过将 CA 捆绑包分发给所有工作负载来实现这一点（CA 捆绑包中包含一个证书链，Sidecar 可以使用这些证书来识别通信另一端的 Sidecar）。

因此，在多集群环境中，我们需要确保 CA 捆绑包中包含正确的证书链以验证数据平面中的所有服务。

有两种选择可以实现此目的。

❑ 插件 CA 证书：使用此选项时，我们将在 Istio 外部创建根证书和中间证书，并将 Istio 配置为使用已创建的中间证书。此选项允许用户使用已知的 CA 甚至自己的内部 CA 作为根 CA 来为 Istio 生成中间 CA。读者向 Istio 提供中间 CA 证书和密钥以及根 CA 证书。然后，Istio 使用中间 CA 和密钥对工作负载进行签名，并将根 CA 证书嵌入作为信任根。

图 8.1 显示了插件 CA 证书认证机制。

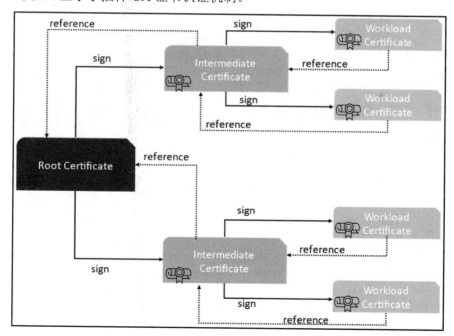

图 8.1　使用中间 CA 作为 Istio 的插件 CA

原　　文	译　　文	原　　文	译　　文
Root Certificate	根证书	Intermediate Certificate	中间证书
reference	引用	Workload Certificate	工作负载证书
sign	签署		

❑　Istio 外部的 CA：我们使用外部 CA 来签署证书，而无须在 Kubernetes 集群内存储私钥。当 Istio 使用自签名证书时，它会将其自签名私钥作为 Secret 存储在 Kubernetes 集群中。如果使用插件 CA，那么它仍然必须将其中间密钥保存在集群中。如果对 Kubernetes 的访问不受限制，那么在 Kubernetes 集群中存储私钥并不是一个安全的选择。在这种情况下，可以利用外部 CA 来充当签名证书的 CA。图 8.2 显示了这种证书管理机制。

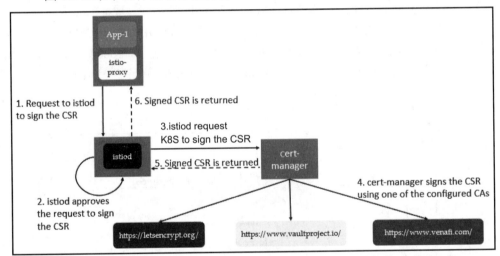

图 8.2　使用 cert-manager 软件

原　　文	译　　文
1．Request to istiod to sign the CSR	1．请求发送到 istiod，要求签署 CSR
2．istiod approves the request to sign the CSR	2．istiod 批准该请求，签署 CSR
3．istiod request K8S to sign the CSR	3．istiod 请求 Kubernetes 签署 CSR
4．cert-manager signs the CSR using one of the configured CAs	4．cert-manager 使用已配置的 CA 之一签署 CSR
5．Signed CSR is returned	5．已签署的 CSR 返回
6．Signed CSR is returned	6．已签署的 CSR 返回

其中一种证书管理软件是 cert-manager。它将外部证书和证书颁发者添加为 Kubernetes 集群中的资源类型，并简化了获取、更新和使用这些证书的过程。它可以与各种受支持的源集成，包括 Let's Encrypt 和 HashiCorp Vault。它确保证书有效并且是最新的，并尝试在到期前的配置时间续订证书。cert-manager 软件通过 Kubernetes CSR API 与 Kubernetes 集成，有关详细信息可访问以下网址。

https://kubernetes.io/docs/reference/access-authn-authz/certificate-signing-requests/

使用 cert-manager 时，Istio 将批准服务工作负载中的 CSR，并将请求转发给 cert-manager 进行签名。cert-manager 签署请求并将证书返回给 istiod，后者再将它传递给 istio-agent。

本章将使用第一种方法，即插件 CA 证书选项，这是更简单易用的方法，以便我们可以专注于 Istio 的多集群设置。

接下来，我们将介绍如何在各种集群配置中设置 Istio。

8.3　多网络上的 primary-remote 配置

在主集群和远程集群（primary-remote）部署模型中，将在集群 1 上安装 Istio 控制平面。集群 1 和集群 2 位于不同的网络上，Pod 之间没有直接连接。集群 1 将托管 Istio 控制平面和数据平面。集群 2 将仅托管数据平面并使用集群 1 中的控制平面。集群 1 和集群 2 均使用由根 CA 签名的中间 CA。

在集群 1 中，istiod 将观察集群 1 和集群 2 中的 API 服务器是否有 Kubernetes 资源的任何更改。我们将在两个集群中创建一个 Ingress 网关，用于工作负载之间的跨网络通信。这个 Ingress 网关称为东西向网关，因为它用于东西向通信。

东西向网关负责集群 1 和集群 2 之间的身份验证工作负载，并充当两个集群之间传输的所有流量的枢纽。

在图 8.3 中，数据平面流量中的虚线箭头表示通过东西向网关从集群 1 到集群 2 的服务请求。在集群 2 中，点线箭头表示从集群 2 到集群 1 的数据平面流量。

接下来，我们将从配置两个 Kubernetes 集群之间的互信开始。如 8.2 节 "在多集群部署中建立互信" 所述，我们将使用插件 CA 选项。

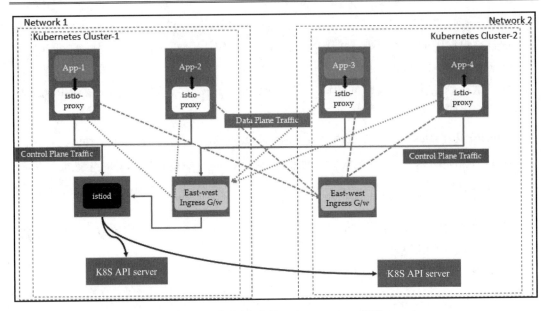

图 8.3　不同网络上的 primary-remote 集群

原　　文	译　　文
Network 1	网络 1
Network 2	网络 2
Kubernetes Cluster-1	Kubernetes 集群 1
Kubernetes Cluster-2	Kubernetes 集群 2
Control Plane Traffic	控制平面流量
East-west Ingress G/w	东西向 Ingress 网关
K8S API server	Kubernetes API 服务器
Data Plane Traffic	数据平面流量

8.3.1　建立两个集群之间的信任

我们需要在两个集群上配置 Istio CA 以建立互信。如前文所述，我们将通过创建根 CA 并使用它为两个集群生成中间 CA 来实现这一点。

进入 Istio 安装目录并创建一个名为 certs 的文件夹来保存已生成的证书，然后从 cert 目录执行以下操作。

（1）生成根证书。

```
% mkdir -p certs
```

```
% cd certs
% make -f ../tools/certs/Makefile.selfsigned.mk root-ca
generating root-key.pem
generating root-cert.csr
generating root-cert.pem
Certificate request self-signature ok
subject=O = Istio, CN = Root CA
```

这将生成 root-key.pem（私钥）和 root-cert.pem（根证书）。

（2）生成 cluster1 的中间 CA。

```
% make -f ../tools/certs/Makefile.selfsigned.mk cluster1-cacerts
generating cluster1/ca-key.pem
generating cluster1/cluster-ca.csr
generating cluster1/ca-cert.pem
Certificate request self-signature ok
subject=O = Istio, CN = Intermediate CA, L = cluster1
generating cluster1/cert-chain.pem
Intermediate inputs stored in cluster1/
done
rm cluster1/cluster-ca.csr cluster1/intermediate.conf%
% ls cluster1
ca-cert.pem ca-key.pem cert-chain.pem root-cert.pem
```

这将为 cluster1 生成一个中间 CA，其中 CA 密钥位于 ca-key.pem 中，证书位于 ca-cert.pem 中，链位于 cert-chain.pem 中。

（3）为 cluster2 生成中间 CA。

```
% % make -f ../tools/certs/Makefile.selfsigned.mk
cluster2-cacerts
generating cluster2/ca-key.pem
generating cluster2/cluster-ca.csr
generating cluster2/ca-cert.pem
Certificate request self-signature ok
subject=O = Istio, CN = Intermediate CA, L = cluster2
generating cluster2/cert-chain.pem
Intermediate inputs stored in cluster2/
done
rm cluster2/cluster-ca.csr cluster2/intermediate.conf
% ls cluster2
ca-cert.pem ca-key.pem cert-chain.pem root-cert.pem
```

这将为 cluster2 生成一个中间 CA，其中 CA 密钥位于 ca-key.pem 中，证书位于

ca-cert.pem 中，链位于 cert-chain.pem 中。

（4）按照 8.1.1 节"设置 Kubernetes 集群"中步骤（3）和步骤（4）所述设置环境变量。这有助于运行针对多个 Kubernetes 集群的命令。

```
% export CTX_CLUSTER1=" gke_istio-book-370122_australia-
southeast1-a_primary-cluster"
% export CTX_CLUSTER2=" gke_istio-book-370122_australia-
southeas1-b_remote-cluster"
```

（5）在主集群和远程集群中创建命名空间。我们将在这个命名空间中安装 Istio。

```
% kubectl create ns istio-system --context="${CTX_CLUSTER1}"
namespace/istio-system created
% kubectl create ns istio-system --context="${CTX_CLUSTER2}"
namespace/istio-system created
```

（6）在 cluster1 中创建 secret，Istio 将使用它作为中间 CA。

```
% kubectl create secret generic cacerts -n istio-system \
    --from-file=cluster1/ca-cert.pem \
    --from-file=cluster1/ca-key.pem \
    --from-file=cluster1/root-cert.pem \
    --from-file=cluster1/cert-chain.pem
--context="${CTX_CLUSTER1}"
secret/cacerts created
```

（7）在 cluster2 中创建 secret，Istio 将使用它作为中间 CA。

```
% kubectl create secret generic cacerts -n istio-system \
    --from-file=cluster2/ca-cert.pem \
    --from-file=cluster2/ca-key.pem \
    --from-file=cluster2/root-cert.pem \
    --from-file=cluster2/cert-chain.pem
--context="${CTX_CLUSTER2}"
secret/cacerts created
```

（8）使用网络名称标记 cluster1 和 cluster2 中的 namespace。

```
% kubectl --context="${CTX_CLUSTER1}" label namespace
istio-system topology.istio.io/network=network1
namespace/istio-system labeled
% kubectl --context="${CTX_CLUSTER2}" label namespace
istio-system topology.istio.io/network=network2
namespace/istio-system labeled
```

（9）按以下步骤配置 cluster1。

① 创建 Istio 操作者配置。

```
apiVersion: install.istio.io/v1alpha1
kind: IstioOperator
spec:
    values:
        global:
            meshID: mesh1
            multiCluster:
                clusterName: cluster1
            network: network1
```

该文件位于本书配套 GitHub 存储库的 Chapter08/01-Cluster1.yaml 文件中。

② 安装 Istio。

```
% istioctl install --set values.pilot.env.EXTERNAL_
ISTIOD=true --context="${CTX_CLUSTER1}" -f Chapter08/01-
Cluster1.yaml"
This will install the Istio 1.16.0 default profile with
["Istio core" "Istiod" "Ingress gateways"] components
into the cluster. Proceed? (y/N) y
√  Istio core installed
√  Istiod installed
√  Ingress gateways installed
√  Installation complete
Making this installation the default for injection and validation.
```

③ 在此步骤中，我们将在 cluster1 中安装东西向网关，这会将 cluster1 网格中的所有服务公开给 cluster2 中的服务。cluster2 中的所有服务都可以访问此网关，但只能由具有受信任 mTLS 证书和工作负载 ID 的服务（即属于网格一部分的服务）访问。

```
% samples/multicluster/gen-eastwest-gateway.sh \
    --mesh mesh1 --cluster cluster1 --network network1 |
\
    istioctl --context="${CTX_CLUSTER1}" install -y -f -
Ingress gateways installed
Installation complete
```

④ 东西向网关还用于向 cluster2 公开 istiod 端点。这些端点由 cluster2 中的互信 Webhook 和 istio-proxy 使用。以下配置将创建一个名为 istiod-gateway 的网关，并通过 TLS 公开端口 15012 和 15017。

```
apiVersion: networking.istio.io/v1alpha3
kind: Gateway
metadata:
    name: istiod-gateway
spec:
    selector:
        istio: eastwestgateway
    servers:
        - port:
            name: tls-istiod
            number: 15012
            protocol: tls
          tls:
            mode: PASSTHROUGH
          hosts:
            - "*"
        - port:
            name: tls-istiodwebhook
            number: 15017
            protocol: tls
          tls:
            mode: PASSTHROUGH
          hosts:
            - "*"
```

⑤ 以下虚拟服务可将端口 15012 和 15017 上的入站流量路由到 cluster1 上 15012 和 443 端口的 istiod.istio-system.svc.cluster.local 服务。

```
tls:
- match:
    - port: 15012
      sniHosts:
        - "*"
  route:
    - destination:
        host: istiod.istio-system.svc.cluster.local
        port:
            number: 15012
    - match:
        - port: 15017
          sniHosts:
            - "*"
      route:
```

```
            - destination:
                host: istiod.istio-system.svc.cluster.local
                port:
                    number: 443
```

该配置位于 Istio 安装文件夹中的 samples/multicluster/expose-istiod.yaml 中。可使用以下命令应用该配置。

```
% kubectl apply --context="${CTX_CLUSTER1}" -n istio-
system -f "samples/multicluster/expose-istiod.yaml"
gateway.networking.istio.io/istiod-gateway created
virtualservice.networking.istio.io/istiod-vs created
```

（10）创建另一个网关，用于向 cluster2 公开工作负载服务。该配置与 istiod-gateway 非常相似，只是这一次公开的端口是 15443，该端口专门用于为网格中的服务指定的流量。

```
apiVersion: networking.istio.io/v1alpha3
kind: Gateway
metadata:
    name: cross-network-gateway
spec:
    selector:
        istio: eastwestgateway
    servers:
        - port:
            number: 15443
            name: tls
            protocol: TLS
          tls:
            mode: AUTO_PASSTHROUGH
          hosts:
            - "*.local"
```

（11）在 Istio 安装目录的 samples/multicluster/expose-services.yaml 文件中提供了一个示例文件。

```
% kubectl --context="${CTX_CLUSTER1}" apply -n istio-
system -f samples/multicluster/expose-services.yaml
gateway.networking.istio.io/cross-network-gateway created
```

（12）在此步骤中，我们将配置 cluster2。为此，读者需要记住上一步中创建的东西向网关的外部 IP。在以下步骤中，我们将首先准备 Istio 的配置文件，然后使用它在 cluster2 中安装 Istio。

① 配置 Istio 操作者配置。以下是示例配置，其中有两个值得注意的配置。

❑ injectionpath：构造为/inject/cluster/CLUSTER_NAME_OF_REMOTE_CLUSTER/ net/NETWORK_NAME_OF_REMOTE_CLUSTER。

❑ RemotePilotAddress：东西向网关的 IP，公开端口为 15012 和 15017 且网络可达 cluster2。

该示例文件位于本章配套 GitHub 存储库的 Chapter08/01-Cluster2.yaml 中。

```
apiVersion: install.istio.io/v1alpha1
kind: IstioOperator
spec:
  profile: remote
  values:
    istiodRemote:
      injectionPath: /inject/cluster/cluster2/net/network2
    global:
      remotePilotAddress: 35.189.54.43
```

② 为命名空间添加标签和注释。

将 topology.istio.io/controlPlaneClusters 命名空间注释设置为 cluster1，指示在 cluster1 上运行的 istiod 在作为远程集群附加时管理 cluster2。

```
% kubectl --context="${CTX_CLUSTER2}" annotate
namespace istio-system topology.istio.io/
controlPlaneClusters=cluster1
namespace/istio-system annotated
```

③ 通过向 istio-system 命名空间添加标签来设置 cluster2 的网络。网络名称应与上一步读者在 01-Cluster2.yaml 文件中配置的网络名称相同。

```
% kubectl --context="${CTX_CLUSTER2}" label namespace
istio-system topology.istio.io/network=network2
namespace/istio-system labeled
```

④ 在 cluster2 中安装 Istio。

```
istioctl install --context="${CTX_CLUSTER2}" -f "
Chapter08/01-Cluster2.yaml"
This will install the Istio 1.16.0 remote profile with
["Istiod remote"] components into the cluster. Proceed?
(y/N) y
    Istiod remote installed
```

```
    Installation complete
Making this installation the default for injection and validation.
```

（13）提供主集群对远程集群 API 服务器的访问。

```
% istioctl x create-remote-secret \
    --context="${CTX_CLUSTER2}" \
    --name=cluster2 \
    --type=remote \
    --namespace=istio-system \
    --create-service-account=false | \
    kubectl apply -f - --context="${CTX__CLUSTER1}"
secret/istio-remote-secret-cluster2 created
```

执行此步骤后，cluster1 中的 istiod 将能够与 cluster2 中的 Kubernetes API 服务器进行通信，从而使其能够查看 cluster2 中的服务、端点和命名空间。一旦 istiod 可以访问 API 服务器，它就会修补 cluster2 中 Webhook 中的证书。

在步骤（13）之前和之后执行以下操作。

```
% kubectl get mutatingwebhookconfiguration/istio-sidecar-
injector --context="${CTX_CLUSTER2}" -o json
```

读者会注意到，Sidecar 注入器中已更新以下内容。

```
          "caBundle":
"..MWRNPQotLS0tLUVORCBDRVJUSUZJQ0FURS0tLS0tCg==",
          "url": https://
a5bcd3e72e1f04379a75247f8f718bb1-689248335.us-east-1.elb.
amazonaws.com:15017/inject/cluster/cluster2/net/network2
```

（14）创建东西向网关来处理从主集群到远程集群的流量入口。

```
% samples/multicluster/gen-eastwest-gateway.sh --mesh
mesh1 --cluster "${CTX_CLUSTER2}" --network network2 >
eastwest-gateway-1.yaml
% istioctl manifest generate -f eastwest-gateway-remote.
yaml --set values.global.istioNamespace=istio-system |
kubectl apply --context="${CTX_CLUSTER2}" -f -
```

（15）安装 CRD 以便可以配置流量规则。

```
% kubectl apply -f manifests/charts/base/crds/crd-all.gen.yaml
--context="${CTX_CLUSTER2}"
```

（16）公开远程集群中的所有服务。

```
% kubectl --context="${CTX_CLUSTER2}" apply -n istio-
system -f samples/multicluster/expose-services.yaml
```

至此，两个集群中 Istio 的安装和配置已经完成。

8.3.2　部署 Envoy 虚拟应用程序

本小节将首先部署两个版本的 Envoy 虚拟应用程序，然后测试虚拟应用程序的流量分布。让我们开始部署两个版本的 Envoy 虚拟应用程序。

（1）创建命名空间并启用 istio-injection。

```
% kubectl create ns chapter08 --context="${CTX_CLUSTER1}"
% kubectl create ns chapter08 --context="${CTX_CLUSTER2}"
% kubectl label namespace chapter08 istio-
injection=enabled --context="${CTX_CLUSTER1}"
% kubectl label namespace chapter08 istio-
injection=enabled --context="${CTX_CLUSTER2}"
```

（2）创建配置映射。

```
% kubectl create configmap envoy-dummy --from-
file=Chapter3/envoy-config-1.yaml -n chapter08
--context="${CTX_CLUSTER1}"
% kubectl create configmap envoy-dummy --from-
file=Chapter4/envoy-config-2.yaml -n chapter08
--context="${CTX_CLUSTER2}"
```

（3）部署 Envoy 应用程序。

```
% kubectl create -f "Chapter08/01-envoy-proxy.yaml"
--namespace=chapter08 --context="${CTX_CLUSTER1}"
% kubectl create -f "Chapter08/02-envoy-proxy.yaml"
--namespace=chapter08 --context="${CTX_CLUSTER2}"
```

（4）使用网关和虚拟服务公开 Envoy。你可以使用任何集群作为 context，istiod 会将配置传播到另一个集群。

```
% kubectl apply -f "Chapter08/01-istio-gateway.yaml" -n
chapter08 --context="${CTX_CLUSTER2}"
```

现在我们已经成功地跨两个集群部署了 envoydummy 应用程序。接下来，我们将继续测试虚拟应用程序的流量分布。

8.3.3　测试虚拟应用程序的流量分布

要测试 envoydummy 应用程序的流量分布，请按以下步骤操作。

（1）以下 IP 为 Ingress 网关的外部 IP。请注意，它与东西向网关不同。东西向网关用于服务工作负载之间的集群间通信，而 Ingress 网关则用于南北向通信。由于要从集群外部使用 curl，因此可以使用南北网关。

```
% kubectl get svc -n istio-system --context="${CTX_CLUSTER1}"
NAME                     TYPE            CLUSTER-IP
    EXTERNAL-IP      PORT(S)         AGE
istio-eastwestgateway    LoadBal-
ancer     10.0.7.123   35.189.54.43    15021:30141/
TCP,15443:32354/TCP,15012:30902/TCP,15017:32082/TCP    22h
istio-ingressgateway     LoadBal-
ancer     10.0.3.75    34.87.233.38    15021:30770/
TCP,80:30984/TCP,443:31961/TCP                         22h
istiod ClusterIP 10.0.6.149       <none>          15010/
TCP,15012/TCP,443/TCP,15014/
TCP                          22h
```

（2）继续使用以下命令调用 Envoy 虚拟对象。

```
% for i in {1..10}; do curl -Hhost:mockshop.com -s
"http://34.87.233.38";echo "\\n"; done
V2----------Bootstrap Service Mesh Implementation with
Istio----------V2
Bootstrap Service Mesh Implementation with Istio
Bootstrap Service Mesh Implementation with Istio
V2----------Bootstrap Service Mesh Implementation with
Istio----------V2
Bootstrap Service Mesh Implementation with Istio
V2----------Bootstrap Service Mesh Implementation with
Istio----------V2
V2----------Bootstrap Service Mesh Implementation with
Istio----------V2
Bootstrap Service Mesh Implementation with Istio
V2----------Bootstrap Service Mesh Implementation with
Istio----------V2
Bootstrap Service Mesh Implementation with Istio
```

正如读者在上述输出结果中所观察到的，该流量分布在两个集群中。集群 cluster1 中的 Ingress 网关已经知道集群 cluster2 中 Envoy 虚拟服务的 v2，并且能够在 Envoy 虚拟服务的 v1 和 v2 之间路由流量。

在不同网络上的 primary-remote 设置至此完成。

接下来，我们将在同一网络上设置 primate-remote。

8.4　同一网络上的 primary-remote 配置

在同一个网络的 primary-remote 集群部署模型中，服务可以访问其他集群间的服务，因为它们在同一个网络上。这意味着该模型不需要东西向网关来进行服务之间的集群间通信，而是可以使 cluster1 成为主集群，使 cluster2 成为远程集群。但是，该部署模型仍然需要一个东西向网关来代理 istiod 服务。从 cluster2 到 cluster1 的所有与控制平面相关的流量都将通过东西向网关传输。

图 8.4 显示了共享同一网络的 primary-remote 集群部署模型。

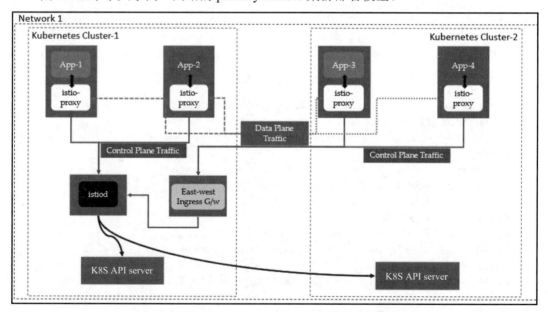

图 8.4　共享同一网络的 primary-remote 集群部署模型

原　　文	译　　文
Network 1	网络 1
Kubernetes Cluster-1	Kubernetes 集群 1

续表

原　　文	译　　文
Kubernetes Cluster-2	Kubernetes 集群 2
Control Plane Traffic	控制平面流量
Data Plane Traffic	数据平面流量
East-west Ingress G/w	东西向 Ingress 网关
K8S API server	Kubernetes API 服务器

在这里，我们将利用 8.3 节 "多网络上的 primary-remote 配置" 中设置的基础设施，当然，如果读者愿意，也可以创建单独的基础设施。

请按以下步骤操作。

（1）如果使用 8.3 节 "多网络上的 primary-remote 配置" 中的 Kubernetes 集群，则需要首先使用以下代码块卸载远程集群上的 Istio。

```
$ istioctl uninstall --purge --context="${CTX_CLUSTER2}"
All Istio resources will be pruned from the cluster
Proceed? (y/N) y
    ..::istio-reader-clusterrole-istio-system.
    Uninstall complete
% kubectl delete ns istio-system --context="${CTX_CLUSTER2}"
namespace "istio-system" deleted
```

（2）按照 8.1.3 节 "其他 Google Cloud 步骤" 中提供的步骤打开两个集群之间的防火墙，示例如下。

```
% function join_by { local IFS="$1"; shift; echo "$*"; }
ALL_CLUSTER_CIDRS=$(gcloud container clusters list
--format='value(clusterIpv4Cidr)' | sort | uniq)
ALL_CLUSTER_CIDRS=$(join_by , $(echo "${ALL_CLUSTER_CIDRS}"))
```

使用 8.1.3 节步骤（1）将分配类似于 10.124.0.0/14,10.84.0.0/14 的值，如下所示。

```
% ALL_CLUSTER_NETTAGS=$(gcloud compute instances list
--format='value(tags.items.[0])' | sort | uniq)
ALL_CLUSTER_NETTAGS=$(join_by , $(echo "${ALL_CLUSTER_NETTAGS}"))
```

使用 8.1.3 节步骤（2）将分配类似于 gke-primary-cluster-9d4f7718-node、gke-remote-cluster-c50b7cac-node 的值。

使用 8.1.3 节步骤（3）将创建防火墙规则以允许集群 1 和集群 2 之间的所有流量。

```
% gcloud compute firewall-rules create primary-remoteshared-network \
    --allow=tcp,udp,icmp,esp,ah,sctp \
    --direction=INGRESS \
    --priority=900 \
    --source-ranges="${ALL_CLUSTER_CIDRS}" \
    --target-tags="${ALL_CLUSTER_NETTAGS}" -quiet
Creating firewall...:Created
Creating firewall...done.
NAME NETWORK DIRECTION PRIORITY
    ALLOW                   DENY DISABLED
primary-remote-shared--network default    INGRESS
        900           tcp,udp,icmp,esp,ah,sctp   False
```

执行这些步骤之后，cluster1 和 cluster2 都将具有双向网络访问权限。

（3）执行 8.3 节"多网络上的 primary-remote 配置"中的步骤（7）。该步骤在 cluster2 中创建 secret，Istio 将使用该 secret 作为中间 CA。此外，还需要使用以下步骤注释 istio-system 命名空间。

```
% kubectl --context="${CTX_CLUSTER2}" annotate
namespace istio-system topology.istio.io/
controlPlaneClusters=cluster1
```

（4）在 cluster2 中安装 Istio。在该安装中使用以下配置。

```
apiVersion: install.istio.io/v1alpha1
kind: IstioOperator
spec:
    profile: remote
    values:
        istiodRemote:
            injectionPath: /inject/cluster/cluster2/net/network1
        global:
            remotePilotAddress: 35.189.54.43
```

请注意，injectionPath 的值为 network1 而不是 network2。

remotePilotAddress 为 cluster1 东西向网关的外部 IP。读者将在 Chapter08/02-Cluster2. yaml 中找到此配置。以下命令将使用配置文件在集群 2 中安装 Istio。

```
% istioctl install --context="${CTX_CLUSTER2}"
-f  Chapter08/02-Cluster2.yaml -y
✔ Istiod remote installed
✔ Installation complete
            Making this installation the default for
```

```
injection and validation.
Thank you for installing Istio 1.16
```

cluster2 中 Istio 的安装已经完成。

（5）接下来需要创建一个远程 Secret，为 cluster1 中的 istiod 提供对 cluster2 中 Kubernetes API 服务器的访问。

```
% istioctl x create-remote-secret --context="${CTX_
CLUSTER2}" --name=cluster2 | kubectl apply -f -
--context="${CTX_CLUSTER1}"
secret/istio-remote-secret-cluster2 configured
```

至此，同一网络中 primary-remote 集群的设置已经完成。

接下来，我们将通过部署 Envoy 虚拟应用程序来测试设置，就像 8.3 节"多网络上的 primary-remote 配置"中所做的那样。按照 8.3.2 节"部署 Envoy 虚拟应用程序"中的步骤（1）～（4）来安装 envoydummy 应用程序。

部署完成后，可以测试 Envoy 虚拟服务流量是否分布在两个集群上。

```
% for i in {1..10}; do curl -Hhost:mockshop.com -s
"http://34.129.4.32";echo '\n'; done
Bootstrap Service Mesh Implementation with Istio
Bootstrap Service Mesh Implementation with Istio
V2----------Bootstrap Service Mesh Implementation with Istio--
--------V2
Bootstrap Service Mesh Implementation with Istio
V2----------Bootstrap Service Mesh Implementation with Istio--
--------V2
V2----------Bootstrap Service Mesh Implementation with Istio--
--------V2
Bootstrap Service Mesh Implementation with Istio
Bootstrap Service Mesh Implementation with Istio
V2----------Bootstrap Service Mesh Implementation with Istio--
--------V2
V2----------Bootstrap Service Mesh Implementation with Istio--
--------V2
```

从上述响应中，读者可以观察到流量分布在 cluster1 和 cluster2 上。两个集群都知道彼此的服务，并且服务网格能够在两个集群之间分配流量。

通过共享网络设置 primary-remote 集群的过程至此结束。

由于对 Kubernetes 集群进行了多项更改，因此建议读者删除它们，将防火墙规则也删除掉，以便在执行后续小节中描述的任务之前获得全新的状态。

以下是删除集群的示例。请读者根据自己的配置更改参数值。

```
% gcloud container clusters delete remote-cluster --zone
"australia-southeast2"
% gcloud container clusters delete primary-cluster --zone
"australia-southeast1-a"
% gcloud firewall delete primary-remote-shared-network
```

接下来，我们将在不同的网络上执行集群的 primary-primary 设置。

8.5　不同网络上的 primary-primary 配置

在多个主集群设置中，控制平面具有高可用性。在前面几节讨论的架构选项中，都是只有一个主集群，其余集群则没有使用 istiod，在这种情况下，如果主控制平面由于不可预见的情况而发生中断，则存在失去控制的风险。在多个主集群的配置中，我们有多个主控制平面，即使其中一个控制平面发生暂时中断，也可以提供对网格的不间断访问。

图 8.5 显示了不同网络上的 primary-primary 部署模式。

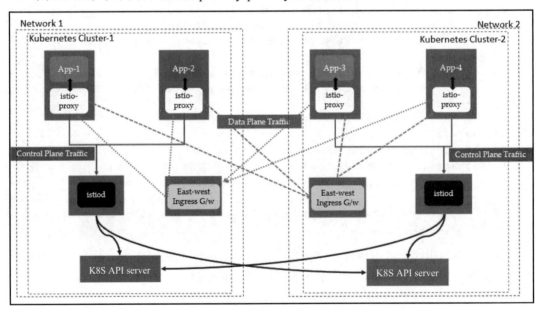

图 8.5　不同网络上的 primary-primary 配置

原　　文	译　　文
Network 1	网络 1
Network 2	网络 2
Kubernetes Cluster-1	Kubernetes 集群 1
Kubernetes Cluster-2	Kubernetes 集群 2
Control Plane Traffic	控制平面流量
East-west Ingress G/w	东西向 Ingress 网关
K8S API server	Kubernetes API 服务器
Data Plane Traffic	数据平面流量

8.5.1　构建多个主集群

我们将首先设置集群，然后在两个集群之间建立信任。

执行以下步骤以建立多个主集群配置。

（1）按照 8.1.1 节“设置 Kubernetes 集群”中的初始步骤集设置两个集群。这将完成集群的创建以及上下文变量的设置。

由于这两个集群都是主集群，因此在 Google Cloud 中创建集群时，可将它们称为 primary1 和 primary2。

（2）执行 8.3.1 节“建立两个集群之间的信任”中的步骤（1）～（7），以在集群之间建立信任。这些步骤将创建证书、创建命名空间，然后在命名空间中创建 Secret。

（3）使用网络名称标记两个集群中的 istio-system 命名空间。

（4）将值为 network1 的 topology.istio.io/network 标签应用到 cluster1 中的 istio-system 命名空间。

```
% kubectl --context="${CTX_CLUSTER1}" get namespace
istio-system && kubectl --context="${CTX_CLUSTER1}" label
namespace istio-system topology.istio.io/network=network1
NAME            STATUS      AGE
istio-system    Active      3m38s
namespace/istio-system labelled
```

（5）将值为 network2 的 topology.istio.io/network 标签应用到 cluster2 中的 istio-system 命名空间。

```
% kubectl --context="${CTX_CLUSTER2}" get namespace
istio-system && kubectl --context="${CTX_CLUSTER2}" label
namespace istio-system topology.istio.io/network=network2
NAME STATUS AGE
```

```
istio-system Active 3m45s
namespace/istio-system labeled
```

（6）cluster1 的 Istio operator 配置与 primary-remote 配置类似，因此可以使用 01-cluster1.yaml 文件在 cluster1 中安装 Istio。

```
% istioctl install --context="${CTX_CLUSTER1}" -f "
Chapter08/01-Cluster1.yaml" -n istio-system -y
Istio core installed
Istiod installed
Ingress gateways installed
Installation complete
```

（7）在 cluster1 中安装东西向网关。

```
% samples/multicluster/gen-eastwest-gateway.sh --mesh
mesh1 --cluster cluster1 --network network1 | istioctl
--context="${CTX_CLUSTER1}" install -y -f -
    Ingress gateways installed
    Installation complete
```

（8）创建网关配置，通过东西向网关公开 cluster1 中的所有服务。

```
% kubectl --context="${CTX_CLUSTER1}" apply -n istio-
system -f samples/multicluster/expose-services.yaml
gateway.networking.istio.io/cross-network-gateway created
```

（9）使用以下 Istio operator 配置来配置 cluster2 并安装 Istio。

```
apiVersion: install.istio.io/v1alpha1
kind: IstioOperator
spec:
    values:
        global:
            meshID: mesh1
            multiCluster:
                clusterName: cluster2
            network: network2
```

请注意，我们没有在配置中提供配置文件，这意味着将选择默认配置的配置文件。在默认配置中，istioctl 将安装 Ingress 网关和 istiod。要了解有关配置文件以及每个配置文件包含的更多信息，请使用以下命令。

```
% istioctl profile dump default
```

示例文件位于 Chapter08/03-Cluster3.yaml 中。使用以下命令在 cluster2 中安装 Istio。

```
% istioctl install --context="${CTX_CLUSTER2}" -f "
Chapter08/03-Cluster3.yaml" -y
    Istio core installed
    Istiod installed
    Ingress gateways installed
    Installation complete
```

（10）安装东西向网关并公开所有服务。

```
% samples/multicluster/gen-eastwest-gateway.sh --mesh
mesh1 --cluster cluster2 --network network2 | istioctl
--context="${CTX_CLUSTER2}" install -y -f -
    Ingress gateways installed
    Installation complete
% kubectl --context="${CTX_CLUSTER2}" apply -n istio-
system -f samples/multicluster/expose-services.yaml
gateway.networking.istio.io/cross-network-gateway created
```

（11）为 cluster1 创建远程 Secret，以便能够访问 cluster2 中的 API 服务器。

```
% istioctl x create-remote-secret --context="${CTX_
CLUSTER2}" --name=cluster2 | kubectl apply -f -
--context="${CTX_CLUSTER1}"
secret/istio-remote-secret-cluster2 created
```

（12）为 cluster2 创建一个远程 Secret，以便能够访问 cluster1 中的 API 服务器。

```
% istioctl x create-remote-secret --context="${CTX_
CLUSTER1}" --name=cluster1 | kubectl apply -f -
--context="${CTX_CLUSTER2}"
secret/istio-remote-secret-cluster1 configured
```

接下来，让我们看看如何部署和测试该设置。

8.5.2　通过 Envoy 虚拟服务进行部署和测试

现在我们将像前面几节中所做的那样，通过部署 Envoy 虚拟应用程序来测试设置。可以按照 8.3.2 节"部署 Envoy 虚拟应用程序"中的步骤（1）～（4）进行操作。

测试 Envoy 虚拟应用程序如下。

```
% for i in {1..5}; do curl -Hhost:mockshop.com -s
"http://34.129.4.32";echo '\n'; done
Bootstrap Service Mesh Implementation with Istio
V2----------Bootstrap Service Mesh Implementation with Istio--
--------V2
Bootstrap Service Mesh Implementation with Istio
V2----------Bootstrap Service Mesh Implementation with Istio--
--------V2
V2----------Bootstrap Service Mesh Implementation with Istio--
--------V2
```

我们要执行的另一个测试是控制平面的高可用性。读者可以关闭任何集群中的 istiod，但这并不会影响控制平面操作。读者仍然可以将新服务发布到网格中。

请执行以下测试来验证控制平面的高可用性。我们省略了命令说明，因为本书已经多次执行了这些步骤。

（1）关闭 cluster1 中的 istiod。

（2）使用 01-envoy-proxy.yaml 从 cluster1 中删除 Envoy 虚拟应用程序。

（3）测试 Envoy 虚拟应用程序。

（4）使用 01-envoy-proxy.yaml 在 cluster1 中部署 Envoy 虚拟应用程序。

（5）测试 Envoy 虚拟应用程序。

因为我们已经设置了多个主集群的配置，所以即使 cluster1 控制平面不可用，控制平面的操作也不应该中断。

接下来，我们将设置一个多主集群的控制平面，在该部署模式中，cluster1 和 cluster2 将共享同一网络。

8.6　同一网络上的 primary-primary 配置

本节将设置一个具有共享网络的多主 Istio 集群。在此架构中，cluster1 中的工作负载可以直接访问 cluster2 中的服务，反之亦然。在多个主集群的部署模式中，不需要东西向网关，原因如下。

❑　服务可以跨集群边界直接相互通信。

❑　每个控制平面观察两个集群中的 API 服务器。

图 8.6 显示了同一网络上的多个主集群配置。

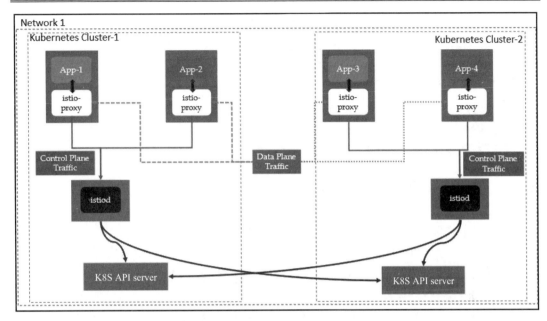

图 8.6　同一网络上的多个主集群

原　　　文	译　　　文
Network 1	网络 1
Kubernetes Cluster-1	Kubernetes 集群 1
Kubernetes Cluster-2	Kubernetes 集群 2
Control Plane Traffic	控制平面流量
K8S API server	Kubernetes API 服务器
Data Plane Traffic	数据平面流量

8.6.1　执行清理操作

由于上一节已经在不同的网络中设置了多个主集群，因此本节练习需要先进行一些清理操作。请执行以下步骤。

（1）在主集群和远程集群中卸载 Istio。

```
% istioctl uninstall --purge --context="${CTX_CLUSTER2}"
-y
    Uninstall complete
% istioctl uninstall --purge --context="${CTX_CLUSTER1}"
-y
    Uninstall complete
```

（2）从 cluster2 的 istio-system 命名空间中删除所有标签。

```
% kubectl label namespace istio-system topology.istio.io/
network- --context="${CTX_CLUSTER2}"
namespace/istio-system unlabeled
```

（3）按照 8.1.3 节"其他 Google Cloud 步骤"中的初始部署步骤集打开两个集群之间的防火墙。

完成上述步骤后，两个集群即已准备好进行下一步的 Istio 安装操作。

8.6.2　在两个集群上安装 Istio

要在两个集群上安装 Istio，可执行以下步骤。

（1）使用 01-Cluster1.yaml 安装 Istio。主 cluster1 的设置与其他架构相同。

```
% istioctl install --context="${CTX_CLUSTER1}"
-f "Chapter08/01-Cluster1.yaml"

This will install the Istio 1.16.0 default profile with
["Istio core" "Istiod" "Ingress gateways"] components
into the cluster. Proceed? (y/N) y
✔ Istio core installed
✔ Istiod installed
✔ Ingress gateways installed
✔ Installation complete
           Making this installation the default for
injection and validation.
```

（2）对于 cluster2，可使用默认配置文件，该配置文件将安装 istiod 和 Ingress 网关。由于 cluster2 与 cluster1 共享网络，因此我们将分别使用 cluster2 和 network1 作为 clusterName 和 network 参数的值。

```
apiVersion: install.istio.io/v1alpha1
kind: IstioOperator
spec:
    values:
        global:
            meshID: mesh1
            multiCluster:
                clusterName: cluster2
            network: network1
```

该示例文件位于 Chapter08/04-Cluster2.yaml 中。使用以下命令通过示例文件安装 Istio。

```
% istioctl install --context="${CTX_CLUSTER2}" -f
"Chapter08/04-Cluster2.yaml"
This will install the Istio 1.16.0 default profile with
["Istio core" "Istiod" "Ingress gateways"] components
into the cluster. Proceed? (y/N) y
✔ Istio core installed
✔ Istiod installed
✔ Ingress gateways installed
✔ Installation complete
```

（3）创建远程 Secret，以便 cluster1 控制平面可以访问 cluster2 中的 Kubernetes API 服务器，示例如下。

```
% istioctl x create-remote-secret --context="${CTX_
CLUSTER2}" --name=cluster2 | kubectl apply -f -
--context="${CTX_CLUSTER1}"
secret/istio-remote-secret-cluster2 created
```

（4）创建远程 Secret，以便 cluster2 控制平面可以访问 cluster1 中的 Kubernetes API 服务器，示例如下。

```
% istioctl x create-remote-secret --context="${CTX_
CLUSTER1}" --name=cluster1 | kubectl apply -f -
--context="${CTX_CLUSTER2}"
secret/istio-remote-secret-cluster1 created
```

接下来，我们将像前面几节中所做的那样，通过部署 Envoy 虚拟应用程序来测试设置。要安装 envoydummy 应用程序，请按照 8.3.2 节"部署 Envoy 虚拟应用程序"中的步骤（1）～（4）进行操作。然后，按照 8.3.3 节"测试虚拟应用程序的流量分布"中的步骤（1）～（2）执行测试。以下代码块演示了两个集群之间的流量分布。

```
% for i in {1..5}; do curl -Hhost:mockshop.com -s
"http://34.129.4.32";echo '\n'; done
V2----------Bootstrap Service Mesh Implementation with
Istio----------V2
Bootstrap Service Mesh Implementation with Istio
V2----------Bootstrap Service Mesh Implementation with
Istio----------V2
Bootstrap Service Mesh Implementation with Istio
V2----------Bootstrap Service Mesh Implementation with
Istio----------V2
```

（5）此外，还可以通过关闭主集群中的 istiod 并重新部署应用程序来测试虚拟应用程序，以验证网格操作是否不间断。即使主集群的控制平面之一不可用也应该是不间断的。

在同一网络上的多个主集群设置至此完成。共享网络上的多个主集群可以说是最简单的 Istio 设置，它不需要东西向网关来协调各个 Kubernetes 集群之间的流量。

💡 提示：

请注意删除集群和防火墙规则。以下是如何删除集群的示例。注意根据自己的配置更改参数值。

```
% gcloud container clusters delete primary1-cluster --zone
"australia-southeast2"
% gcloud container clusters delete primary2-cluster --zone
"australia-southeast1-a"
% gcloud firewall delete primary1-primary2-shared-network
```

8.7　小　　结

本章非常注重实用，我们希望读者学会如何在各种集群配置中设置 Istio。每节都使用了两个集群作为示例来演示设置，但我们建议读者添加更多集群以扩展每个示例。通过从 utilities 命名空间部署 Envoy 虚拟应用程序和 curl Pod，然后应用虚拟和目的地规则并测试多集群环境中的服务行为，读者也可以练习各种场景。此外，还可以将东西向网关配置为只能跨集群访问，以此来练习东西向流量的应用场景，并使用本章中的说明来了解其效果。

尽管本章讨论了 4 种部署选项（多网络上的主集群和远程集群配置、同一网络上的主集群和远程集群配置、不同网络上的多个主集群配置、同一网络上的多个主集群配置），但选择正确的部署模型取决于特定的用例，读者应该考虑底层基础设施提供商、应用程序隔离、网络边界和服务级别协议要求，以考虑哪种架构最适合自己。

通过多集群部署，读者可以获得更好的服务网格可用性和有限的故障边界，这样中断就不会导致整个集群瘫痪。在企业环境中，多个团队一起工作可能需要隔离数据平面，但拥有共享控制平面以节省运营成本可能是更好的选择。在这种情况下，多集群环境的部署模式（例如 primary-remote）可以提供隔离和集中控制。

下一章将介绍 Web Assembly 并讨论如何使用它来扩展 Istio 数据平面。

第 9 章　扩展 Istio 数据平面

Istio 提供了各种 API 来管理数据平面流量。有一个名为 EnvoyFilter 的 API 是我们尚未使用过的。EnvoyFilter API 提供了一种自定义 istio-proxy 配置的方法，该配置可以由 Istio 控制平面生成。使用 EnvoyFilter API 时，读者可以直接使用 Envoy 过滤器，即使 Istio API 不直接支持它们。

还有另一个名为 WasmPlugins 的 API，它是扩展 istio-proxy 功能的另一种机制。WebAssembly（Wasm）支持对于诸如 Envoy 之类的代理来说变得越来越普遍，它使开发人员能够构建扩展。

本章将讨论这两个主题；当然，关于 EnvoyFilter 的内容将会很简短，因为在第 3 章"理解 Istio 控制平面和数据平面"中已经介绍过 Envoy 的过滤器和插件。相反，我们将重点关注如何从 Istio 配置中调用 Envoy 插件。此外，我们将像往常一样通过实战练习更深入地研究 Wasm。

本章包含以下主题。

❑　关于可扩展性。

❑　使用 EnvoyFilter 自定义数据平面。

❑　Wasm 基础。

❑　使用 Wasm 扩展 Istio 数据平面。

9.1　技　术　要　求

简单起见，我们将使用 minikube 来执行本章中的实战练习。阅读至此，想必读者已经熟悉了 minikube 的安装和配置，如果不熟悉，请参阅 2.3.2 节"安装 minikube 和 Kubernetes 命令行工具"和 4.1 节"技术要求"。

除 minikube 之外，最好在工作站上安装 Go 和 TinyGo。如果你是 Go 新手，请按照以下网址中的说明进行安装。

https://go.dev/doc/install

按照以下网址中的说明为你的主机操作系统安装 TinyGo。

https://tinygo.org/getting-started/install/macos/

然后使用以下命令验证安装。

```
% tinygo version
tinygo version 0.26.0 darwin/amd64 (using go version go1.18.5
and LLVM version 14.0.0)
```

9.2　关于可扩展性

与任何良好的架构一样，可扩展性（extensibility）非常重要，因为并没有一种应用程序规模可以适用于所有应用场景。可扩展性在 Istio 中非常重要，因为它为用户提供了构建适用于极端情形并根据个人需求扩展 Istio 的选项。

在 Istio 和 Envoy 的早期，这些项目采用了不同的方法来构建可扩展性。Istio 采用了构建称为 Mixer 的通用进程外扩展模型的方法，有关 Mixer 的详细信息，可访问以下网址。

https://istio.io/v1.6/docs/reference/config/policy-and-telemetry/mixer-overview/

而 Envoy 则专注于代理内扩展，有关其详细信息，可访问以下网址。

https://www.envoyproxy.io/docs/envoy/latest/extending/extending

Mixer 现已被弃用；它是一个基于插件的实现，用于为各种基础设施后端构建扩展——也称为适配器（adaptor）。适配器的一些示例包括 Bluemix、AWS、Prometheus、Datadog 和 SolarWinds。这些适配器允许 Istio 与各种后端系统连接，以进行日志记录、监控和遥测，但基于适配器的扩展模型面临严重的资源效率低下问题，影响了尾部延迟和资源利用率。该模型本质上也有局限性，应用较为有限。

Envoy 扩展方法要求用户使用 C++ 编写过滤器，这也是 Envoy 的母语。然后，用 C++ 编写的扩展与 Envoy 的代码库一起打包、编译和测试，以确保它们按预期工作。

Envoy 的代理内扩展方法的不足之处是，它只能使用 C++编写扩展，并且是一个单体构建过程，这意味着用户必须自己维护 Envoy 代码库。虽然一些较大的组织能够管理自己的 Envoy 代码库副本，但大多数 Envoy 社区发现这种方法不切实际。因此，Envoy 采用了其他方法来构建扩展，一种是基于 Lua 的过滤器，另一种是 Wasm 扩展。

在基于 Lua 的扩展中，用户可以在现有的 Envoy HTTP Lua 过滤器中编写内联 Lua 代码。下面是一个 Lua 过滤器的例子（Lua 脚本已加粗显示）。

```
http_filters:
name: envoy.filters.http.lua
typed_config:
   "@type": type.googleapis.com/envoy.extensions.filters.http.
lua.v3.Lua
   default_source_code:
      inline_string: |
      function envoy_on_request(request_handle)
...... -- Do something on the request path.
         request_handle:headers():add("NewHeader", "XYZ")
      end
      function envoy_on_response(response_handle)
         -- Do something on the response path.
      response_handle:logInfo("Log something")
      response_handle:headers:add("response_size",response_
handle:body():length())
      response_handle:headers:remove("proxy")
   end
```

在此示例中，我们使用了 HTTP Lua 过滤器。HTTP Lua 过滤器允许 Lua 脚本在请求和响应周期期间运行。Envoy 将 Lua 脚本作为协程（coroutine）运行；LuaJIT 用作 Lua 运行时环境，并按 Envoy 工作线程分配。

Lua 脚本应包含 envoy_on_request 和/或 envoy_on_response 函数，然后分别在请求和响应周期上作为协程执行。用户可以在这些函数中编写 Lua 代码，以在请求/响应处理期间执行以下操作。

❑　检查并修改请求和响应流的标头、正文及尾部。

❑　上游系统的异步 HTTP 调用。

❑　执行直接响应并跳过进一步的过滤器迭代。

有关 Envoy HTTP Lua 过滤器的更多信息，可访问以下网址。

https://www.envoyproxy.io/docs/envoy/latest/configuration/http/http_filters/lua_filter.
html?highlight=lua%20filter

这种方法非常适合简单的逻辑，但是当编写复杂的处理指令时，编写内联 Lua 代码并不实用。它的主要缺点是，内联代码无法轻松地与其他开发人员共享，也无法轻松地与软件编程的最佳实践保持一致。

此外，它还有一个缺点是缺乏灵活性，因为开发人员必须只使用 Lua，这阻碍了非 Lua 开发人员编写这些扩展。

因此，为了向 Istio 提供可扩展性，需要一种缺陷更少的方法。

由于 Istio 的数据平面由 Envoy 组成，因此有必要为 Envoy 和 Istio 提供通用的可扩展性方法。这可以将 Envoy 版本与其扩展生态系统分离，使 Istio 消费者能够使用他们选择的语言、最佳的编程语言和实践来构建数据平面扩展，然后部署这些扩展，而不会对其生产环境中的 Istio 部署造成任何停机风险。

在满足上述要求的基础上，我们引入了对 Istio 的 Wasm 支持。下文将重点讨论 Wasm。不过在此之前，我们还是想要快速介绍一下 Istio 对运行 Envoy 过滤器的支持。

9.3　使用 EnvoyFilter 自定义数据平面

Istio 提供了 EnvoyFilter API，它可以修改通过其他 Istio 自定义资源定义（custom resource definition，CRD）创建的配置。

实际上，Istio 执行的功能之一就是将高级 Istio CRD 转换为低级 Envoy 配置。使用 EnvoyFilter CRD，用户可以直接更改这些低级配置。这是一个非常强大的功能，但也应该谨慎使用，因为如果使用不当，它有可能使事情变得更糟。使用 EnvoyFilter 时，可以应用 Istio CRD 中不直接可用的配置并执行更高级的 Envoy 功能。该过滤器可以应用于命名空间级别以及由标签标识的选择性工作负载级别。

让我们尝试通过一个示例来进一步理解这一点。

我们将选择第 7 章"服务网格可观察性"中进行的实践练习之一，将请求路由到 httpbin.org。不要忘记创建 Chapter09 文件夹并打开 istio-injection。以下命令将部署 httpbin Pod，这在 Chapter09/01-httpbin-deployment.yaml 中已有描述。

```
kubectl apply -f Chapter09/01-httpbin-deployment.yaml
curl -H "Host:httpbin.org" http://
a816bb2638a5e4a8c990ce790b47d429-1565783620.us-east-1.elb.
amazonaws.com/get
```

仔细检查包含请求中传递的所有标头的所有响应字段。

使用 EnvoyFilter，可在将请求发送到 httpbin Pod 之前向请求添加自定义标头。本示例将选择 ChapterName 标头名称并将其值设置为 ExtendingIstioDataPlane。

Chapter09/02-httpbinenvoyfilter-httpbin.yaml 中的配置会将自定义标头添加到请求中。

使用 EnvoyFilter 应用以下配置。

```
$ kubectl apply -f Chapter09/02-httpbinenvoyfilter-httpbin.yaml
envoyfilter.networking.istio.io/updateheaderhorhttpbin
configured
```

让我们分两部分来研究一下 Chapter09/02-httpbinenvoyfilter-httpbin.yaml。

```yaml
apiVersion: networking.istio.io/v1alpha3
kind: EnvoyFilter
metadata:
    name: updateheaderforhttpbin
    namespace: chapter09
spec:
    workloadSelector:
        labels:
            app: httpbin
    configPatches:
    - applyTo: HTTP_FILTER
        match:
            context: SIDECAR_INBOUND
            listener:
                portNumber: 80
                filterChain:
                    filter:
                        name: "envoy.filters.network.http_connection_
manager"
                        subFilter:
                            name: "envoy.filters.http.router"
```

在这一部分中，我们将在 chapter09 命名空间中创建一个名为 updateheaderforhttpbin 的 EnvoyFilter，它将应用于包含 app 标签（值为 httpbin）的工作负载。

对于该配置，我们将对 Istio Sidecar 的所有入站流量应用配置补丁。这个 Istio Sidecar 就是 istio-proxy，即 httpbin Pod 的端口 80 的 Envoy 代理。配置补丁应用于 HTTP_FILTER，特别是 http_connection_manager 网络过滤器的 HTTP 路由过滤器。

在 EnvoyFilter 配置的下一部分中，将在现有路由配置之前应用配置，特别是，我们将使用 inlineCode 部分中指定的内联代码附加 Lua 过滤器。Lua 代码在 envoy_on_request 阶段运行，并添加带有 X-ChapterName 名称和 ExtendingIstioDataPlane 值的请求标头。

```yaml
patch:
    operation: INSERT_BEFORE
    value:
        name: envoy.lua
        typed_config:
            "@type": "type.googleapis.com/envoy.extensions.
filters.http.lua.v3.Lua"
            inlineCode: |
```

```
        function envoy_on_request(request_handle)
            request_handle:logInfo(" ========= XXXXX
=========");
            request_handle:headers():add("X-ChapterName",
"ExtendingIstioDataPlane");
        end
```

现在使用以下命令测试端点。

```
% curl -H "Host:httpbin.org" http://
a816bb2638a5e4a8c990ce790b47d429-1565783620.us-east-1.elb.
amazonaws.com/get
```

你将在响应中接收到添加的标头。

可以使用以下命令查看已经应用的最终 Envoy 配置。要查找 httpbin Pod 的确切名称，可以使用 proxy-status。

```
% istioctl proxy-status | grep httpbin
httpbin-7bffdcffd-152sh.chapter09
Kubernetes        SYNCED        SYNCED        SYNCED        SYNCED
    NOT SENT     istiod-56fd889679-ltxg5      1.14.3
```

接下来是侦听器的 proxy-config 详细信息。

```
% istioctl proxy-config listener httpbin-7bffdcffd-152sh.
chapter09 -o json
```

在输出中，查找 envoy.lua，这是我们通过配置应用的补丁和过滤器的名称。在输出中，查找 filterChainMatch 并将 destinationPort 设置为 80。

```
"filterChainMatch": {
        "destinationPort": 80,
        "transportProtocol": "raw_buffer"
},
```

通过 EnvoyFilter 应用配置。

```
{
                                    "name": "envoy.lua",
                                    "typedConfig": {
                                        "@type": "type.
googleapis.com/envoy.extensions.filters.http.lua.v3.Lua",
                                        "inlineCode":
"function envoy_on_request(request_handle)\n request_
handle:logInfo(\" ========= XXXXX =========\");\n request_
```

```
handle:headers():add(\"X-ChapterName\",
\"ExtendingIstioDataPlane\");\nend \n"
                               }
                            }
```

希望上述实战操作能让读者了解 EnvoyFilter 以及整体机制的工作原理。在本章的实战练习中，另一个示例应用了相同的更改，只不过是在 Ingress 网关级别。

读者可以在 Chapter09/03-httpbinenvoyfilter-httpbiningress.yaml 文件中找到示例。在应用 Ingress 网关更改之前，需确保删除 Chapter09/02-httpbinenvoyfilter-httpbin.yaml 文件。

有关 EnvoyFilter 各种配置的更多详细信息，可以参阅以下网址的 Istio 文档。

https://istio.io/latest/docs/reference/config/networking/envoy-filter/#EnvoyFilter-Envoy
ConfigObjectPatch

📝 注意：

要执行清理操作，可使用以下命令。

```
kubectl delete ns chapter09
```

在下一节中，我们将阐释有关 Wasm 的基础知识，然后了解如何使用 Wasm 来扩展 Istio 数据平面。

9.4 Wasm 基础

Wasm 是一种可移植的二进制格式，被设计为在虚拟机（virtual machine，VM）上运行，这使其可以在各种计算机硬件和数字设备上运行，并且被非常积极地用于提高 Web 应用程序的性能。它是一种用于堆栈机的虚拟指令集架构（instruction set architecture，ISA），设计便携、紧凑且安全，具有较小的二进制文件大小，可减少在 Web 浏览器上执行时的下载时间。现代浏览器的 JavaScript 引擎可以比 JavaScript 更快地解析和下载 Wasm 二进制格式。所有主要浏览器供应商都采用了 Wasm。根据 Mozilla 基金会的说法，Wasm 代码的运行速度比同等 JavaScript 代码快 10%到 800%。它可以提供更快的启动时间和更高的峰值性能，而不会造成内存膨胀。

Wasm 也是构建 Envoy 扩展的首选，而且非常实用，原因如下。

❑ Wasm 扩展可以在运行时交付，无须重新启动 istio-proxy。此外，扩展可以通过各种方式加载到 istio-proxy，而不需要对 istio-proxy 进行任何更改。这允许以扩展的形式交付对扩展的更改和对代理行为的更改，而不会出现任何中断。

❑ Wasm 与主机隔离并在沙箱/虚拟机环境中执行，通过应用程序二进制接口（application binary interface，ABI）与主机进行通信。通过 ABI，我们可以控制哪些内容可以修改、哪些内容不能修改以及哪些内容对扩展可见。

❑ 在沙盒环境中运行 Wasm 的另一个好处是可以隔离和定义故障边界。如果 Wasm执行出现任何问题，那么中断的范围仅限于沙箱，不会传播到主机进程。

图 9.1 显示了 Wasm 的基础原理。

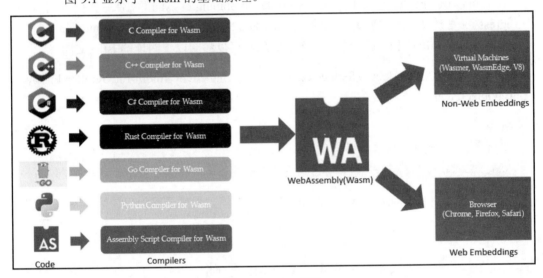

图 9.1   Wasm 概述

原　　文	译　　文
C Compiler for Wasm	Wasm 的 C 编译器
C++ Compiler for Wasm	Wasm 的 C++编译器
C# Compiler for Wasm	Wasm 的 C#编译器
Rust Compiler for Wasm	Wasm 的 Rust 编译器
Go Compiler for Wasm	Wasm 的 Go 编译器
Python Compiler for Wasm	Wasm 的 Python 编译器
Assembly Script Compiler for Wasm	Wasm 的 Assembly Script 编译器
Code	代码
Compilers	编译器
Web Embeddings	Web 嵌入
Browser	浏览器
Non-Web Embeddings	非 Web 嵌入
Virtual Machines	虚拟机

有超过 30 种编程语言支持编译为 Wasm 模块。其中一些示例包括 C、Java、Go、Rust、C++和 TypeScript。这使大多数开发人员可以使用他们选择的编程语言构建 Istio 扩展。

为了熟悉 Wasm，我们将使用 Go 构建一个示例应用程序。源代码位于本章配套 GitHub 存储库的 Chapter09/go-Wasm-example 文件夹中。

本示例的要求是构建一个 HTML 页面，该页面采用小写字符串并提供大写输出。这里我们假设读者有一些使用 Go 语言的经验，并且已经将它安装在自己的实战环境中。如果读者不想使用 Go，也可以尝试使用自己选择的语言实现该示例。

（1）复制 Chapter09/go-Wasm-example 中的代码并重新初始化 Go 模块。

```
% go mod init Bootstrap-Service-Mesh-Implementationswith-
Istio/Chapter09/go-Wasm-example
% go mod tidy
```

首先，检查 Chapter09/go-Wasm-example/cmd/Wasm/main.go。

```
package main
import (
    "strings"
    "syscall/js"
)
func main() {
    done := make(chan struct{}, 0)
    js.Global().Set("WasmHash", js.FuncOf(convertToUpper))
    <-done
}
func convertToUpper(this js.Value, args []js.Value)
interface{} {
    strings.ToUpper(args[0].String())
    return strings.ToUpper(args[0].String())
}
```

在上述代码中，done := make(chan struct{}, 0)和<-done 是一个 Go 通道。Go 通道用于并发函数之间的通信。

js.Global().Set("WasmHash", hash)可以向 JavaScript 公开 Go 哈希函数。

convertToUpper 函数接收一个字符串作为参数，然后使用 syscall/js 包中的.String()函数进行类型转换。strings.ToUpper(args[0].String())这一行可以将 JavaScript 提供的所有参数转换为大写字符串，并将其作为函数的输出返回。

（2）使用以下命令编译 Chapter09/go-Wasm-example/cmd/Wasm/main.go。

```
% GOOS=js GOARCH=Wasm go build -o static/main.Wasm cmd/
Wasm/main.go
```

　　这里的秘诀是 GOOS=js GOARCH=Wasm，它告诉 Go 编译器使用 JavaScript 作为目标主机和使用 Wasm 作为目标架构进行编译。如果没有这个，则 Go 编译器将根据你的工作站规范针对目标 OS 和架构进行编译。有关 GOOS 和 GOARCH 可能值的更多信息，可访问以下网址。

　　https://gist.github.com/asukakenji/f15ba7e588ac42795f421b48b8aede63

　　然后，该命令将在 static 文件夹中生成名称为 main.Wasm 的 Wasm 文件。

　　（3）我们还需要在浏览器中提取并执行 Wasm。幸运的是，Go 通过 Wasm_exec.js 使这一操作成为可能。

　　该 JavaScript 文件可以在 GOROOT 文件夹中找到。要将其复制到 static 目录，可使用以下命令。

```
% cp "$(go env GOROOT)/misc/Wasm/Wasm_exec.js" ./static
```

　　（4）我们有 Wasm 和 JavaScript 在浏览器中加载并执行 Wasm。还需要创建一个 HTML 页面，然后从那里加载 JavaScript。读者可以在 Chapter09/go-Wasm-example/static/index.html 文件中找到示例 HTML 页面。在其中可以找到以下代码片段来加载 JavaScript 并实例化 Wasm。

```
<script src="Wasm_exec.js"></script>
<script>
    const go = new Go();
    WebAssembly.instantiateStreaming(fetch("main.Wasm"),
go.importObject).then((result) => {
        go.run(result.instance);
    });
</script>
```

　　（5）我们还需要一个 Web 服务器。读者可以使用 nginx 或示例 HTTP 服务器包，示例代码位于 Chapter09/go-Wasm-example/cmd/webserver/main.go 中。

　　使用以下命令运行服务器。

```
% go run ./cmd/webserver/main.go
Listening on http://localhost:3000/index.html
```

　　（6）在浏览器中打开 http://localhost:3000/index.html 并测试自己在文本框中输入的任何小写字母是否都会转换为大写，如图 9.2 所示。

　　有关 Wasm 基础知识的介绍到此结束，希望读者在阅读完本节后对 Wasm 有一个基本的了解。接下来，让我们看看如何通过 Wasm 帮助扩展 Istio 数据平面。

图 9.2　用于创建 Wasm 的 Go

9.5　使用 Wasm 扩展 Istio 数据平面

Wasm 的主要目标是在网页上启用高性能应用程序，因此 Wasm 最初是为在 Web 浏览器中执行而设计的。Wasm 有一个万维网联盟（World Wide Web Consortium，W3C）工作组，有关其详细信息可访问以下网址。

https://www.w3.org/Wasm/

该工作组管理 Wasm 规范，有关这些规范的详细信息可访问以下网址。

https://www.w3.org/TR/Wasm-core-1/
https://www.w3.org/TR/Wasm-core-2/

大多数互联网浏览器都已实现该规范，有关 Google Chrome 浏览器实现该规范的详细信息可访问以下网址。

https://chromestatus.com/feature/5453022515691520

Mozilla 基金会也维护了浏览器的兼容性，有关详细信息可访问以下网址。

https://developer.mozilla.org/en-US/docs/WebAssembly#browser_compatibility

当谈到支持 Wasm 在第 4 层和第 7 层代理上执行时，大部分工作成果都是最近取得的。在代理上执行 Wasm 时，需要一种与主机环境进行通信的方法。与 Web 浏览器的开发方式类似，Wasm 应该编写一次，之后它应该能够在任何代理上运行。

9.5.1　Proxy-Wasm 简介

为了让 Wasm 与主机环境进行通信，并让 Wasm 的开发与底层主机环境无关，有一个 Proxy-Wasm 规范，也称为代理的 Wasm。该规范由低级别的 Proxy-Wasm ABI 组成。然后，该规范被抽象为高级语言，称为 Proxy-Wasm 软件开发套件（software development kit，SDK），它对开发人员友好，易于理解并与高级语言实现集成。然后，每个代理还以 Proxy-Wasm 模块的形式实现 Proxy-Wasm ABI 规范。

Proxy-Wasm 的概念可能很难理解。为了便于更好地学习，让我们将它们分为以下若干部分并逐一进行研究。

9.5.2　Proxy-Wasm ABI 规范

ABI 是一个低级接口规范，描述了 Wasm 如何与虚拟机和主机进行通信。该规范的详细信息可在以下网址获得。

https://github.com/proxy-Wasm/spec/blob/master/abi-versions/vNEXT/README.md

该规范本身可在以下网址获得。

https://github.com/proxy-Wasm/spec

要理解该 API，最好通过 ABI 规范中一些最常用的方法来了解它的作用。

- _start：该函数需要在 Wasm 上实现，会在 Wasm 加载并初始化时调用。
- proxy_on_vm_start：当主机启动 Wasm 虚拟机时调用。Wasm 可以使用此方法检索虚拟机的任何详细配置信息。
- proxy_on_configure：当主机环境启动加载 Wasm 的插件时调用。使用此方法，Wasm 可以检索任何与插件相关的配置。
- proxy_on_new_connection：这是一个第 4 层的扩展，当代理和客户端之间建立 TCP 连接时调用。
- proxy_on_downstream_data：这是一个第 4 层的扩展，为从客户端接收到的每个数据块调用。
- proxy_on_downstream_close：这是一个第 4 层的扩展，当与下游的连接关闭时调用。
- proxy_on_upstream_data：这是一个第 4 层的扩展，为从上游接收到的每个数据块调用。
- proxy_on_upstream_close：这是一个第 4 层的扩展，当与上游的连接关闭时调用。
- proxy_on_http_request_headers：这是一个第 7 层的扩展，在从客户端接收到 HTTP 请求标头时调用。
- proxy_on_http_request_body：这是一个第 7 层的扩展，在从客户端接收到 HTTP 请求正文时调用。
- proxy_on_http_response_headers：这是一个第 7 层的扩展，当从上游接收到 HTTP

响应标头时调用。

❑ proxy_on_http_response_body：这是一个第 7 层的扩展，当从上游收到 HTTP 响应正文时调用。

❑ proxy_send_http_response：这也是在主机环境 Envoy 中实现的第 7 层的扩展。使用此方法，Wasm 可以指示 Envoy 发送 HTTP 响应，而无须实际调用上游服务。

上述列表并未涵盖 ABI 中的所有方法，但我们希望它能让你很好地理解 ABI 的用途。图 9.3 说明了上述 Proxy-wasm ABI 的操作。

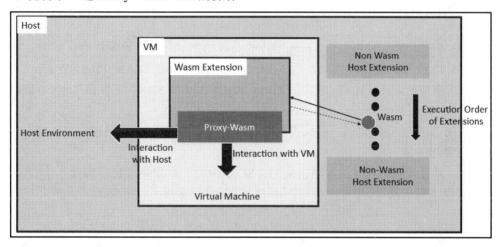

图 9.3　Proxy-wasm ABI

原　文	译　文	原　文	译　文
Host	主机	Interaction with VM	与虚拟机的交互
Host Environment	主机环境	Virtual Machine	虚拟机
VM	虚拟机	Non Wasm Host Extension	非 Wasm 主机扩展
Wasm Extension	Wasm 扩展	Execution Order of Extensions	扩展的执行顺序
Interaction with Host	与主机的交互		

如果在 Envoy 的背景下分析该图，会得到以下解释。

❑ 本机扩展按照配置中指定的顺序执行。

❑ Envoy 中还有一个用于加载 Wasm 的本机扩展，有关其详细信息可访问以下网址。

https://www.envoyproxy.io/docs/envoy/latest/api-v3/extensions/Wasm/v3/Wasm.proto

该扩展负责加载并要求 Envoy 执行 Wasm。

❑ Envoy 在虚拟机上执行 Wasm。

❑ 在执行过程中，Wasm 可以通过 Proxy-Wasm ABI 与请求、虚拟机和 Envoy 进行交互，我们在前面已经看到了其中一些交互点。

❑ 一旦 Wasm 完成执行，该执行就会流回到配置文件中定义的其他本机扩展。

虽然 ABI 很复杂，但它们也非常低级，并且对程序员不算太友好，开发人员通常更喜欢用高级编程语言编写代码。因此，接下来，让我们仔细看看如何通过 Proxy-Wasm SDK 解决这个问题。

9.5.3　Proxy-Wasm SDK

Proxy-Wasm SDK 是 Proxy-Wasm ABI 的高级抽象，并以各种编程语言实现。Proxy-Wasm SDK 遵循 ABI 规范，因此在创建 Wasm 时，读者不需要了解 Proxy-Wasm ABI。

在本文撰写时，已经有 Go 语言的 Proxy-Wasm API 的 SDK，它包括 TinyGo 编译器、Rust、C++和 AssemblyScript。

与 ABI 规范的介绍类似，我们也将选择一种语言的 SDK，并通过它来了解 ABI 和 SDK 之间的相关性。

那么，就让我们通过 Proxy-Wasm Go SDK 中的一些功能来直观感受一下它们，该 SDK 可从以下网址获取。

https://pkg.go.dev/github.com/tetratelabs/proxy-Wasm-go-SDK/proxyWasm

首先，读者需要了解 SDK 中定义的各种类型，因此我们提供了以下基本类型列表。

❑ VMContext：这对应于每个 Wasm 虚拟机。对于每一个 Wasm 虚拟机，都有且仅有一个 VMContext。VMContext 有以下方法：

➢ OnVMStart(vmConfigurationSize int) OnVMStartStatus：创建虚拟机时调用该方法。在此方法中，Wasm 可以检索虚拟机配置。

➢ NewPluginContext(contextID uint32) PluginContext：这可以为每个插件配置创建一个插件上下文。

❑ PluginContext：这对应于主机中的每个插件配置。插件在 HTTP 或网络过滤器上为侦听器配置。PluginContext 中的一些方法如下。

➢ OnPluginStart(pluginConfigurationSize int) OnPluginStartStatus：为所有已配置的插件调用此方法。创建虚拟机后，Wasm 可以使用此方法检索插件配置。

➢ OnPluginDone() bool：当主机删除 PluginContext 时调用此函数。如果此方法返回 true，则向主机发出信号：PluginContext 可以被删除，而 false 则表示插件处于挂起状态，尚无法删除。

➢ NewTcpContext(contextID uint32) TcpContext：该方法将创建 TCPContext，对应每一个 TCP 请求。

➢ NewHttpContext(contextID uint32) HttpContext：该方法将创建 HTTPContext，对应每一个 HTTP 请求。

❑ HTTPContext：此方法由 PluginContext 为每个 HTTP 流创建。以下是该接口中可用的一些方法。

➢ OnHttpRequestHeaders(numHeaders int, endOfStream bool) Action：此方法提供对作为请求流一部分的 HTTP 标头的访问。

➢ OnHttpRequestBody(bodySize int, endOfStream bool) Action：此方法提供对请求正文的数据帧的访问。对于请求正文中的每个单独的数据帧，都会多次调用它。

➢ OnHttpResponseHeaders(numHeaders int, endOfStream bool) Action：此方法提供对响应标头的访问。

➢ OnHttpResponseBody(bodySize int, endOfStream bool) Action：此方法提供对响应正文帧的访问。

➢ OnHttpStreamDone()：该方法将在删除 HTTPContext 之前调用。通过该方法，Wasm 可以访问有关 HTTP 连接的请求和响应阶段的所有信息。

其他值得了解的类型还包括 TCPContext。我们并未涵盖 SDK 中可用的所有方法和类型，如果读者对完整列表以及详细信息感兴趣，则可访问以下网址。

https://pkg.go.dev/github.com/tetratelabs/proxy-Wasm-go-SDK@v0.20.0/proxyWasm/types#pkg-types

有了上述了解之后，让我们编写一个 Wasm 以在 envoydummy Pod 的响应中注入自定义标头。值得一提的是，在 9.3 节"使用 Envoy Filter 自定义数据平面"中，使用了 EnvoyFilter 来修补 Istio，并应用了包含内联代码的 Lua 过滤器来将标头注入到绑定于 httpbin Pod 的请求中。

创建禁用 istio-injection 的 Chapter09-temp 命名空间。

```
% kubectl create ns chapter09-temp
namespace/chapter09-temp created
```

运行 envoydummy 检查它是否按预期工作。

```
% kubectl apply -f Chapter09/01-envoy-dummy.yaml
namespace/chapter09-temp created
```

```
service/envoydummy created
configmap/envoy-dummy-2 created
deployment.apps/envoydummy-2 created
```

转发端口以便可以在本地进行测试。

```
% kubectl port-forward svc/envoydummy 18000:80 -n chapter09-temp
Forwarding from 127.0.0.1:18000 -> 10000
```

然后测试端点。

```
% curl localhost:18000
V2----------Bootstrap Service Mesh Implementation with Istio--
--------V2%
```

至此，我们已经验证 envoydummy 正在工作。

接下来要做的就是创建 Wasm 以将标头注入响应中。可以在本章配套 GitHub 存储库的 Chapter09/go_Wasm_example_for_envoy 中找到源代码。

Go 模块中只有一个 main.go 文件，以下是代码的关键部分解释。

Go 模块中的入口点是 main 方法。在 main 方法中，将通过调用 SetVMContext 设置 Wasm 虚拟机。该方法在以下网址的 Entrypoint.go 文件中有说明。

https://github.com/tetratelabs/proxy-wasm-go-sdk/tree/main/proxywasm

以下代码片段显示了 main 方法。

```
func main() {
    proxyWasm.SetVMContext(&vmContext{})
}
```

以下方法可将标头注入响应标头。

```
func (ctx *httpHeaders) OnHttpResponseHeaders(numHeaders int,
endOfStream bool) types.Action {
    if err := proxyWasm.AddHttpResponseHeader("X-ChapterName",
"ExtendingEnvoy"); err != nil {
        proxyWasm.LogCritical("failed to set response header:
X-ChapterName")
    }
    return types.ActionContinue
}
```

另请注意，AddHttpResponseHeader 定义的网址如下。

https://github.com/tetratelabs/proxy-Wasm-go-SDK/blob/v0.20.0/proxyWasm/hostcall.
go#L395

下一步是为 Wasm 编译 Go 模块，为此我们需要使用 TinyGo。请注意，由于缺乏对
Proxy-Wasm Go SDK 的支持，我们无法使用标准 Go 编译器。

请读者按照以下网址的说明为自己的主机操作系统安装 TinyGo。

https://tinygo.org/getting-started/install/macos/

有了 TinyGo，即可使用以下命令通过 Wasm 编译 Go 模块。

```
% tinygo build -o main.Wasm -scheduler=none -target=wasi main.go
```

创建 Wasm 文件后，需要将 Wasm 文件加载到 configmap 中。

```
% kubectl create configmap 01-Wasm --from-file=main.Wasm -n
chapter09-temp
configmap/01-Wasm created
```

修改 envoy.yaml 文件以应用 Wasm 过滤器并从 configmap 加载 Wasm。

```
http_filters:
        - name: envoy.filters.http.Wasm
          typed_config:
              "@type": type.googleapis.com/udpa.type.
v1.TypedStruct
              type_url: type.googleapis.com/envoy.
extensions.filters.http.Wasm.v3.Wasm
              value:
                config:
                  vm_config:
                      runtime: "envoy.Wasm.runtime.v8"
                      code:
                          local:
                              filename: "/Wasm2/main.Wasm"
        - name: envoy.filters.http.router
          typed_config:
              "@type": type.googleapis.com/envoy.
extensions.filters.http.router.v3.Router
```

在上述配置中，指定了 envoy 使用 v8 运行时来运行 Wasm。这些更改也可在
Chapter09/02-envoy-dummy.yaml 中找到。

按以下方式应用这些更改。

```
% kubectl apply -f Chapter09/02-envoy-dummy.yaml
service/envoydummy created
configmap/envoy-dummy-2 created
deployment.apps/envoydummy-2 created
```

将端口 80 转发到 18000：

```
% kubectl port-forward svc/envoydummy 18000:80 -n chapter09-temp
```

测试该端点以检查 Wasm 是否注入了响应标头。

```
% curl -v localhost:18000
* Mark bundle as not supporting multiuse
< HTTP/1.1 200 OK
< content-length: 72
< content-type: text/plain
< x-chaptername: ExtendingEnvoy
* Connection #0 to host localhost left intact
V2----------Bootstrap Service Mesh Implementation with Istio--
--------V2%
```

希望本节能让读者对如何创建符合 Proxy-Wasm 规范的 Wasm 以及如何将其应用到 Envoy 充满信心。我们建议读者通过查看以下网址提供的示例来进行更多实践练习。

https://github.com/tetratelabs/proxy-Wasm-go-SDK/tree/main/examples

在结束本节之前，我们还需要检查一下 Wasm 遵循 Proxy-Wasm ABI 规范的方式。为此，我们将安装以下网址提供的 Wasm 二进制工具包（wasm binary toolkit，WABT）。

https://github.com/WebAssembly/wabt

在 MacOS 上，使用 brew 安装非常简单。

```
% brew install wabt
```

WABT 提供了各种方法来操纵和检查 Wasm。Wasm-objdump 就是这样的工具之一，它可以打印有关 Wasm 二进制文件的信息。使用以下命令，读者可以打印 Wasm 实例化后主机环境可以访问的所有函数的列表。

```
% Wasm-objdump main.Wasm --section=export -x.
```

读者会注意到其输出是 Proxy-Wasm ABI 中定义的函数列表。

📝 注意：

要执行清理操作，可使用以下命令。

```
% kubectl delete ns chapter09-temp
```

关于 Proxy-Wasm 的介绍至此结束，相信读者现在已经了解了如何使用 Go SDK 创建兼容 Proxy-Wasm 的 Wasm。接下来，我们将在 Istio 中部署 Wasm。

9.5.4　在 Istio 中部署 Wasm

本小节将使用我们在上一小节中构建的 Wasm 扩展 Istio 数据平面。

我们将使用 Istio 的 WasmPlugin API，一旦为 httpbin 应用程序配置了该插件，我们将深入探讨该插件的细节。

（1）将在 Go 模块中创建的 main.Wasm 上传到 HTTPS 位置（在本章配套 GitHub 存储库的 Chapter09/go_Wasm_example_for_envoy 中可以找到该 Wasm 的源代码）。

读者可以使用 AWS S3 或类似的工具来实现此目的；另一种选择是使用 OCI 注册表，例如 Docker Hub。为了完成此练习，我们将 main.Wasm 上传到 AWS S3。托管文件的 S3 存储桶的 HTTPS 位置如下。

https://anand-temp.s3.amazonaws.com/main.Wasm

请注意，出于安全原因，在阅读本书时可能无法访问该链接，但我们相信读者可以设法创建自己的 S3 存储桶或 Docker 注册表。

（2）部署 httpbin 应用程序，后者已在本章配套 GitHub 存储库的 Chapter09/01-httpbin-deployment.yaml 中提供。

```
% kubectl apply -f Chapter09/01-httpbin-deployment.yaml
```

检查以下命令的响应并观察请求期间添加的标头。

```
% curl -H "Host:httpbin.org" http://
a816bb2638a5e4a8c990ce790b47d429-1565783620.us-east-1.
elb.amazonaws.com/get
```

（3）使用 WasmPlugin 应用以下更改。

```
apiVersion: extensions.istio.io/v1alpha1
kind: WasmPlugin
metadata:
    name: addheaders
    namespace: chapter09
spec:
    selector:
        matchLabels:
```

```
        app: httpbin
    url: https://anand-temp.s3.amazonaws.com/main.Wasm
    imagePullPolicy: Always
    phase: AUTHZ
```

使用以下命令应用 WasmPlugin。

```
% kubectl apply -f Chapter09/01-Wasmplugin.yaml
Wasmplugin.extensions.istio.io/addheaders configured
```

我们将在步骤（5）之后解读有关 WasmPlugin 的更多信息。目前让我们先来查看一下来自 httpbin 的响应标头。

```
% curl --head -H "Host:httpbin.org" http://
a816bb2638a5e4a8c990ce790b47d429-1565783620.us-east-1.
elb.amazonaws.com/get
```

可以注意到，正如预期的那样，我们在响应中包含了 x-chaptername:ExtendingEnvoy。

（4）让我们创建另一个 Wasm 来添加自定义标头到 request，以便可以在 httpbin 负载的响应中看到它。为此目的，在 Chapter09/go_Wasm_example_for_istio 中已经创建了一个 Wasm。注意 main.go 中的 OnHTTPRequestHeaders 函数。

```
func (ctx *httpHeaders) OnHttpRequestHeaders(numHeaders
int, endOfStream bool) types.Action {
    if err := proxyWasm.AddHttpRequestHeader("X-Chapter",
"Chapter09"); err != nil {
        proxyWasm.LogCritical("failed to set request
header: X-ChapterName")
    }
    proxyWasm.LogInfof("added custom header to request")
    return types.ActionContinue
}
```

将其编译到 Wasm 并复制到 S3 位置。在 Chapter09/02-Wasmplugin.yaml 中还有另一个 Istio 配置文件，它部署了此 Wasm。

```
apiVersion: extensions.istio.io/v1alpha1
kind: WasmPlugin
metadata:
    name: addheaderstorequest
    namespace: chapter09
spec:
    selector:
        matchLabels:
```

```
        app: httpbin
    url: https://anand-temp.s3.amazonaws.com/
AddRequestHeader.Wasm
    imagePullPolicy: Always
    phase: AUTHZ
```

（5）应用更改后，测试这些端点，你会发现两个 Wasm 都已执行，在响应中添加了一个标头，在请求中也添加了一个标头，这反映在 httpbin 响应中。

以下是该响应的节略版本。

```
% curl -v -H "Host:httpbin.org" http://
a816bb2638a5e4a8c990ce790b47d429-1565783620.us-east-1.
elb.amazonaws.com/get
< HTTP/1.1 200 OK
...
< x-chaptername: ExtendingEnvoy
<
{
    "args": {},
    "headers": {
        "Accept": "*/*",
        "Host": "httpbin.org",
        "User-Agent": "curl/7.79.1",
....,
        "X-Chapter": "Chapter09",
...
    },
    "origin": "10.10.10.216",
    "url": "http://httpbin.org/get"
}
```

在步骤（3）和步骤（4）中，我们使用了 WasmPlugin 在 Istio 数据平面上应用 Wasm。以下是在 WasmPlugin 中配置的参数。

❑　selector：在 selector 字段中可以指定应该应用 Wasm 的资源。它可以是 Istio 网关和 Kubernetes Pod。读者所提供的标签必须与应用 Wasm 配置的 Envoy Sidecar 的工作负载相匹配。在前面我们已经实现的示例中，应用了 app:httpbin 标签，后者对应于 httpbin Pod。

❑　url：这是可供下载 Wasm 文件的位置。我们提供了 HTTP 位置，但也支持 OCI 位置。默认值为 oci://，用于引用 OCI 镜像。要引用基于文件的位置，则可以使用 file://，它用于引用代理容器中本地存在的 Wasm 文件。

❑　imagePullPolicy：此参数可能的值如下。

　　➢　UNSPECIFIED_POLICY：这与 IfNotPresent 相同，除非该 URL 指向具有最新标签的 OCI 镜像。在后一种情形下，该字段将默认为 Always。

　　➢　Always：始终从 URL 中指定的位置提取最新版本的镜像。

　　➢　IfNotPresent：仅当请求的版本在本地不可用时才使用此选项拉取 Wasm。

❑　phase：此参数可能的值如下。

　　➢　UNSPECIFIED_PHASE：这意味着 Wasm 过滤器将被插入到过滤器链的末尾。

　　➢　AUTHN：这会在 Istio 身份验证过滤器之前插入插件。

　　➢　AUTHZ：这会在身份验证和授权过滤器之间插入插件。

　　➢　STATS：这会将插件插入到授权过滤器之后、STATS 过滤器之前。

我们已经描述了上述示例中使用的值，读者也可以在 WasmPlugin 中配置不同的字段。有关详细信息可访问以下网址。

https://istio.io/latest/docs/reference/config/proxy_extensions/Wasm-plugin/#WasmPlugin

对于生产环境中的部署，建议读者使用 sha256 字段来确保 Wasm 模块的完整性。

Istio 通过利用 istio-agent 内的 xDS 代理和 Envoy 的扩展配置发现服务（extension configuration discovery service，ECDS）为 Wasm 提供可靠的、开箱即用的分发机制。有关 ECDS 的详细信息可访问以下网址。

https://www.envoyproxy.io/docs/envoy/latest/configuration/overview/extension

应用 WasmPlugin 后，可以检查 istiod 日志中的 ECDS 条目。

```
% kubectl logs istiod-56fd889679-ltxg5 -n istio-system
```

读者将找到类似于以下内容的日志条目。

```
10-18T12:02:03.075545Z        info ads    ECDS: PUSH for
node:httpbin-7bffdcffd-4zrhj.chapter09 resources:1 size:305B
```

Istio 向 istio-proxy 发出有关应用 WasmPlugin 的 ECDS 调用。图 9.4 描述了通过 ECDS API 应用 Wasm 的过程。

与 Envoy 一起部署的 istio-agent 将拦截来自 istiod 的 ECDS 调用，然后下载 Wasm 模块，将其保存在本地，并使用下载的 Wasm 模块的路径更新 ECDS 配置。如果 Istio-agent 无法访问 WASM 模块，它将拒绝 ECDS 更新。在这种情况下，读者将能够在 istiod 日志中看到 ECDS 更新失败。

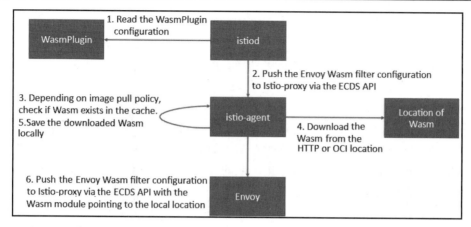

图 9.4　将 Wasm 分发到 Istio 数据平面

原　　文	译　　文
1. Read the WasmPlugin configuration	1．读取 WasmPlugin 配置
2. Push the Envoy Wasm filter configuration to Istio-proxy via the ECDS API	2．通过 ECDS API 将 Envoy Wasm 过滤器配置推送到 Istio-proxy
3. Depending on image pull policy, check if Wasm Exists in the cache.	3．根据镜像提取策略，检查缓存中是否存在 Wasm
4. Download the Wasm from the HTTP or OCI location	4．从 HTTP 或 OCI 位置下载 Wasm
5. Save the downloaded Wasm locally	5．将下载的 Wasm 保存在本地
6. Push the Envoy Wasm filter configuration to Istio-proxy via the ECDS API with the Wasm module Pointing to the local location	6．通过 ECDS API 将 Envoy Wasm 过滤器配置推送到 Istio-proxy，Wasm 模块指向本地位置
Location of Wasm	Wasm 的位置

　　本节内容到此结束，希望它能为读者提供足够的知识，以便将 Wasm 应用到读者的生产环境工作负载中。

9.6　小　　结

　　本章详细阐释了 Wasm 并介绍了其使用。我们讨论了 Wasm 的高性能如何在网络上使用，探讨了如何使用 Go 语言构建 Wasm，演示了如何通过 JavaScript 在 Web 浏览器中使用。Wasm 正在成为服务器端的流行选择，尤其是在 Envoy 等网络代理中。

为了获得用于代理实现 Wasm 的标准化接口，研究人员提出了 Proxy-Wasm ABI 规范，它是描述 Wasm 和托管 Wasm 的代理之间的接口的低级规范。Envoy 的 Wasm 需要兼容 Proxy-Wasm，但 Proxy-Wasm ABI 很难使用，而 Proxy-Wasm SDK 则更易用一些。在撰写本章时，有许多编程语言都可以实现 Proxy-Wasm SDK，其中 Rust、Go、C++和 AssemblyScript 是最流行的。

我们使用 Envoy Wasm 过滤器在 Envoy HTTP 过滤器链上配置了 Wasm，然后构建了一些简单的 Wasm 示例来操作请求和响应标头，并使用 WasmPlugin 将它们部署在 Istio 上。当然，Wasm 并不是扩展 Istio 数据平面的唯一选项，还有另一个名为 EnvoyFilter 的过滤器，它可以作为 Istiod 创建的 Envoy 配置之上的补丁来应用 Envoy 设置。

下一章非常有趣，因为我们将了解如何为非 Kubernetes 工作负载部署 Istio 服务网格。

第 10 章　为非 Kubernetes 工作负载部署 Istio 服务网格

Istio 和 Kubernetes 是相辅相成的技术。Kubernetes 解决了管理分布式应用程序的问题，这些应用程序打包为彼此隔离的容器，并使用专用资源部署在一致的环境中。Kubernetes 虽然解决了容器的部署、调度和管理问题，但并没有解决容器之间的流量管理问题。Istio 通过提供流量管理功能、增加可观察性和实现零信任安全模型等措施来补充Kubernetes。

Istio 就像 Kubernetes 的 Sidecar；话虽如此，Kubernetes 是一项相当新的技术，大约在 2017 年左右得到主流采用。从 2017 年开始，大多数企业在构建微服务和其他云原生应用程序时都使用 Kubernetes，但仍然有许多应用程序不是基于 Kubernetes 构建的，或未迁移到 Kubernetes；此类应用程序传统上部署在虚拟机上。虚拟机不仅限于传统数据中心，而且也是云提供商的主流产品。因此，许多组织都会考虑"两条脚走路"：在云和本地既部署基于 Kubernetes 的应用程序，也部署基于虚拟机的应用程序。

本章将阐释 Istio 如何帮助将传统技术和现代技术这两个世界结合起来，以及如何将服务网格扩展到 Kubernetes 之外。

本章包含以下主题。

❑　了解混合架构。

❑　为混合架构设置服务网格。

10.1　技 术 要 求

使用以下命令在 Google Cloud 中设置用于实战练习的基础设施。

（1）创建 Kubernetes 集群。

```
% gcloud container clusters create cluster1 --cluster-
version latest --machine-type "e2-medium" --num-nodes
"3" --network "default" --zone "australia-southeast1-a"
--disk-type "pd-standard" --disk-size "30"
kubeconfig entry generated for cluster1.
NAME          LOCATION                      MASTER_
```

```
VERSION      MASTER_IP        MACHINE_TYPE NODE_
VERSION          NUM_NODES STATUS
cluster1    australia-southeast1-a 1.23.12-
gke.100 34.116.79.135   e2-medium         1.23.12-
gke.100 3            RUNNING
```

（2）创建虚拟机。

```
% gcloud compute instances create chapter10-instance
--tags=chapter10-meshvm \
    --machine-type=e2-medium --zone=australia-southeast1-b
    --network=default --subnet=default \
    --image-project=ubuntu-os-cloud \
    --image=ubuntu-1804-bionic-v20221201, mode=rw, size=10
Created [https://www.googleapis.com/compute/v1/projects/
istio-book-370122/zones/australia-southeast1-b/instances/
chapter10-instance].
NAME         ZONE                        MACHINE_
TYPE    PREEMPTIBLE     INTERNAL_IP EXTERNAL_IP     STATUS
chapter10-instance australia-southeast1-b e2-
medium             10.152.0.13     34.87.233.38    RUNNING
```

（3）检查 kubectl 文件以查找集群名称并适当设置 context。

```
% kubectl config view -o json | jq .contexts
[
    {
        "name": "gke_istio-book-370122_australiasoutheast1-
a_cluster1",
        "context": {
            "cluster": "gke_istio-book-370122_australia-
southeast1-a_cluster1",
            "user": "gke_istio-book-370122_australia-
southeast1-a_cluster1"
        }
    }
]
% export CTX_CLUSTER1=gke_istio-book-370122_australia-
southeast1-a_cluster1
```

（4）从 Google Cloud 仪表板使用 SSH 访问已创建的服务器。读者将在右下角找到 SSH 选项，如图 10.1 所示。

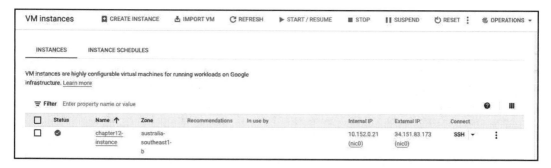

图 10.1　Google Cloud 仪表板

（5）单击 SSH，这会打开 SSH-in-browser，如图 10.2 所示。

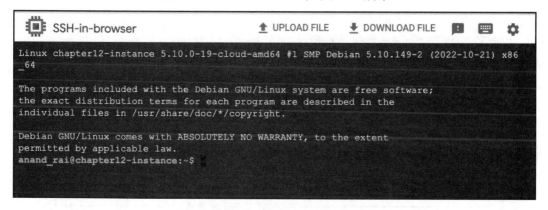

图 10.2　浏览器中的 SSH

（6）找到用户名，然后从终端找到 SSH。

```
% gcloud compute ssh anand_rai@chapter10-instance
```

（7）使用以下步骤设置防火墙以允许 Kubernetes 集群和虚拟机之间的流量。

① 查找集群的无类别域间路由（classless inter-domain routing，CIDR）。

```
% CLUSTER_POD_CIDR=$(gcloud container clusters describe
cluster1 --format=json --zone=australia-southeast1-a | jq
-r '.clusterIpv4Cidr')
% echo $CLUSTER_POD_CIDR
10.52.0.0/14
```

② 创建防火墙规则。

```
% gcloud compute firewall-rules create "cluster1-pods-to-
```

```
chapter10vm" \
    --source-ranges=$CLUSTER_POD_CIDR \
    --target-tags=chapter10-meshvm \
    --action=allow \
    --rules=tcp:10000
Creating firewall...:Created [https://www.googleapis.com/
compute/v1/projects/istio-book-370122/global/firewalls/
cluster1-pods-to-chapter10vm].
Creating firewall...done.
NAME NETWORK DIRECTION PRIORITY ALLOW    DENY DISA-BLED
cluster1-pods-to-chapter10vm
    default INGRESS  1000       tcp:10000      False
```

本章实战操作的技术准备至此结束。

接下来，让我们先探索一些基础知识，然后进行实际设置。

10.2　了解混合架构

如前文所述，一些组织已经采用了 Kubernetes，并将微服务和各种其他工作负载作为容器运行，但并非所有工作负载都适合容器。因此，组织必须接受如图 10.3 所示的混合架构。

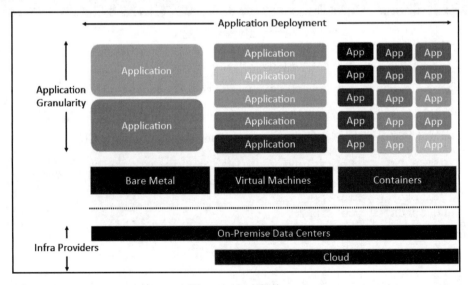

图 10.3　混合架构

原　　文	译　　文	原　　文	译　　文
Application Deployment	应用程序部署	Bare Metal	裸机
Application Granularity	应用程序粒度	Virtual Machines	虚拟机
Infra Providers	基础设施提供商	Containers	容器
Application	应用程序	On-Premise Data Centers	内部部署的数据中心
App	应用程序	Cloud	云

在如图 10.3 所示的混合架构中可以看到以下应用程序。

❑ 设备和遗留应用程序通常部署在裸机服务器上。

❑ 单体应用程序以及若干个商用货架产品（commercial off-the-shelf，COTS）应用程序部署在虚拟机上。

❑ 现代应用程序以及基于微服务架构的自主开发应用程序都被部署为容器，由 Kubernetes 等平台管理和编排。

所有 3 种部署模型（即裸机、虚拟机和容器）都分布在传统数据中心和各种云提供商中。这些应用程序架构和部署模式的混合会导致以下各种问题。

❑ 服务网格和虚拟机之间的流量管理具有挑战性，因为它们都不知道对方的存在。

❑ 虚拟机应用程序和服务网格内的应用程序之间的应用程序流量没有操作可见性。

❑ 服务网格内虚拟机和应用程序的治理不一致，因为没有一致的方式为虚拟机应用程序和网格内的应用程序定义和应用安全策略。

图 10.4 显示了包含虚拟机和服务网格的环境中的流量示例。

可以看到，虚拟机被视为一个单独的宇宙。开发人员必须选择一种部署模式，因为他们无法将系统组件分布在虚拟机和容器之间。这对于遗留系统来说还好，但是当基于微服务架构来构建应用程序时，在虚拟机和容器之间进行选择就受到了限制。例如，用户的系统可能需要一个最适合基于虚拟机部署的数据库，而应用程序的其余部分却可能非常适合基于容器的部署。尽管有许多传统的解决方案可以在服务网格和虚拟机之间路由流量，但这样做会导致不同的网络解决方案。幸运的是，Istio 提供了为虚拟机建立服务网格的选项。

接下来，让我们看看如何为虚拟机配置服务网格。

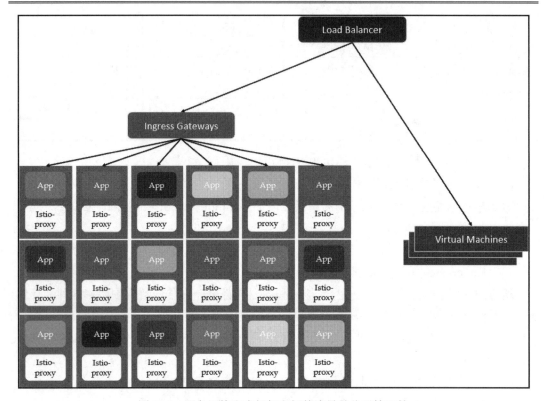

图 10.4　服务网格和虚拟机之间的流量是分开管理的

原　　文	译　　文	原　　文	译　　文
Load Balancer	负载均衡器	Virtual Machines	虚拟机
Ingress Gateways	Ingress 网关		

10.3　为混合架构设置服务网格

本节将设置服务网格。但首先我们需要了解一些有关设置的步骤，然后在虚拟机上设置示例应用程序。

10.3.1　设置概述

Envoy 是一个很棒的网络软件，也是一个优秀的反向代理；它也被广泛用作独立的反向代理。Solo.io 和其他一些公司已经使用 Envoy 构建了 API 网关解决方案，Kong Inc.
拥有 Kong Mesh 和 Kuma Service Mesh 技术，这些技术利用 Envoy 作为数据平面的
Sidecar。

　　当 Envoy 部署为 Sidecar 时，并不知道自己是一个 Sidecar；它通过 xDS 协议与 istiod
进行通信。Istio init 使用正确的配置和有关 istiod 的详细信息引导 Envoy，并且 Sidecar
注入会安装正确的证书，然后 Envoy 使用这些证书通过 istiod 进行自身身份验证；一旦引
导完成，即可通过 xDS API 不断获取正确的配置。

　　基于相同的概念，Istio 可以将 Envoy 打包为虚拟机的 Sidecar。Istio operator 需要执
行如图 10.5 所示的步骤，将虚拟机包含到服务网格中。

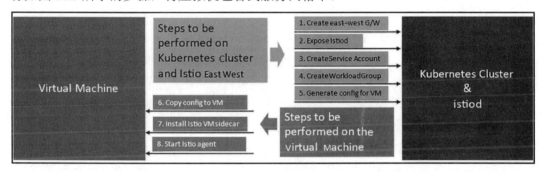

图 10.5　将虚拟机包含到服务网格中的步骤

原　　　文	译　　　文
Virtual Machine	虚拟机
Steps to be performed on Kubernetes cluster and Istio EastWest	在 Kubernetes 集群和 Istio 东西向网关上执行的步骤
1. Create east-west G/W	1．创建东西向网关
2. Expose Istiod	2．公开 Istiod
3. Create Service Account	3．创建服务账户
4. Create Workload Group	4．创建工作负载组
5. Generate config for VM	5．生成虚拟机配置
6. Copy config to VM	6．将配置复制到虚拟机
7. Install Istio VMs sidecar	7．安装 Istio 虚拟机 Sidecar
8. Start Istio agent	8．启动 Istio 代理
Steps to be performed on the virtual machine	在虚拟机上执行的步骤

以下是我们将在下文采用的步骤的简要概述。

（1）为了让虚拟机 Sidecar 访问 Istio 控制平面，需要通过东西向网关公开 istiod。因此，还需要安装另一个 Ingress 网关用于东西向流量。

（2）通过东西向网关公开 istiod 服务。此步骤和上一步骤类似于第 8 章"将 Istio 扩展到跨 Kubernetes 的多集群部署"中讨论的多集群服务网格设置所需的步骤。

（3）虚拟机中的 Sidecar 需要访问 Kubernetes API 服务器，但由于虚拟机不是集群的一部分，因此它无权访问 Kubernetes 凭据（Kubernetes credential）。为了解决这个问题，可以在 Kubernetes 中手动创建一个服务账户，以便虚拟机 Sidecar 访问 API 服务器。下文我们将采用手动操作方法，但其实你也可以使用外部凭证管理服务（例如 HashiCorp Vault）自动执行此操作。

（4）下一步是创建 Istio 工作负载组（workload group）。WorkloadGroup 提供了 Sidecar 使用的规范来引导自身。它可以由运行相似类型工作负载的虚拟机集合共享。

在 WorkloadGroup 中，用户可以定义标签，通过这些标签可以在 Kubernetes 中识别工作负载以及其他细微差别，例如公开哪些端口、要使用的服务账户以及各种运行状况检查探针。在某种程度上，WorkloadGroup 类似于 Kubernetes 中的部署描述符。我们将在下文的设置过程中更详细地了解它。

（5）operator 需要手动生成将用于配置虚拟机和 Sidecar 的配置。在生成可自动扩展虚拟机的配置时，此步骤存在一些挑战。

（6）在此步骤中，我们需要将上一步的配置复制到虚拟机的指定位置。

（7）需要安装 Istio Sidecar。

（8）最后，还需要启动 Istio Sidecar 并执行一些检查，以确保它已获取步骤（5）中创建的配置。

一旦 Istio Sidecar 启动，只要目标服务端点（可以是虚拟机或 Kubernetes Pod）位于同一网络上，它就会拦截传出流量并根据服务网格规则进行路由。Ingress 网关完全了解虚拟机工作负载并可以路由流量，这同样适用于网格内的任何流量，如图 10.6 所示：

Pod 连接假设集群网络使用与独立机器相同的地址空间。对于云管理的 Kubernetes（Google GKE 和 Amazon EKS），它是默认的网络模式，但对于自我管理的集群，用户需要一个网络子系统（例如 Calico）来实现平坦的可路由网络地址空间。

接下来，我们将在虚拟机上执行 Istio 的设置，因此请首先确保你已完成 10.1 节"技术要求"中描述的任务。

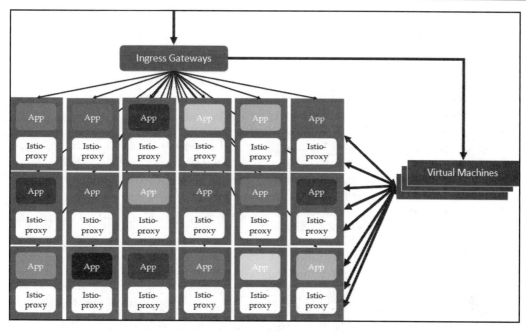

图 10.6　虚拟机工作负载的处理方式与网格中的其他工作负载类似

原　　文	译　　文	原　　文	译　　文
Load Balancer	负载均衡器	Virtual Machines	虚拟机
Ingress Gateways	Ingress 网关		

10.3.2　在虚拟机上设置演示应用程序

我们将首先在虚拟机上安装一个应用程序来模拟虚拟机工作负载/应用程序，然后使用它来测试整体设置。为此需要执行以下步骤。

（1）在虚拟机上设置 Envoy。

按照 Envoy 在以下网址提供的说明进行操作。

https://www.envoyproxy.io/docs/envoy/latest/start/install

该设置基于创建虚拟机所选择的操作系统，可以按如下方式完成。

① 安装 envoy，如以下代码块所示。

```
$ sudo apt update
$ sudo apt install debian-keyring debian-archive-keyring
apt-transport-https curl lsb-release
```

```
$ curl -sL 'https://deb.dl.getenvoy.io/public/
gpg.8115BA8E629CC074.key' | sudo gpg --dearmor -o /usr/
share/keyrings/getenvoy-keyring.gpg
# Verify the keyring - this should yield "OK"
$ echo
a077cb587a1b622e03aa4bf2f3689de14658a9497a9af2c427bba5f4cc3c4723
/usr/share/keyrings/getenvoy-keyring.gpg |
sha256sum --check
$ echo "deb [arch=amd64 signed-by=/usr/share/keyrings/
getenvoy-keyring.gpg] https://deb.dl.getenvoy.io/public/
deb/debian $(lsb_release -cs) main" | sudo tee /etc/apt/
sources.list.d/getenvoy.list
$ sudo apt update
$ sudo apt install getenvoy-envoy
```

② 检查 envoy 是否正确安装。

```
$ envoy --version
envoy   version:
d362e791eb9e4efa8d87f6d878740e72dc8330ac/1.18.2/clean-
getenvoy-76c310e-envoy/RELEASE/BoringSSL
```

（2）配置 Envoy 运行虚拟应用程序。

① 使用 vi 或任何其他编辑器，创建 envoy-demo.yaml 并复制本书配套 GitHub 存储库中 Chapter4/envoy-config-2.yaml 的内容。

② 检查 envoy-demo.yaml 的内容是否与你复制或创建的内容匹配。

（3）使用 envoy-demo.yaml 中提供的配置运行 envoy。

```
$ envoy -c envoy-demo.yaml &
[2022-12-06 03:46:31.679][55335][info][main] [external/
envoy/source/server/server.cc:330] initializing epoch 0
(base id=0, hot restart version=11.104)
```

（4）测试应用程序是否在虚拟机上运行。

```
$ curl localhost:10000
V2----------Bootstrap Service Mesh Implementation with
Istio----------V2
```

应用程序在虚拟机上运行后，可以继续进行其余的设置。

注意，在虚拟机上安装 Istio 之前，并不强制要求设置应用程序。用户可以在虚拟机上设置 Istio Sidecar 之前或之后随时在虚拟机上安装演示应用程序。

10.3.3　在集群中设置 Istio

我们假设读者的集群没有运行 Istio，但如果已经运行，则可以跳过本小节。

使用以下步骤进行设置。

（1）配置 IstioOperator 用于安装的配置文件，提供集群和网络名称。该文件也可以在 Chapter10/01-Cluster1.yaml 中找到。

```
apiVersion: install.istio.io/v1alpha1
kind: IstioOperator
spec:
  values:
    global:
      meshID: mesh1
      multiCluster:
        clusterName: cluster1
      network: network1
```

（2）安装 Istio，示例代码如下。

```
% istioctl install -f Chapter10/01-Cluster1.yaml
--set values.pilot.env.PILOT_ENABLE_WORKLOAD_ENTRY_
AUTOREGISTRATION=true --set values.pilot.env.PILOT_
ENABLE_WORKLOAD_ENTRY_HEALTHCHECKS=true --context="${CTX_CLUSTER1}"

This will install the Istio 1.16.0 default profile with
["Istio core" "Istiod" "Ingress gateways"] components
into the cluster. Proceed? (y/N) y
    Istio core installed
    Istiod installed
    Ingress gateways installed
    Installation complete
                                Making this installation
the default for injection and validation.
```

集群中 Istio 的基本安装到此结束。

接下来，我们将配置 Istio，使其准备好与虚拟机上的 Istio 集成。

10.3.4　配置 Kubernetes 集群

本小节将准备网格以与虚拟机上的 Istio 集成。

（1）安装东西向网关以公开 istiod 验证 Webhook 和服务。

```
% samples/multicluster/gen-eastwest-gateway.sh \
--mesh mesh1 --cluster cluster1 --network network1 | \
istioctl install -y --context="${CTX_CLUSTER1}" -f -

✔ Ingress gateways installed
✔ Installation complete
```

（2）公开 istiod 服务。

```
% kubectl apply -n istio-system -f samples/multicluster/
expose-istiod.yaml --context="${CTX_CLUSTER1}"
gateway.networking.istio.io/istiod-gateway created
virtualservice.networking.istio.io/istiod-vs created
```

（3）按照以下步骤创建服务账户。

① 创建一个命名空间来托管 WorkloadGroup 和 ServiceAccount。

```
% kubectl create ns chapter10vm --context="${CTX_CLUSTER1}"
namespace/chapter10vm created
```

② 创建一个服务账户，供虚拟机上的 istiod 用于连接 Kubernetes API 服务器。

```
% kubectl create serviceaccount chapter10-sa -n
chapter10vm --context="${CTX_CLUSTER1}"
serviceaccount/chapter10-sa created
```

（4）设置 WorkloadGroup 如下。

① 使用以下配置创建工作负载模板；该文件也可以在本章配套 GitHub 存储库的 Chapter10/01-WorkloadGroup.yaml 中找到。

```
apiVersion: networking.istio.io/v1alpha3
kind: WorkloadGroup
metadata:
    name: "envoydummy"
    namespace: "chapter10vm"
spec:
    metadata:
        labels:
            app: "envoydummy"
    template:
        serviceAccount: "chapter10-sa"
        network: "network1"
```

```
probe:
   periodSeconds: 5
   initialDelaySeconds: 1
   httpGet:
       port: 10000
       path: /
```

② 应用配置。Istio 将使用此模板来创建代表在虚拟机上运行的工作负载的工作负载条目。

```
% kubectl --namespace chapter10vm apply -f "Chapter10/01-
WorkloadGroup.yaml" --context="${CTX_CLUSTER1}"
workloadgroup.networking.istio.io/envoyv2 created
```

在进入下一小节之前，让我们先来看一下 WorkloadGroup.yaml 的内容。

WorkloadGroup 是一种定义虚拟机中托管的工作负载特征的方法，类似于 Kubernetes 中的部署。WorkloadGroup 具有以下配置。

❑ metadata：这主要用于定义 Kubernetes 标签来识别工作负载。我们设置了一个值为 envoydummy 的 app 标签，可以在 Kubernetes 服务描述中使用它来标识要由服务定义抽象的端点。

❑ template：这定义了将复制到 Istio 代理生成的 WorkloadEntry 配置的值。两个最重要的值是服务账户名称和网络名称。

　　ServiceAccount 指定账户名称，其令牌将用于生成工作负载身份。

　　网络名称用于根据网络位置对端点进行分组，并了解哪些端点可以直接相互访问，哪些端点需要通过东西向网关连接，就像在第 8 章"将 Istio 扩展到跨 Kubernetes 的多集群部署"中为多集群环境设置的端点一样。

　　在本例中，我们分配了 network1 的值，该值与我们在 01-cluster1.yaml 中配置的值（即 cluster1）相同，该虚拟机位于同一网络，并且彼此直接可达，所以不需要任何特殊的措施来连接它们。

❑ probe：这是用于了解虚拟机工作负载的运行状况和准备情况的配置。流量不会路由到不健康的工作负载，从而提供弹性架构。

　　在此实例中，我们配置为在创建 WorkloadEntry 后延迟 1s 执行 HTTP Get 探测，然后每隔 5s 定期执行一次。读者还可以定义成功和失败阈值，默认值分别为 1s 和 3s。我们已配置虚拟机上的端点在根路径上的端口 10000 上公开，它可用于确定应用程序的运行状况。

接下来，让我们开始在虚拟机上设置 Istio。

10.3.5　在虚拟机上设置 Istio

要在虚拟机上配置和设置 Istio，可执行以下步骤。

（1）生成 Istio Sidecar 的配置。

```
% istioctl x workload entry configure -f "Chapter10/01-
WorkloadGroup.yaml" -o . --clusterID "cluster1"
--autoregister --context="${CTX_CLUSTER1}"
Warning: a security token for namespace "chapter10vm" and
service account "chapter10-vm-sa" has been generated and
stored at "istio-token"
Configuration generation into directory . was successful
```

这将在当前目录中生成以下 5 个文件。

```
% ls
hosts root-cert.pem istio-token cluster.env mesh.yaml
```

（2）将所有文件复制到虚拟机主目录，然后将它们复制到各个文件夹，如以下代码块所示。

```
% sudo mkdir -p /etc/certs
% sudo cp "${HOME}"/root-cert.pem /etc/certs/root-cert.pem
% sudo mkdir -p /var/run/secrets/tokens
% sudo cp "${HOME}"/istio-token /var/run/secrets/tokens/
istio-token
% sudo cp "${HOME}"/cluster.env /var/lib/istio/envoy/
cluster.env
% sudo cp "${HOME}"/mesh.yaml /etc/istio/config/mesh
% sudo sh -c 'cat $(eval echo ~$SUDO_USER)/hosts >> /etc/
hosts'
% sudo mkdir -p /etc/istio/proxy
% sudo chown -R istio-proxy /var/lib/istio /etc/certs /
etc/istio/proxy /etc/istio/config /var/run/secrets /etc/
certs/root-cert.pem
```

（3）安装 Istio 虚拟机集成运行时。从以下网址下载并安装软件包。

https://storage.googleapis.com/istio-release/releases/

具体命令如下。

```
$ curl -LO https://storage.googleapis.com/istio-release/
```

```
releases/1.16.0/deb/istio-sidecar.deb
$ sudo dpkg -i istio-sidecar.deb
Selecting previously unselected package istio-sidecar.
(Reading database ... 54269 files and directories
currently installed.)
Preparing to unpack istio-sidecar.deb ...
Unpacking istio-sidecar (1.16.0) ...
Setting up istio-sidecar (1.16.0) ...
```

（4）在虚拟机上启动 Istio 代理，然后检查状态。

```
$ sudo systemctl start istio
$ sudo systemctl status istio
● istio.service - istio-sidecar: The Istio sidecar
   Loaded: loaded (/lib/systemd/system/istio.service;
disabled; vendor preset: enable>
   Active: active (running) since Tue 20XX-XX-06
07:56:03 UTC; 15s ago
       Docs: http://istio.io/
   Main PID: 56880 (sudo)
      Tasks: 19 (limit: 4693)
     Memory: 39.4M
        CPU: 1.664s
     CGroup: /system.slice/istio.service
             ├──56880 sudo -E -u istio-proxy -s /bin/bash
-c ulimit -n 1024; INSTANCE_IP>
             ├──56982 /usr/local/bin/pilot-agent proxy
             └──56992 /usr/local/bin/envoy -c etc/istio/
proxy/envoy-rev.json --drain-tim>
```

Istio Sidecar 在虚拟机上的安装和配置至此完成。

接下来，验证 WorkloadEntry 是否已在 Chapter10vm 命名空间中创建。

```
% kubectl get WorkloadEntry -n chapter10vm
NAME                            AGE     ADDRESS
envoydummy-10.152.0.21-network1 115s    10.152.0.21
```

WorkloadEntry 是自动创建的，这表明虚拟机已成功将其自身加入网格中。它描述了虚拟机上运行的应用程序的属性，并从 WorkloadGroup 配置继承模板。

使用以下代码块检查 WorkloadEntry 的内容。

```
% kubectl get WorkloadEntry/envoydummy-10.152.0.21-network1 -n
chapter10vm -o yaml
```

WorkloadEntry 包含以下值。

- ❑ address：这是虚拟机上运行应用程序的网络地址。这也可以是 DNS 名称。在本例中，虚拟机的私有 IP 为 10.152.0.21。
- ❑ labels：这些标签继承自 WorkloadGroup 定义，用于标识服务定义选择的端点。
- ❑ locality：在多数据中心中，该字段用于标识机架级别工作负载的位置。该字段用于基于位置/邻近性的负载平衡。
- ❑ network：该值继承自 WorkloadGroup 条目。
- ❑ serviceAccount：该值继承自 WorkloadGroup 条目。
- ❑ status：该值指定应用程序的运行状况。

至此，我们已经在虚拟机上配置了 Istio 代理，并验证了该代理可以与 Istiod 进行通信。接下来，我们将把虚拟机上的工作负载纳入网格中。

10.3.6　将虚拟机工作负载纳入网格中

现在让我们开始执行配置，以便网格可以将流量路由到虚拟机上运行的工作负载。

（1）使用以下代码块将虚拟机上的 envoydummy 应用程序公开为 Kubernetes 服务。

```
apiVersion: v1
kind: Service
metadata:
    name: envoydummy
    labels:
        app: envoydummy
    namespace: chapter10vm
spec:
    ports:
    - port: 80
        targetPort: 10000
        name: tcp
    selector:
        app: envoydummy
---
```

这是一个标准配置，它将虚拟机视为需要由服务公开的 Pod。请注意这些标签，它们与 WorkloadGroup 定义中的元数据值相匹配。

定义服务时，只需假设虚拟机只不过是 WorkloadGroup 配置文件中定义的 Kubernetes Pod。服务描述文件位于 Chapter10/01-istio-gateway.yaml。

使用以下命令应用配置。

```
% kubectl apply -f Chapter10/02-envoy-proxy.yaml -n
chapter10vm
```

（2）在 Kubernetes 集群中部署 v1 版本的 envoydummy 应用程序。

```
$ kubectl create ns chapter10 --context="${CTX_CLUSTER1}"
$ kubectl label namespace chapter10 istio-
injection=enabled --context="${CTX_CLUSTER1}"
$ kubectl create configmap envoy-dummy --from-
file=Chapter3/envoy-config-1.yaml -n chapter10
--context="${CTX_CLUSTER1}"
$ kubectl create -f "Chapter10/01-envoy-proxy.yaml"
--namespace=chapter10 --context="${CTX_CLUSTER1}"
$ kubectl apply -f Chapter10/01-istio-gateway.yaml" -n
chapter10 --context="${CTX_CLUSTER2}"
```

注意 01-istio-gateway.yaml 中的 route 配置。

```
route:
- destination:
    host: envoydummy.chapter10.svc.cluster.local
  weight: 50
- destination:
    host: envoydummy.chapter10vm.svc.cluster.local
  weight: 50
```

可以看到，我们将一半流量路由到 envoydummy.chapter10vm.svc.cluster.local（代表虚拟机中运行的应用程序），另一半流量路由到 envoydummy.Chapter10.svc.cluster.local（代表运行在 Kubernetes 集群中的应用程序）。

我们已经配置了虚拟机工作负载与网格集成的所有步骤。要测试虚拟机的连接和 DNS 解析，应从虚拟机运行以下命令。

```
$ curl envoydummy.chapter10.svc:80
Bootstrap Service Mesh Implementation with Istio
```

这表明虚拟机能够识别服务网格中公开的端点。读者也可以反过来，从本书 GitHub 存储库的 utilities 文件夹中描述的 curl Pod 的 Kubernetes 集群中运行命令，应确保它是网格的一部分，而不仅仅是在 Kubernetes 上运行的 Pod。

可以从 Istio Ingress 网关测试它。

```
% for i in {1..10}; do curl -Hhost:mockshop.com -s
"http://34.87.194.86:80";echo '\n'; done
V2----------Bootstrap Service Mesh Implementation with Istio--
```

```
--------V2
Bootstrap Service Mesh Implementation with Istio
V2----------Bootstrap Service Mesh Implementation with Istio--
--------V2
Bootstrap Service Mesh Implementation with Istio
V2----------Bootstrap Service Mesh Implementation with Istio--
--------V2
Bootstrap Service Mesh m bbhgc Mesh Implementation with Istio-
---------V2
Bootstrap Service Mesh Implementation with Istio
V2----------Bootstrap Service Mesh Implementation with Istio--
--------V2
Bootstrap Service Mesh Implementation with Istio
```

现在让我们看一下 Kiali 仪表板，看看它的图表是什么样的。请按照 2.5 节 "可观察性工具" 中的说明安装 Kiali。

图 10.7 显示了 Kiali 仪表板。

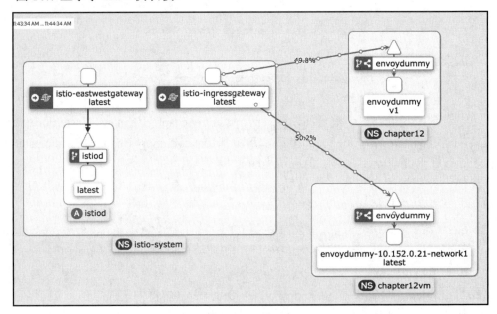

图 10.7　显示虚拟机工作负载流量分布的 Kiali 仪表板

在图 10.7 中可以看到，chapter10vm 命名空间中的 WorkloadEntry 表示为另一个 Pod，就像 chapter10 命名空间中的 envoydummyv1 一样。

至此，将虚拟机工作负载纳入网格的设置已经完成。

10.4　小　　结

虚拟机是现代架构中的一个重要组成部分，并且在可预见的未来将与容器一起存在。借助 Istio，读者可以将虚拟机上运行的传统工作负载集成到 Istio 服务网格中，并可以利用 Istio 提供的流量管理和安全性方面的所有优势。

Istio 对虚拟机的支持既可以包含遗留应用程序，也可以包含由于网格中的某些限制而无法在容器上运行的应用程序。

阅读完本章后，读者应该能够为混合架构创建网格。现在读者可以在虚拟机上安装 Istio，并将其工作负载与网格以及基于 Kubernetes 的工作负载集成。为了让自己更加熟悉本章中的概念，可以练习使用不同版本的 envoydummy 应用程序创建多个虚拟机，然后通过虚拟服务和目的地规则实现流量管理。

下一章将探讨管理 Istio 的各种故障排除策略和技术。

第 11 章　Istio 故障排除和操作

部署微服务涉及许多移动部分，包括应用程序、底层 Kubernetes 平台以及 Istio 提供的应用程序网络。网格以非预期方式运行的情况并不少见。Istio 在其早期因复杂且难以排除故障而臭名昭著。Istio 社区非常重视这个问题，并一直致力于简化其安装和维护操作，以使其在生产规模部署中使用起来更容易、更可靠。

本章将分析用户在操作 Istio 时会遇到的常见问题，探讨如何将它们与其他问题区分开来并进行隔离。然后，我们将学习一旦发现这些问题如何解决它们。本章还将探索部署和操作 Istio 的各种最佳实践，以及如何自动执行最佳实践。

本章包含以下主题。

- ❏　理解 Istio 组件之间的交互。
- ❏　检查和分析 Istio 配置。
- ❏　使用访问日志排除错误。
- ❏　使用调试日志排除错误。
- ❏　调试 Istio 代理。
- ❏　了解 Istio 的最佳实践。
- ❏　使用 OPA Gatekeeper 自动执行最佳实践。

11.1　理解 Istio 组件之间的交互

在排除服务网格问题时，网格的意外行为可能是由以下潜在问题之一引起的。

- ❏　控制平面配置无效。
- ❏　数据平面配置无效。
- ❏　意外的数据平面。

接下来，我们将探索如何借助 Istio 提供的各种诊断工具来诊断此类意外行为的根本原因。但首先，让我们看看 Istiod、数据平面和其他组件之间在网格内部发生的各种交互。

11.1.1　探索 Istiod 端口

Istiod 公开了各种端口，其中一些可用于故障排除。本小节将详细介绍这些端口，了解它们的用途，看看它们如何帮助排除故障。

先来研究一下这些端口。

❑ 端口 15017：此端口在 Istiod 上公开，用于 Sidecar 注入和验证。每当在启用了 Istio 注入的 Kubernetes 集群中创建 Pod 时，变异准入控制器都会在此端口上向 Istiod 发送请求，以获取 Sidecar 注入模板并随后验证配置。

　　该端口最初在端口 443 上公开，但被转发到端口 15017，我们在设置 primary-remote 集群时看到了该端口的作用。

❑ 端口 15014：Prometheus 使用此端口来抓取控制平面指标。用户可以使用以下命令来检查指标。

```
% kubectl -n istio-system port-forward deploy/istiod
15014 &
[1] 68745
Forwarding from 127.0.0.1:15014 -> 15014
```

然后，可以从端口 15014 提取指标。

```
% curl http://localhost:15014/metrics
Handling connection for 15014
# HELP citadel_server_csr_count The number of CSRs
received by Citadel server.
# TYPE citadel_server_csr_count counter
citadel_server_csr_count 6
# HELP citadel_server_root_cert_expiry_timestamp The
unix timestamp, in seconds, when Citadel root cert will
expire. A negative time indicates the cert is expired.
# TYPE citadel_server_root_cert_expiry_timestamp gauge
citadel_server_root_cert_expiry_timestamp 1.986355163e+09
….
```

❑ 端口 15010 和 15012：这两个端口为 xDS 和 CA API 提供服务。区别在于端口 15010 不安全，而端口 15012 安全，因此可用于生产环境。

❑ 端口 9876：此端口公开 ControlZ 界面，这是一个 Istiod 自查框架，用于检查和操作 Istiod 实例的内部状态。此端口用于通过网格内的 REST API 调用或通过仪表板访问 ControlZ 界面，可使用以下命令访问仪表板。

```
% istioctl dashboard controlz deployment/istiod.istio-system
```

图 11.1 显示了 ControlZ 界面。

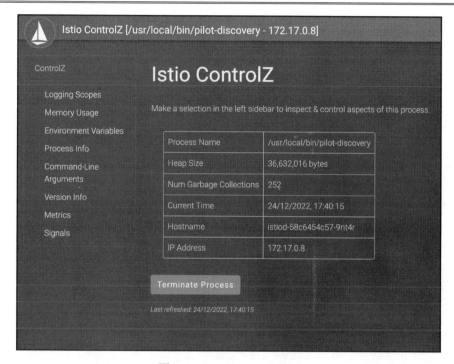

图 11.1　Istio ControlZ 界面

可以看到，ControlZ 界面可用于检查日志记录范围、环境变量等。该界面还可用于
更改日志记录级别。

本小节探索了 Istiod 公开的各种端口。接下来，让我们看看 Istio 数据平面公开的端口。

11.1.2　探索 Envoy 端口

Envoy 是 Istio 的数据平面，公开了与 Istio 控制平面和可观察性工具交互的各种端口。
下面我们研究一下这些端口及其作用，看看它们是如何帮助排除故障的。

- □　端口 15000：这是 Envoy 管理界面，可用于检查和查询 envoy 配置。下文将详细
  介绍此端口。
- □　端口 15001：此端口用于接收来自应用程序 Pod 的所有出站流量。
- □　端口 15004：该端口可用于调试数据平面配置。
- □　端口 15006：来自网格内的所有入站应用程序流量都会路由到此端口。
- □　端口 15020：此端口提供来自 Envoy、istio-agent 和应用程序的合并指标信息，
  然后由 Prometheus 抓取。

❑　端口 15021：此端口用于执行数据平面的健康检查。

❑　端口 15053：该端口用于为 DNS 代理提供服务。

❑　端口 15090：此端口提供 Envoy 遥测信息。

接下来，我们将探讨如何分析和检查 Istio 配置。

11.2　检查和分析 Istio 配置

在调试 Istio 数据平面时，检查 Istio 控制平面和数据平面之间是否存在配置不匹配的情况很有用。使用多集群网格时，最好首先检查控制平面和数据平面之间的连通性；如果你的 Pod 支持 curl，则可以使用以下命令检查两者之间的连通性。

```
$ kubectl exec -it curl -c curl -n chapter11 -- curl istiod.
istio-system.svc.cluster.local:15014/version
1.16.0-8f2e2dc5d57f6f1f7a453e03ec96ca72b2205783-Clean
```

要检查配置，第一个检查点是可以使用 istioctl proxy-status 命令来查找 Istiod 和 istio-proxy 之间的集群、侦听器、路由和端点配置的同步状态。

可使用以下命令查看整个集群的配置状态。

```
% istioctl proxy-status
NAME            CLUSTER         CDS       LDS       EDS
        RDS       ECDS        ISTIOD                    VERSION
curl.chapter11
Kubernetes      SYNCED        SYNCED        SYNCED        SYNCED
        NOT SENT          istiod-58c6454c57-9nt4r 1.16.0
envoydummy.chapter11
Kubernetes      SYNCED        SYNCED        SYNCED        SYNCED
        NOT SENT          istiod-58c6454c57-9nt4r 1.16.0
istio-egressgateway-5bdd756dfd-bjqrg.istio-
system    Kubernetes      SYNCED        SYNCED        SYNCED        NOT
SENT    NOT SENT          istiod-58c6454c57-9nt4r    1.16.0
istio-ingressgateway-67f7b5f88d-xx5fb.istio-system
Kubernetes SYNCED          SYNCED        SYNCED        SYNCED
        NOT SENT          istiod-58c6454c57-9nt4r    1.16.0
```

以下是同步状态的可能值。

❑　SYNCED：Envoy 拥有最新配置。

❑　NOT SENT：Istiod 尚未向 Envoy 发送任何配置；在大多数情况下，其原因是 Istiod 没有要发送的配置。在此示例中，Istio Egress 网关的状态为 NOT SENT，因为没有要同步的路由信息。

❑　STALE：Envoy 没有最新的配置，这表明 Envoy 和 Istiod 之间存在网络问题。
可使用以下命令检查工作负载的状态：

```
% istioctl proxy-status envoydummy.chapter11
Clusters Match
Listeners Match
Routes Match (RDS last loaded at Sat, 17 Dec 2022 11:53:31
AEDT)Access Logs
```

如果正在调查的 Pod 支持 curl，则可使用以下命令从端口 15000 公开的 Envoy 管理
界面获取配置来执行 istio-proxy 配置的转储。

```
% kubectl exec curl -c curl -n chapter11 -- curl
localhost:15000/config_dump > config_dump.json
```

现在可以使用以下 istioctl proxy-config 命令有选择地转储侦听器、集群、路由和端点
的配置。

```
% istioctl proxy-config endpoints envoydummy.chapter11 -o json
> endpoints-envoydummy.json
% istioctl proxy-config routes envoydummy.chapter11 -o json >
routes-envoydummy.json
% istioctl proxy-config listener envoydummy.chapter11 -o json >
listener-envoydummy.json
% istioctl proxy-config cluster envoydummy.chapter11 -o json >
cluster-envoydummy.json
```

用户可以从 istiod 角度获取 Envoy 配置，并将其与从 Envoy 管理界面获取的配置进
行比较。

```
% kubectl exec istiod-58c6454c57-gj6cw -n istio-system -- curl
'localhost:8080/debug/config_dump?proxyID=curl.chapter11' | jq
. > Chapter11/config-from-istiod-for-curl.json
```

可使用以下命令从 Web 浏览器检查 Pod 中的 istio-proxy 配置。

```
$ kubectl port-forward envoydummy -n chapter11 15000
```

现在可以从浏览器访问 Envoy 仪表板，如图 11.2 所示。

Envoy 仪表板是检查值的一个不错的选择，但在更改配置参数时要小心，因为从该
仪表板中进行修改，实际上是在 istiod 的权限之外更改数据平面配置。

在撰写本书时，istioctl describe 仍只是一个实验性功能。它用于描述 Pod，如果该 Pod

满足成为网格一部分的所有要求，则此命令（当针对 Pod 运行时）还可以判断 Pod 中的 istio-proxy 是否已启动，或者 Pod 是否属于网格的一部分。它将发出任何警告和建议，以便更好地将 Pod 集成到网格中。

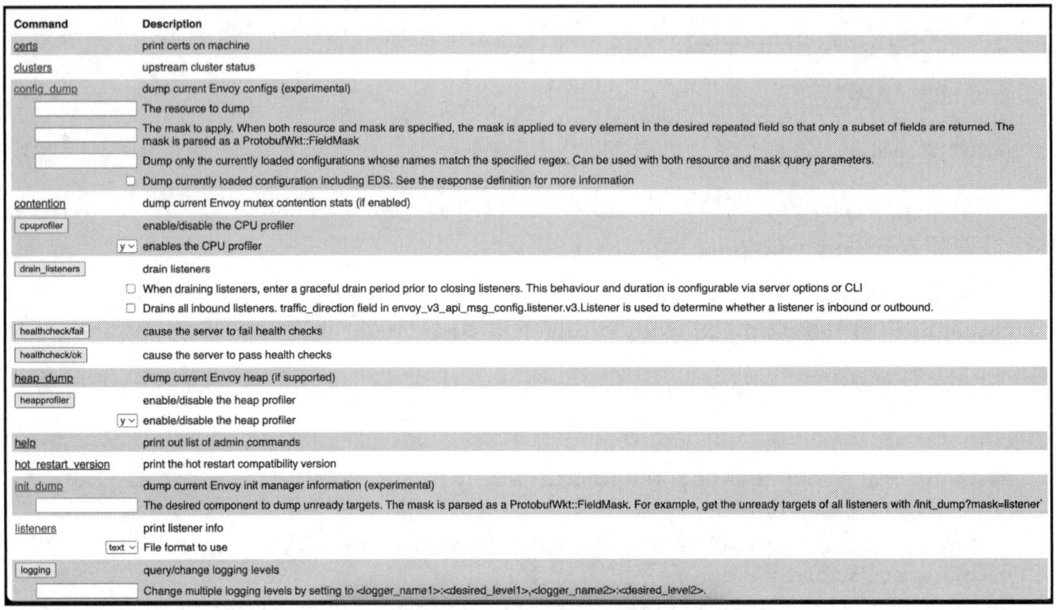

Command	Description
certs	print certs on machine
clusters	upstream cluster status
config_dump	dump current Envoy configs (experimental)
[ ]	The resource to dump
[ ]	The mask to apply. When both resource and mask are specified, the mask is applied to every element in the desired repeated field so that only a subset of fields are returned. The mask is parsed as a ProtobufWkt::FieldMask
[ ]	Dump only the currently loaded configurations whose names match the specified regex. Can be used with both resource and mask query parameters.
☐	Dump currently loaded configuration including EDS. See the response definition for more information
contention	dump current Envoy mutex contention stats (if enabled)
cpuprofiler	enable/disable the CPU profiler
[y ∨]	enables the CPU profiler
drain_listeners	drain listeners
☐	When draining listeners, enter a graceful drain period prior to closing listeners. This behaviour and duration is configurable via server options or CLI
☐	Drains all inbound listeners. traffic_direction field in envoy_v3_api_msg_config.listener.v3.Listener is used to determine whether a listener is inbound or outbound.
healthcheck/fail	cause the server to fail health checks
healthcheck/ok	cause the server to pass health checks
heap_dump	dump current Envoy heap (if supported)
heapprofiler	enable/disable the heap profiler
[y ∨]	enable/disable the heap profiler
help	print out list of admin commands
hot_restart_version	print the hot restart compatibility version
init_dump	dump current Envoy init manager information (experimental)
[ ]	The desired component to dump unready targets. The mask is parsed as a ProtobufWkt::FieldMask. For example, get the unready targets of all listeners with /init_dump?mask=listener
listeners	print listener info
[text ∨]	File format to use
logging	query/change logging levels
[ ]	Change multiple logging levels by setting to <logger_name1>:<desired_level1>,<logger_name2>:<desired_level2>.

图 11.2　Envoy 仪表板

以下命令将针对 envoydummy Pod 运行 istioctl describe 命令。

```
% istioctl x describe pod envoydummy -n chapter11
Pod: envoydummy
    Pod Revision: default
    Pod Ports: 10000 (envoyproxy), 15090 (istio-proxy)
Suggestion: add 'app' label to pod for Istio telemetry.
--------------------
Service: envoydummy
    Port: 80/auto-detect targets pod port 10000
--------------------
Effective PeerAuthentication:
    Workload mTLS mode: PERMISSIVE
```

在上述输出中可以看到，Istio 建议将 app 标签应用于 Istio 遥测的 Pod。

Istio 建议向网格中的工作负载显式添加 app 和 version 标签。这些标签可将上下文信息添加到 Istio 收集的指标和遥测数据中。

上述输出还描述了其他一些重要信息,例如服务在端口 80 上公开,端点在端口 10000
上公开,istio-proxy Pod 在端口 15090 上公开,并且 mTLS mode 是宽松的。它还描述并
警告有关目的地规则和虚拟服务的任何问题。

以下命令是将不正确的虚拟服务配置应用于 envoydummy 的另一个示例。正确的配
置可在 Chapter11/04-istio-gateway-chaos.yaml 中找到。

```
% kubectl apply -f Chapter11/04-istio-gateway-chaos.yaml
gateway.networking.istio.io/chapter11-gateway configured
virtualservice.networking.istio.io/mockshop configured
destinationrule.networking.istio.io/envoydummy configured
% istioctl x describe pod envoydummy -n chapter11
Pod: envoydummy
    Pod Revision: default
    Pod Ports: 10000 (envoyproxy), 15090 (istio-proxy)
--------------------
Service: envoydummy
    Port: 80/auto-detect targets pod port 10000
DestinationRule: envoydummy for "envoydummy"
    Matching subsets: v1
        (Non-matching subsets v2)
    No Traffic Policy
--------------------
Effective PeerAuthentication:
    Workload mTLS mode: PERMISSIVE
Exposed on Ingress Gateway http://192.168.49.2
VirtualService: mockshop
    WARNING: No destinations match pod subsets (checked 1 HTTP routes)
        Warning: Route to UNKNOWN subset v3; check
DestinationRule envoydummy
```

上述代码片段底部的警告清楚地描述了虚拟服务正在将流量路由到 UNKNOWN
subset v3。要解决此问题,读者需要配置虚拟服务以更正目的地规则中定义的子集,或者
在目的地规则中添加 v3 子集。正确的配置可在 Chapter11/04-istio-gateway.yaml 中找到。

用于检查和检测网格中任何错误配置的另一个诊断工具是 istioctl analyze。在将其应
用到网格之前,它可以针对整个集群以及任何配置运行。

```
% istioctl analyze Chapter11/04-istio-gateway-chaos.yaml -n
chapter11
Error [IST0101] (VirtualService chapter11/mockshop
Chapter11/04-istio-gateway-chaos.yaml:35) Referenced
host+subset in destinationrule not found: "envoydummy+v3"
```

```
Info [IST0118] (Service chapter11/envoydummy) Port name (port:
80, targetPort: 10000) doesn't follow the naming convention of
Istio port.
Error: Analyzers found issues when analyzing namespace: chapter11.
See https://istio.io/v1.16/docs/reference/config/analysis for
more information about causes and resolutions.
```

在上述示例中，istioctl analyze 通过分析配置文件指出了错误。这在将其应用于网格之前，验证任何错误的配置是非常方便的。

接下来，让我们看看如何使用 Envoy 访问日志来排除错误。

11.3　使用访问日志排除错误

访问日志（access log）由 Envoy 代理生成，可以定向到 Envoy 的标准输出。如果 Istio 以演示模式安装，则默认启用访问日志并打印到 istio-proxy 容器的标准输出。

访问日志是 Envoy 流量的记录，可以与 Ingress 和 Egress 网关的访问以及网格中的所有其他上游和下游工作负载交织在一起，以跟踪请求的旅程。

11.3.1　启用访问日志

默认情况下，除非用户使用演示配置文件安装了 Istio，否则访问日志是关闭的。用户可以通过检查 Istio 配置映射来检查是否启用了访问日志。

```
% kubectl get cm/istio -n istio-system -o json | jq .data.mesh
"accessLogFile: \"\"\ndefaultConfig:\n   discoveryAddress:
istiod.istio-system.svc:15012\n   proxyMetadata:
{}\n   tracing:\n        zipkin:\n        address: zipkin.
istio-system:9411\nenablePrometheusMerge: true\
nextensionProviders:\n- envoyOtelAls:\n     port:
4317\n       service: opentelemetry-collector.istio-system.svc.
cluster.local\n    name: otel\nrootNamespace: istio-system\
ntrustDomain: cluster.local"
```

可通过以下命令启用访问日志。

```
% istioctl install --set profile=demo --set meshConfig.
accessLogFile="/dev/stdout"
```

根据需要和系统性能要求，用户可以决定打开或关闭访问日志记录。在已经打开的情况下，如果想要禁用，则可以通过为 accessLogFile 参数提供空白值来实现。

```
% istioctl install --set profile=demo --set meshConfig.
accessLogFile=""
```

还可以在工作负载或命名空间级别启用访问日志。假设用户已全局关闭访问日志，则可以使用 Telemetry 资源有选择地为 envoydummy 工作负载打开它们。

```
apiVersion: telemetry.istio.io/v1alpha1
kind: Telemetry
metadata:
    name: envoy-dummy-accesslog-overwrite
    namespace: chapter11
spec:
    selector:
        matchLabels:
            service.istio.io/canonical-name: envoydummy
    accessLogging:
    - providers:
        - name: envoy
    - disabled: false
```

该配置将打开 envoydummy Pod 的访问日志记录。该配置可在本书配套 GitHub 存储库的 Chapter11/03-telemetry-01.yaml 中找到。

（1）使用以下命令应用配置。

```
$ kubectl apply -f Chapter11/03-telemetry-01.yaml
telemetry.telemetry.istio.io/envoy-dummy-accesslog-
overwrite configured
```

（2）现在可以从 curl Pod 向 envoydummy 发出 curl 请求，示例如下。

```
% kubectl exec -it curl -n chapter11 -c curl -- curl
envoydummy.chapter11
Bootstrap Service Mesh Implementation with Istio
```

（3）查看 curl 和 envoydummy Pod 中 istio-proxy 的访问日志，会发现 curl Pod 中没有访问日志，而 envoydummy Pod 中有访问日志。

```
[2022-12-15T00:48:54.972Z] "GET / HTTP/1.1" 200 -
via_upstream - "-" 0 48 0 0 "-" "curl/7.86.0-DEV"
"2d4eec8a-5c17-9e2c-8699-27a341c21b8b" "envoydummy.
chapter11" "172.17.0.9:10000" inbound|10000||
127.0.0.6:49977 172.17.0.9:10000 172.17.0.8:56294
```

```
outbound_.80_._.envoydummy.chapter11.svc.cluster.local
default
```

curl Pod 中没有任何访问日志的原因是我们全部关闭了它们，而 envoydummy Pod 中有访问日志是因为使用 Telemetry 资源有选择地为 envoydummy Pod 打开了它们。

有关如何使用 Telemetry 配置 accessLogging 的更多信息，可访问以下网址。

https://istio.io/latest/docs/reference/config/telemetry/#AccessLogging

11.3.2　访问日志的内容解析

访问日志的默认编码是使用以下规范格式化的字符串。

```
[%START_TIME%] \"%REQ(:METHOD)% %REQ(X-ENVOY-ORIGINAL-
PATH?:PATH)% %PROTOCOL%\" %RESPONSE_CODE% %RESPONSE_FLAGS%
%RESPONSE_CODE_DETAILS% %CONNECTION_TERMINATION_DETAILS%
\"%UPSTREAM_TRANSPORT_FAILURE_REASON%\" %BYTES_RECEIVED%
%BYTES_SENT% %DURATION% %RESP(X-ENVOY-UPSTREAM-SERVICE-TIME)%
\"%REQ(X-FORWARDED-FOR)%\" \"%REQ(USER-AGENT)%\" \"%REQ(X-
REQUEST-ID)%\" \"%REQ(:AUTHORITY)%\" \"%UPSTREAM_HOST%\"
%UPSTREAM_CLUSTER% %UPSTREAM_LOCAL_ADDRESS% %DOWNSTREAM_LOCAL_
ADDRESS% %DOWNSTREAM_REMOTE_ADDRESS% %REQUESTED_SERVER_NAME%
%ROUTE_NAME%\n
```

有关每个字段的详细定义，请访问：

https://www.envoyproxy.io/docs/envoy/latest/configuration/observability/access_log/usage

访问日志还可以配置为以 JSON 格式显示，这可以通过将 accessLogging 设置为 JSON 来实现：

```
% istioctl install --set profile=demo --set meshConfig.
accessLogFile="" --set meshConfig.accessLogFormat="" --set
meshConfig.accessLogEncoding="JSON"
```

设置完成后，访问日志将以 JSON 格式显示，为便于阅读，部分内容进行了简化：

```
{
    "duration":0,
    "start_time":"2022-12-15T01:03:02.725Z",
    "bytes_received":0,
    "authority":"envoydummy.chapter11",
    "upstream_transport_failure_reason":null,
    "upstream_cluster":"inbound|10000||",
```

```
    "x_forwarded_for":null,
    "response_code_details":"via_upstream",
    "upstream_host":"172.17.0.9:10000",
    "user_agent":"curl/7.86.0-DEV",
    "request_id":"a56200f2-da0c-9396-a168-8dfddf8b623f",
    "response_code":200,
    "route_name":"default",
    "method":"GET",
    "downstream_remote_address":"172.17.0.8:45378",
    "upstream_service_time":"0",
    "requested_server_name":"outbound_.80_._.envoydummy.
chapter11.svc.cluster.local",
    "protocol":"HTTP/1.1",
    "path":"/",
    "bytes_sent":48,
    "downstream_local_address":"172.17.0.9:10000",
    "connection_termination_details":null,
    "response_flags":"-",
    "upstream_local_address":"127.0.0.6:42313"
}
```

在上述访问日志中，有一个名为 response_flags 的字段，在通过访问日志进行故障排除时，这是非常有用的信息。

11.3.3　使用响应标志

现在我们将通过在 envoydummy Pod 中注入一些错误来了解响应标志。
（1）使用以下命令打开 curl Pod 的访问日志。

```
% kubectl apply -f Chapter11/03-telemetry-02.yaml
telemetry.telemetry.istio.io/curl-accesslog-overwrite
created
```

（2）删除 envoydummy Pod 但保留 envoydummy 服务。

```
% kubectl delete po envoydummy -n chapter11
pod "envoydummy" deleted
```

（3）现在服务已损坏，我们将无法使用 curl。

```
% kubectl exec -it curl -n chapter11 -c curl -- curl
envoydummy.chapter11
no healthy upstream
```

（4）检查 curl Pod 的访问日志。

```
% kubectl logs -f curl -n chapter11 -c istio-proxy | grep
response_flag
{"path":"/","response_code":503,"method":"GET","upstream_
cluster":"outbound|80||envoydummy.chapter11.svc.cluster.
local","user_agent":"curl/7.86.0-DEV","connection_
termination_details":null,"authority":"envoydummy.
chapter11","x_forwarded_for":null,"upstream_
transport_failure_reason":null,"downstream_local_
address":"10.98.203.175:80","bytes_received":0,"requested_
server_name":null,"response_code_details":"no_healthy_
upstream","upstream_service_time":null,"request_
id":"4b39f4ca-ffe3-9c6a-a202-0650b0eea8ef","route_
name":"default","upstream_local_address":null,"response_
flags":"UH","protocol":"HTTP/1.1","start_
time":"2022-12-15T03:49:38.504Z","duration"
:0,"upstream_host":null,"downstream_remote_
address":"172.17.0.8:52180","bytes_sent":19}
```

可以看到，response_flags 的值为 UH，表示上游集群中没有健康的上游主机（upstream host）。表 11.1 显示了 response_flag 的可能值，它引用自以下网址。

https://www.envoyproxy.io/docs/envoy/latest/configuration/observability/access_log/usage

表 11.1　HTTP 和 TCP 连接的响应标志值

名　　称	描　　述
UH	除了 503 响应代码，上游集群中没有健康的上游主机
UF	除了 503 响应代码，还出现上游连接失败
UO	除了 503 响应代码，还有上游溢出（断路）
NR	除了 404 响应代码，没有为给定请求配置路由，或者下游连接没有匹配的过滤器链
URX	请求被拒绝，因为已达到上游重试限制（HTTP）或最大连接尝试次数（TCP）
NC	找不到上游集群
DT	请求或连接超出 max_connection_duration 或 max_downstream_connection_duration

表 11.2 描述了 HTTP 连接的响应标志的值。

表 11.2　HTTP 连接的响应标志值

名　　称	描　　述
DC	下游连接（downstream connection）终止
LH	除了 503 响应代码，本地服务运行状况检查请求失败

续表

名　　　称	描　　述
UT	除了 504 响应代码，上游请求超时
LR	除了 503 响应代码，连接本地重置
UR	除了 503 响应代码，上游远程重置
UC	除了 503 响应代码，上游连接终止
DI	请求处理被延迟，延迟的时间是通过故障注入指定的
FI	请求被中止，并带有通过故障注入指定的响应代码
RL	除了 429 响应代码，该请求还受到 HTTP 速率限制过滤器的本地速率限制
UAEX	请求被外部授权服务拒绝
RLSE	由于速率限制服务出现错误，请求被拒绝
IH	请求被拒绝，因为除了 400 响应代码，它还为严格检查的标头设置了无效值
SI	除了 408 或 504 响应代码，还有流空闲超时
DPE	下游请求有 HTTP 协议错误
UPE	上游响应有 HTTP 协议错误
UMMSDR	上游请求达到最大流持续时间
OM	过载管理器（overload manager）终止了请求
DF	由于 DNS 解析失败，请求被终止

响应标志对于排除访问日志故障非常有用，并且可以很好地指示上游系统可能出现的问题。有了这些基础知识，接下来让我们将重点转移到如何使用 Istio 调试日志进行故障排除。

11.4　使用调试日志排除错误

Istio 组件支持灵活的调试日志（debug log）记录方案。调试日志级别可以从高级更改为非常详细的级别，以获取 Istio 控制和数据平面中发生的情况的详细信息。

接下来，我们将具体描述更改 Istio 数据平面和控制平面日志级别的过程。

11.4.1　更改 Istio 数据平面的调试日志

以下是 Istio 数据平面（即 Envoy Sidecar）的各种日志级别。
- ❏　trace：最详细的日志消息。
- ❏　debug：非常详细的日志消息。

- ❏ info：了解 Envoy 执行状态的提供信息的消息。
- ❏ warning/warn：指示问题并可能导致错误的事件。
- ❏ error：重要的错误事件，可能会损害 Envoy 的某些功能，但不会使 Envoy 完全无法运行。
- ❏ critical：可能导致 Envoy 停止运行的严重错误事件。
- ❏ off：不产生日志。

可使用以下命令格式更改日志级别。

```
istioctl proxy-config log [<type>/]<name>[.<namespace>] [flags]
```

此类命令的示例如下。

```
% istioctl proxy-config log envoydummy.chapter11 -n chapter11
--level debug
```

这种更改日志级别的方法不需要重新启动 Pod。正如 11.1.1 节 "探索 Istiod 端口" 所述，还可以使用 ControlZ 界面更改日志级别。

11.4.2　更改 Istio 控制平面的日志级别

Istio 控制平面支持以下日志级别。

- ❏ none：不产生日志。
- ❏ error：仅产生错误。
- ❏ warn：产生警告消息。
- ❏ info：生成正常情况下的详细信息。
- ❏ debug：生成最大数量的日志消息。

istiod 内的每个组件都会根据记录的消息类型对日志进行分类。这些类别称为作用域（scope）。使用作用域可以控制 istiod 中所有组件的消息日志记录。无法分类到某个作用域的消息将记录在默认作用域下。

在 Istio 1.16.0 中，有 25 个作用域。

ads、adsc、all、analysis、authn、authorization、ca、cache、cli、default、installer、klog、mcp、model、patch、processing、resource、source、spiffe、tpath、translator、util、validation、validationController 和 wle。

以下是用于更改各种作用域的日志级别的命令示例。

```
% istioctl analyze --log_output_level
validation:debug,validationController:info,ads:debug
```

上述示例更改了日志级别，将 validation 的作用域更改为 debug，将 validationController 的作用域更改为 info，将 ads 的作用域更改为 debug。

```
% istioctl admin log | grep -E 'ads|validation'
ads                    ads
debugging                              debug
adsc                   adsc
debugging                              info
validation             CRD validation
debugging                      debug
validationController   validation webhook
controller                     info
validationServer       validation webhook
server                         info
```

可以使用 istioctl admin log 检索所有 Istio 组件的日志级别。

```
% istioctl admin log
ACTIVE         SCOPE       DESCRIPTION                LOG LEVEL
ads                        ads
debugging                                       debug
adsc                       adsc
debugging                                info
analysis                   Scope for configuration analysis
runtime        info
authn                      authn
debugging                                info
authorization              Istio Authorization
Policy                         info
ca                         ca
client                                    info
controllers                common controller
logic                          info
default                    Unscoped logging
messages.                      info
delta                      delta xds
debugging                                 info
file                       File client messa
ges                            info
gateway                    gateway-api
controller                         info
grpcgen                    xDS Generator for Proxyless
gRPC           info
...
```

我们刚刚研究了 Envoy，它位于请求的 request 路径上，但是还有另一个关键组件不在 request 路径上，但它对于 Envoy 操作的顺利进行很重要。这个关键组件就是 Istio 代理。因此，接下来，让我们看看如何调试 istio-agent 中的问题。

11.5　调试 Istio 代理

本节将讨论如何解决由于 Istio 代理配置错误而导致的数据平面中的任何问题。由于各种各样的原因，Istio 代理可能无法按预期运行，本节将探讨调试和解决此类问题的各种选项。

以下命令可用于检查 Envoy 用于启动自身并与 Istiod 连接的初始引导配置文件。

```
$ istioctl proxy-config bootstrap envoydummy -n chapter11 -o
json >bootstrap-envoydummy.json
```

引导程序配置由 Istiod 控制器在 Sidecar 注入期间通过验证和 Sidecar 注入 Webhook 提供的信息组成。

可以使用以下命令检查 istio-agent 为 Envoy 配置的证书和 secret。

```
% istioctl proxy-config secret envoydummy -n chapter11
RESOURCE        NAME        TYPE            STATUS        VALID
CERT        SERIAL NUMBER                               NOT
AFTER                   NOT BEFORE
default         Cert
Chain       ACTIVE      true            1519902934067942950747184296797
7531899         20XX-12-26T01:02:53Z        20XX-12-25T01:00:53Z
ROOTCA          CA      ACTIVE              true
17719580132417716565502172916474949485784           20XX-12-
11T05:19:23Z        20XX-12-14T05:19:23Z
```

还可以通过在命令中添加 -o json 以 JSON 格式显示详细信息。ROOTCA 是根证书，default 是工作负载证书。执行多集群设置时，ROOTCA 必须在不同集群中匹配。

可以使用以下命令检查证书值。

```
% istioctl proxy-config secret envoydummy -n chapter11 -o
json | jq '.dynamicActiveSecrets[0].secret.tlsCertificate.
certificateChain.inlineBytes' -r | base64 -d | openssl x509
-noout -text
```

可能还有其他 Secret，具体取决于配置的网关和目的地规则。在日志中，如果用户发

现 Envoy 处于警告状态，则意味着 Envoy 中尚未加载正确的 Secret。与 default 证书和
ROOTCA 相关的问题通常是由 istio-proxy 和 istiod 之间的连接问题引起的。

要检查 Envoy 是否已成功启动，可使用以下命令登录 istio-proxy 容器。

```
% kubectl exec -it envoydummy -n chapter11 -c istio-proxy
-- pilot-agent wait
2022-12-25T05:29:44.310696Z info Waiting for Envoy proxy to be
ready (timeout: 60 seconds)...
2022-12-25T05:29:44.818220Z info Envoy is ready!
```

在 Sidecar 代理启动期间，istio-agent 通过 ping http://localhost:15021/healthz/ready 来
检查 Envoy 的准备情况。它还使用相同的端点来确定 Envoy 在 Pod 生命周期内的准备情
况。HTTP 状态代码 200 表示 Envoy 已准备就绪，并且 istio-proxy 容器被标记为已初始化。
如果 istio-proxy 容器处于挂起状态且未初始化，则意味着 Envoy 尚未接收到来自 istiod
的配置，这可能是由于 istiod 的连接问题或 Envoy 拒绝的配置。

istio-proxy 日志中出现类似以下错误表示由于网络或 istiod 不可用而导致的连接问题。

```
20XX-12-25T05:58:02.225208Z          warning envoy
config StreamAggregatedResources gRPC config stream to
xds-grpc closed since 49s ago: 14, connection error: desc =
"transport: Error while dialing dial tcp 10.107.188.192:15012:
connect: connection refused"
```

如果 Envoy 可以与 istiod 连接，那么用户将在日志文件中找到类似以下内容的消息：

```
20XX-12-
25T06:00:08.082523Z          info    xdsproxy    connected to
upstream XDS server: istiod.istio-system.svc:15012
```

本节深入研究了 Istio 调试日志，并了解了如何使用 Envoy、istio-agent 和 Istio 控制
平面的调试日志进行故障排除。

接下来，让我们看看 Istio 安全管理和高效操作的最佳实践。

11.6　了解 Istio 的最佳实践

在操作服务网格时，通常假设安全威胁不仅来自组织安全边界之外，也来自安全边
界内部。因此，用户应该始终假设网络并非坚不可摧，并创建可以保护资产的安全控制，
即使网络边界被破坏也应该能够做到这一点。在本节中，我们将讨论实现服务网格时需
要注意的一些攻击媒介。

11.6.1　检查控制平面的攻击媒介

以下列表显示了对控制平面发起攻击的常见策略。

❑　导致配置故意使控制平面发生故障，从而使服务网格无法运行，进而影响网格管理的关键业务应用程序。这也可能是即将针对 Ingress 流量或任何其他应用程序的攻击的先兆。

❑　获得特权访问权限以能够执行控制平面和数据平面攻击。通过获得特权访问权限，攻击者可以修改安全策略以允许利用资产。

❑　窃听以从控制平面中窃取敏感数据，或篡改和欺骗数据平面与控制平面之间的通信。

11.6.2　检查数据平面的攻击媒介

以下是对数据平面发起攻击的常见策略。

❑　窃听服务间通信以窃取敏感数据并将其发送给攻击者。

❑　伪装成网格中的可信服务；然后，攻击者可以在服务到服务通信之间执行中间人攻击（man-in-the-middle attack）。通过使用中间人攻击，攻击者可以窃取敏感数据或篡改服务之间的通信，从而为攻击者带来有利的结果。

❑　操纵应用程序以执行僵尸网络攻击（botnet attack）。

另一个容易受到攻击的组件是托管 istio 的基础设施，它可以是 Kubernetes 集群、虚拟机或托管 istio 的底层堆栈的任何其他组件。我们不会深入探讨如何保护 Kubernetes，因为有很多关于如何保护 Kubernetes 集群的书籍。

其他最佳实践还包括保护服务网格，这也是接下来我们将讨论的主题。

11.6.3　保护服务网格

有关如何保护服务网格的一些最佳实践如下。

❑　部署 Web 应用程序防火墙（web application firewall，WAF）以保护入口流量。WAF 可实施安全控制，包括开放 Web 应用程序安全项目（open web application security project，OWASP）识别的威胁。有关 OWASP 的详细信息，可访问以下网址。

https://owasp.org/

大多数云提供商都提供 WAF 作为其云产品的一部分。例如，AWS 的 AWS WAF、Google Cloud 的 Cloud Armor 和 Azure 的 Azure Web Application Firewall。还有其他一些供应商（例如 Cloudflare、Akamai、Imperva 和 AppTrana）将 WAF 作为 SaaS 产品提供，而 Fortinet 和 Citrix 等供应商也提供自托管 WAF 产品。WAF 是用户的第一道防线之一，可以处理许多通往网格入口的攻击媒介。

❑ 定义策略来控制从网格外部到网格内部服务的访问。入口访问控制策略对于禁止未经授权的服务访问非常重要。每个 Ingress 都应该被明确定义，并具有关联的身份验证和授权策略，以验证外部请求是否有权访问 Ingress 网关公开的服务。尽管如此，所有 Ingress 都应该通过 Ingress 网关进行，并且每个 Ingress 都应该通过虚拟服务和与其关联的目的地规则进行路由。

❑ 所有 Egress 系统都应该是已知和定义的，并且不应允许流向未知出口点的流量。安全策略应针对出口流量以及所有通过 Egress 网关发生的出口流量强制执行 TLS 发起。应使用授权策略来控制允许哪些工作负载发送出口流量，并且如果允许，所有 Egress 端点都应由安全管理员了解并批准。

Egress 安全策略还有助于防止数据泄漏；通过 Egress 策略，用户可以控制流量仅流向已知出口，从而阻止渗透到用户系统的攻击者向攻击者的系统发送数据。这也可以阻止网格内的应用程序参与任何僵尸网络攻击。

❑ 网格中的所有服务都应通过 mTLS 进行通信，并且应具有关联的身份验证和授权策略。默认情况下，除非通过授权策略的授权，否则所有服务到服务的通信都应被拒绝，并且任何服务到服务的通信都应通过明确定义的服务标识显式启用。

❑ 当代表最终用户或系统进行服务到服务通信时，所有此类通信（mTLS 除外）也应使用 JWT。JWT 充当凭证，证明服务请求是代表最终用户明确发出的；作为调用方的服务需要提供 JWT 作为识别最终用户的凭证，并结合身份验证和授权策略，用户在确定可以访问哪些服务以及授予什么访问级别后强制执行这些策略。这有助于阻止任何受损的应用程序泄露数据或滥用服务。

❑ 如果使用任何外部长期身份验证令牌验证任何主体（无论是最终用户还是系统），则应将此类令牌替换为短期令牌。令牌替换应在 Ingress 进行，然后应在整个网格中使用短期令牌。这样做有助于防止攻击者窃取令牌并将其用于未经授权的访问。此外，一些长期执行的外部攻击可能会广泛撒网寻隙而动，从而导致受损的应用程序被滥用，而作用域有限的短期令牌则有助于避免令牌的滥用。

❑ 将例外应用于网格或安全规则时，在定义例外策略时应谨慎行事。例如，如果用户想要在网格中启用工作负载 A 以允许来自另一个工作负载 B 的 HTTP 流量，则应该显式定义一个例外以允许来自工作负载 B 的 HTTP 流量，而不是显式允许所有 HTTP 流量，而所有其他流量应该仅在 HTTPS 上。

❑　对 istiod 的访问必须受到控制。防火墙规则应限制已知来源对控制平面的访问。该规则应该满足人类操作者以及数据平面在单集群和多集群设置中对控制平面的访问。

❑　服务网格管理的所有工作负载应仅通过服务网格进行管理，对于 Kubernetes 环境来说，管理的方式是基于角色的访问控制（role-based access control，RBAC）策略；对于非 Kubernetes 工作负载来说，管理的方式是用户组。

Kubernetes 管理员应仔细为应用程序用户和网格管理员定义 RBAC 策略，并仅允许网格管理员对网格进行任何更改。

网格操作者应根据他们被授权执行的操作进一步分类。例如，有权在命名空间中部署应用程序的网格用户不应有权访问其他命名空间。

❑　限制用户可以访问哪些存储库，以便从中提取镜像进行部署。

本节介绍了 Istio 的最佳实践。除了本节内容，读者也可以阅读 Istio 网站上的最佳实践，其网址如下。

https://istio.io/latest/docs/ops/best-practices/

该网站会根据 Istio 社区的反馈经常更新。

即使进行了所有控制，网格操作者也可能会意外地错误配置服务网格，这可能会导致意外结果甚至安全漏洞。面对这种风险时，一种选择是执行严格的审查和治理流程来进行更改，但手动执行此操作成本高昂、耗时、容易出错，而且常常令人烦恼。因此，接下来，让我们认识一下 OPA Gatekeeper，看看如何使用它来实现最佳实践策略的自动化。

11.7　使用 OPA Gatekeeper 自动执行最佳实践

为了避免人为错误，用户可以按策略的形式定义最佳实践和约束，然后在集群中创建、删除或更新资源时自动执行这些策略。自动化策略实现可确保一致性并遵守最佳实践，而不会影响开发敏捷性和部署速度。

开放策略代理（open policy agent，OPA）Gatekeeper 就是此类软件之一，它实际上是一种准入控制器，可以根据 OPA 执行的自定义资源定义（custom resource definition，CRD）强制实施策略。

OPA Gatekeeper 能够强制实施护栏策略，任何不在护栏内的 istio 配置都会被自动拒绝。它还允许集群管理员（cluster administrator）审核违反最佳实践的资源。

11.7.1　安装和配置 OPA Gatekeeper

要安装和配置 OPA Gatekeeper，可以按以下步骤操作。

（1）使用以下命令安装 Gatekeeper。

```
% kubectl apply -f https://raw.githubusercontent.com/
open-policy-agent/gatekeeper/master/deploy/gatekeeper.yaml
```

（2）配置 Gatekeeper，将命名空间、Pod、服务、istio CRD 网关、虚拟服务、目的地规则、策略和服务角色绑定，同步到其缓存中。具体定义如下。

```yaml
apiVersion: config.gatekeeper.sh/v1alpha1
kind: Config
metadata:
    name: config
    namespace: gatekeeper-system
spec:
    sync:
        syncOnly:
        -   group: ""
            version: "v1"
            kind: "Namespace"
        -   group: ""
            version: "v1"
            kind: "Pod"
        -   group: ""
            version: "v1"
            kind: "Service"
        -   group: "networking.istio.io"
            version: "v1alpha3"
            kind: "Gateway"
        -   group: "networking.istio.io"
            version: "v1alpha3"
            kind: "VirtualService"
        -   group: "networking.istio.io"
            version: "v1alpha3"
            kind: "DestinationRule"
        -   group: "authentication.istio.io"
            version: "v1alpha1"
            kind: "Policy"
```

```
-    group: "rbac.istio.io"
     version: "v1alpha1"
     kind: "ServiceRoleBinding"
```

该定义可以在 Chapter11/05-GatekeeperConfig.yaml 中找到。

（3）现在使用以下命令应用配置。

```
% kubectl apply -f Chapter11/05-GatekeeperConfig.yaml
config.config.gatekeeper.sh/config created
```

Gatekeeper 的安装和配置至此结束。

接下来，我们将配置约束。

11.7.2 配置约束

我们将从一个简单的策略开始，以确保 Pod 命名约定符合 istio 最佳实践。正如 11.2 节"检查和分析 Istio 配置"中所讨论的，Istio 建议向每个 Pod 部署添加显式 app 和 version 标签。app 和 version 标签可将上下文信息添加到 istio 收集的指标和遥测数据中。

可通过以下步骤来强制执行此治理规则，以便自动拒绝任何不遵守此规则的部署。

（1）必须定义 ConstraintTemplate。在约束模板中，执行以下操作。

❑   描述将用于强制执行约束的策略。

❑   描述约束的架构。

📝 注意:

Gatekeeper 约束是使用专门构建的高级声明性语言 Rego 定义的。Rego 特别适用于编写 OPA 策略，有关 Rego 的详细信息，可访问以下网址。

https://www.openpolicyagent.org/docs/latest/#rego

通过以下步骤定义约束模板和架构。

① 使用 OPA CRD 声明一个约束模板。

```
apiVersion: templates.gatekeeper.sh/v1beta1
kind: ConstraintTemplate
metadata:
   name: istiorequiredlabels
   annotations:
      description: Requires all resources to contain a
specified label with a value
         matching a provided regular expression.
```

② 定义架构。

```
spec:
    crd:
        spec:
            names:
                kind: istiorequiredlabels
            validation:
                # Schema for the `parameters` field
                openAPIV3Schema:
                    properties:
                        message:
                            type: string
                        labels:
                            type: array
                            items:
                                type: object
                                properties:
                                    key:
                                        type: string
```

③ 定义 rego 来检查标签并检测任何违规行为。

```
targets:
    -   target: admission.k8s.gatekeeper.sh
        rego: |
            package istiorequiredlabels
            get_message(parameters, _default) = msg {
                not parameters.message
                msg := _default
            }
            get_message(parameters, _default) = msg {
                msg := parameters.message
            }
            violation[{"msg": msg, "details": {"missing_
labels": missing}}] {
                provided := {label | input.review.object.
metadata.labels[label]}
                required := {label | label := input.parameters.
labels[_].key}
                missing := required - provided
                count(missing) > 0
                def_msg := sprintf("you must provide labels:
```

```
%v", [missing])
                msg := get_message(input.parameters, def_msg)
        }
```

该配置可以在 Chapter11/gatekeeper/01-istiopodlabelconstraint_template.yaml 中找到。使用以下命令应用配置。

```
% kubectl apply -f Chapter11/gatekeeper/01-
istiopodlabelconstraint_template.yaml
constrainttemplate.templates.gatekeeper.sh/
istiorequiredlabels created
```

（2）现在可以定义 constraints，告知 Gatekeeper 要强制执行名为 istiorequiredlabels 的约束模板，它将基于 mesh-pods-must-have-app-and-version 约束中定义的配置。示例文件可在 Chapter11/gatekeeper/01-istiopodlabelconstraint.yaml 中找到。

```
apiVersion: constraints.gatekeeper.sh/v1beta1
kind: istiorequiredlabels
metadata:
    name: mesh-pods-must-have-app-and-version
spec:
    enforcementAction: deny
    match:
        kinds:
            - apiGroups: [""]
              kinds: ["Pod"]
        namespaceSelector:
            matchExpressions:
                - key: istio-injection
                  operator: In
                  values: ["enabled"]
    parameters:
        message: "All pods must have an `app and version` label"
        labels:
            - key: app
            - key: version
```

对于约束配置，上述示例定义了以下字段。

❑　enforcementAction：该字段定义了处理约束违规的操作。该字段设置为 deny，这也是默认行为；任何违反此限制的资源创建或更新都将按照强制措施进行处理。其他支持的 enforcementAction 值包括 dryrun 和 warn。当向正在运行的集群推出新的约束时，dryrun 功能有助于在正在运行的集群中测试它们，而无须强制执行它们。warn 强制操作提供与 dryrun 相同的好处，例如测试约束而不执行它们。除此之外，它还提供关于为什么该约束被拒绝的即时反馈。

❑　match：此字段可定义一个选择标准，用于找到要应用约束的对象。在配置中，我们定义了约束应该应用于部署在带有 istio-injection 标签和 enable 值的命名空间中的 Pod 资源。这样设置之后，即可有选择地将约束应用到作为网格数据平面一部分的命名空间。

此外，上述示例还定义了违反约束时要显示的消息。

（3）应用约束。

```
% kubectl apply -f Chapter11/gatekeeper/01-
istiopodlabelconstraint.yaml
istiorequiredlabels.constraints.gatekeeper.sh/mesh-pods-
must-have-app-and-version created
```

（4）作为一项测试，我们将部署缺少标签的 envoydummy Pod。

```
% kubectl apply -f Chapter11/06-envoy-proxy-chaos.yaml -n
chapter11
service/envoydummy created
Error from server (Forbidden): error when creating
"Chapter11/01-envoy-proxy.yaml": admission webhook
"validation.gatekeeper.sh" denied the request: [all-must-
have-owner] All pods must have an `app` label
```

该部署已由 Gatekeeper 验证并被拒绝，因为它没有 app 和 version 标签，从而违反了约束。读者可以修复标签并重新部署，以检查是否可以使用正确的标签成功部署。

希望上述示例能让读者了解如何使用 Gatekeeper 来自动执行一些最佳实践。刚开始的时候，定义约束似乎是一项艰巨的任务，但是一旦读者使用 rego 并积累了一些经验，就会发现它其实较为简单。

接下来，我们将再练习一个示例，让读者对使用 Gatekeeper 更有信心。

11.7.3　定义强制执行端口命名约定的约束

本示例将编写另一个约束来强制执行端口命名约定。以下网址提供了一些有关 istio 最佳实践的说明。

https://istio.io/v1.0/docs/setup/kubernetes/spec-requirements/

根据上述网址中描述的 istio 最佳实践，我们必须命名 Service 端口，且端口名称必须是以下形式的。

```
<protocol>[-<suffix>]
```

其中，<protocol> 可以是 http、http2、grpc、mongo 或 redis。

如果读者想利用 istio 的路由功能，这一点很重要。例如，name: http2-envoy 和 name:
http 都是有效的端口名称，但 name: http2envoy 则是无效名称。

约束模板中的 rego 如下。

```
package istio.allowedistioserviceportname
    get_message(parameters, _default) = msg {
        not parameters.message
        msg := _default
    }
    get_message(parameters, _default) = msg {
        msg := parameters.message
    }
    violation[{"msg": msg, "details": {"missing_prefixes": prefixes}}] {
        service := input.review.object
        port := service.spec.ports[_]
        prefixes := input.parameters.prefixes
        not is_prefixed(port, prefixes)
        def_msg := sprintf("service %v.%v port name missing prefix",
            [service.metadata.name, service.metadata.namespace])
        msg := get_message(input.parameters, def_msg)
    }
    is_prefixed(port, prefixes) {
        prefix := prefixes[_]
        startswith(port.name, prefix)
    }
```

在该 rego 中，定义了端口名称应以一个前缀开头，如果缺少前缀，则应视为违规。
约束定义如下。

```
apiVersion: constraints.gatekeeper.sh/v1beta1
kind: AllowedIstioServicePortName
metadata:
    name: port-name-constraint
spec:
    enforcementAction: deny
    match:
        kinds:
        -   apiGroups: [""]
```

```
        kinds: ["Service"]
    namespaceSelector:
        matchExpressions:
        -   key: istio-injection
            operator: In
            values: ["enabled"]
    parameters:
        message: "All services declaration must have port name will
one of following prefix http-, http2-, grpc-, mongo-,redis-"
        prefixes: ["http-", "http2-","grpc-","mongo-","redis-"]
```

在上述约束中，定义了允许的各种前缀以及违反约束时要显示的相应错误消息。现在可以应用约束模板和配置，如下所示。

```
% kubectl apply -f Chapter11/gatekeeper/02-
istioportconstraints_template.yaml
constrainttemplate.templates.gatekeeper.sh/
allowedistioserviceportname created
% kubectl apply -f Chapter11/gatekeeper/02-
istioportconstraints.yaml
allowedistioserviceportname.constraints.gatekeeper.sh/port-
name-constraint configured
```

在应用配置后，现在可以使用不正确的服务端口名称来部署 envoydummy。我们将创建一个 envoydummy 服务，而不指定任何端口名称，示例如下。

```
spec:
    ports:
    -   port: 80
        targetPort: 10000
    selector:
        name: envoydummy
```

该文件可以在 Chapter11/07-envoy-proxy-chaos.yaml 中找到。
使用以下代码应用配置并观察错误消息以了解 OPA Gatekeeper 的运行情况。

```
% kubectl apply -f Chapter11/07-envoy-proxy-chaos.yaml
pod/envoydummy created
Error from server (Forbidden): error when creating
"Chapter11/07-envoy-proxy-chaos.yaml": admission webhook
"validation.gatekeeper.sh" denied the request: [port-name-
constraint] All services declaration must have port name with
one of following prefix http-, http2-, grpc-, mongo-, redis-
```

在上述响应中可以看到，由于服务配置中端口命名不正确而导致出现错误消息。该问题可以通过在端口声明中添加名称来解决，如下所示。

```
spec:
  ports:
-   port: 80
    targetPort: 10000
    name: http-envoy
  selector:
    name: envoydummy
```

总之，OPA Gatekeeper 是一个强大的工具，可以自动执行服务网格的最佳实践。它可以挽救人工操作造成的任何错误配置，并减少使网格与护栏最佳实践保持一致所需的成本和时间。有关 OPA Gatekeeper 的更多信息，可访问以下网址。

https://open-policy-agent.github.io/gatekeeper/website/docs/

以下网址中还提供了一些很好的 Gatekeeper 示例。

https://github.com/crcsmnky/gatekeeper-istio

卸载 OPA Gatekeeper

要卸载 OPA Gatekeeper，可使用以下命令。

```
% kubectl delete -f https://raw.githubusercontent.com/
openpolicy-agent/gatekeeper/master/deploy/
gatekeeper.yaml
```

11.8　小　　结

本章探讨了各种故障排除技术以及配置和操作 Istio 的最佳实践。阅读至此，读者应该熟悉了 Istio 公开的各种端口，了解如何通过它们帮助诊断网格中的任何错误。读者还应该熟悉 Envoy 和 Istiod 生成的调试和访问日志，掌握如何通过它们查明出现错误的根本原因。Istio 在其诊断工具包中提供了各种工具，这些工具对于排除和分析服务网格中的问题和错误非常有帮助。

运行服务网格时，安全性至关重要，这就是本章讨论控制平面和数据平面的各种攻击媒介的原因。现在读者应该很好地了解了可以用来保护服务网格的控制列表。

最后，本章还演示了如何使用 OPA Gatekeeper 自动执行最佳实践来捕获大多数（如

果不是全部的话）不合规配置。读者学习了如何设置 OPA Gatekeeper、如何使用 Rego 和
约束模式定义约束模板，以及如何使用它们来捕获不良配置。

　　希望本章能让读者有信心排除 Istio 故障，并可使用 OPA Gatekeeper 等自动化工具在
读者的 Istio 服务网格实现中施加合理配置。

　　下一章将在网格上部署应用程序，以将本书中的学习内容付诸实践。

第 12 章　总结和展望

在本书前面的章节中，通过实战操作阐释了服务网格的各种概念，并且演示了如何通过 Istio 应用它们。我们强烈建议读者练习每一章中的实践示例。读者不必将自己限制在本书介绍的应用场景中，可以不断探索、调整和扩展示例，并将它们应用于组织所面临的许多现实问题。

本章将通过为 Online Boutique（在线精品店）应用程序实现 Istio 来复习本书讨论过的一些概念。在查看示例代码之前，读者可以先自行研究一下本章介绍的应用场景，并尝试自己实现它们。这会让你对使用 Istio 更有信心。

本章包含以下主题。
- ❑　使用 OPA Gatekeeper 实施工作负载部署最佳实践。
- ❑　将本书知识应用到 Online Boutique 示例应用程序中。
- ❑　Istio 的认证和学习资源。
- ❑　了解 eBPF。

12.1　技 术 要 求

本章技术要求与第 4 章 "管理应用程序流量" 中的技术要求类似。我们将使用 AWS EKS 为在线精品店部署一个网站，这是一个根据 Apache License 2.0 许可提供的开源应用程序，其网址如下。

https://github.com/GoogleCloudPlatform/microservices-demo

请查看 4.1 节 "技术要求"，使用 Terraform 在 AWS 中设置基础设施、设置 kubectl 并安装 Istio（包括可观察性插件）。

要部署 Online Boutique（在线精品店）应用程序，请使用本书配套 GitHub 存储库的 Chapter12/online-boutique-orig 文件中的部署工件。

可使用以下命令部署 Online Boutique 应用程序。

```
$ kubectl apply -f Chapter12/online-boutique-orig/00-online-
boutique-shop-ns.yaml
namespace/online-boutique created
$ kubectl apply -f Chapter12/online-boutique-orig
```

通过上述命令应该能够成功部署 Online Boutique 应用程序。一段时间后，读者应该能够看到所有 Pod 都在运行。

```
$ kubectl get po -n online-boutique
NAME                         READY      STATUS      RESTARTS      AGE
adservice-8587b48c5f-
v7nzq                        1/1        Running     0             48s
cartservice-5c65c67f5d-
ghpq2                        1/1        Running     0             60s
checkoutservice-54c9f7f49f-
9qgv5                        1/1        Running     0             73s
currencyservice-5877b8dbcc-
jtgcg                        1/1        Running     0             57s
emailservice-5c5448b7bc-
kpgsh                        1/1        Running     0             76s
frontend-67f6fdc769-
r8c5n                        1/1        Running     0             68s
paymentservice-7bc7f76c67-
r7njd                        1/1        Running     0             65s
productcatalogservice-67fff7c687-
jrwcp                        1/1        Running     0             62s
recommendationservice-b49f757f-
9b78s                        1/1        Running     0             70s
redis-cart-58648d854-
jc2nv                        1/1        Running     0             51s
shippingservice-76b9bc7465-
qwnvz                        1/1        Running     0             55s
```

这些工作负载的名称反映了它们在 Online Boutique 应用程序中的角色，读者也可以通过以下网址找到有关此免费开源应用程序的更多信息。

https://github.com/GoogleCloudPlatform/microservices-demo

现在可以通过以下命令访问该应用程序。

```
$ kubectl port-forward svc/frontend 8080:80 -n online-boutique
Forwarding from 127.0.0.1:8080 -> 8079
Forwarding from [::1]:8080 -> 8079
```

使用 http://localhost:8080 在浏览器上打开程序，应该看到如图 12.1 所示的界面。

本章示例代码所需的技术设置至此完成。

接下来，我们将正式进入本章的主题。首先来看看如何通过设置 OPA Gatekeeper 以强制实施 Istio 部署最佳实践。

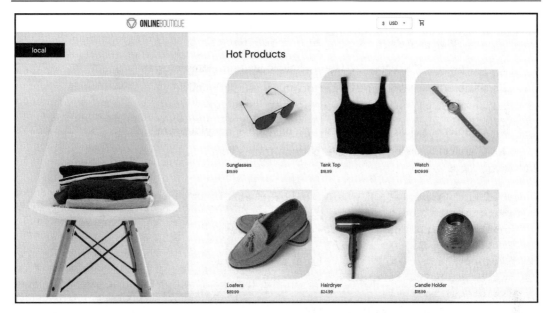

图 12.1 Google 的 Online Boutique 应用程序

12.2 使用 OPA Gatekeeper 实施工作负载部署最佳实践

本节将使用第 11 章"Istio 故障排除和操作"中介绍过的知识来部署 OPA Gatekeeper，然后配置 OPA 策略以强制每个部署都将使用 app 和 version 作为标签，并且所有端口名称都以协议名称作为前缀。

（1）安装 OPA Gatekeeper。按照 11.7 节"使用 OPA Gatekeeper 自动执行最佳实践"中的说明进行部署。

```
% kubectl apply -f https://raw.githubusercontent.com/
open-policy-agent/gatekeeper/master/deploy/gatekeeper.yaml
```

（2）部署 OPA Gatekeeper 后，读者需要对其进行配置，以便将命名空间、Pod、服务和 Istio CRD 网关、虚拟服务、目的地规则以及策略和服务角色绑定同步到其缓存中。我们将使用在第 11 章"Istio 故障排除和操作"中创建的配置文件。

```
$ kubectl apply -f Chapter11/05-GatekeeperConfig.yaml
config.config.gatekeeper.sh/config created
```

（3）配置 OPA Gatekeeper 以应用约束。在第 11 章"Istio 故障排除和操作"中，配置了约束以强制 Pod 应该将 app 和 version 作为标签，并且所有端口名称都应该有协议名称作为前缀。强制标签约束的定义可在以下文件中找到。

❑　Chapter11/gatekeeper/01-istiopodlabelconstraint_template.yaml。

❑　Chapter11/gatekeeper/01-istiopodlabelconstraint.yaml。

端口名称约束的定义可在以下文件中找到。

❑　Chapter11/gatekeeper/02-istioportconstraints_template.yaml。

❑　Chapter11/gatekeeper/02-istioportconstraints.yaml。

使用以下命令应用约束。

```
$ kubectl apply -f Chapter11/gatekeeper/01-
istiopodlabelconstraint_template.yaml
constrainttemplate.templates.gatekeeper.sh/
istiorequiredlabels created
$ kubectl apply -f Chapter11/gatekeeper/01-
istiopodlabelconstraint.yaml
istiorequiredlabels.constraints.gatekeeper.sh/mesh-pods-
must-have-app-and-version created
$ kubectl apply -f Chapter11/gatekeeper/02-
istioportconstraints_template.yaml
constrainttemplate.templates.gatekeeper.sh/
allowedistioserviceportname created
$ kubectl apply -f Chapter11/gatekeeper/02-
istioportconstraints.yaml
allowedistioserviceportname.constraints.gatekeeper.sh/
port-name-constraint created
```

OPA Gatekeeper 的部署和配置至此完成。读者应该使用自己希望包含的任何其他规则来扩展约束，以确保工作负载的部署采用了最佳实践。

接下来，我们将重新部署 Online Boutique 应用程序并启用 Istio Sidecar 注入，然后找到违反 OPA 约束的配置并逐一解决。

12.3　将本书知识应用到 Online Boutique 示例应用程序中

本节将对 Online Boutique 示例程序应用本书中已经讨论过的一些知识。具体来说，主要是第 4 章 "管理应用程序流量"、第 5 章 "管理应用程序弹性" 和第 6 章 "确保微服务通信的安全" 中介绍的内容。

12.3.1 为示例应用程序启用服务网格

现在是部署示例应用程序的时候了，OPA Gatekeeper 已具备我们希望它在部署中强制执行的所有约束。首先，我们将取消部署 online-boutique 应用程序，并在命名空间级别启用 istio-injection 以重新进行部署。

通过删除 online-boutique 命名空间来取消部署 Online Boutique 应用程序。

```
% kubectl delete ns online-boutique
namespace " online-boutique " deleted
```

取消部署后，即可修改命名空间并添加 istio-injection:enabled 标签，同时重新部署应用程序。更新后的命名空间配置如下。

```
apiVersion: v1
kind: Namespace
metadata:
    name: online-boutique
    labels:
        istio-injection: enabled
```

示例文件可在本书配套 GitHub 存储库的以下文件中找到。

Chapter12/OPAGatekeeper/automaticsidecarinjection/00-online-boutique-shop-ns.yaml

启用自动 Sidecar 注入后，尝试使用以下命令部署应用程序。

```
$ kubectl apply -f Chapter12/OPAGatekeeper/
automaticsidecarinjection
namespace/online-boutiquecreated
$ kubectl apply -f Chapter12/OPAGatekeeper/
automaticsidecarinjection
Error from server (Forbidden): error when creating "Chapter12/
OPAGatekeeper/automaticsidecarinjection/02-carts-svc.yml":
admission webhook "validation.gatekeeper.sh" denied the
request: [port-name-constraint] All services declaration must
have port name with one of following prefix http-, http2-
,https-,grpc-,grpc-web-,mongo-,redis-,mysql-,tcp-,tls
```

由于 OPA Gatekeeper 施加的约束被违反，因此将会导致错误。上述示例中的输出已被截断以避免重复，但从终端的输出来看，读者可以注意到所有部署都是违规的，因此没有资源部署到 online-boutique 命名空间。

尝试按照 Istio 最佳实践的建议应用正确的标签和正确命名端口来修复违反约束的情况。

读者需要将 app 和 version 标签应用于所有部署。以下是 frontend（前端）部署的一个示例。

```
apiVersion: apps/v1
kind: Deployment
metadata:
   name: frontend
   namespace: online-boutique
spec:
   selector:
      matchLabels:
         app: frontend
   template:
      metadata:
         labels:
            app: frontend
            version: v1
```

类似地，读者需要为服务声明中的所有端口定义添加 name。以下是 frontend（前端）服务的示例。

```
apiVersion: v1
kind: Service
metadata:
   name: frontend
   namespace: online-boutique
spec:
   type: ClusterIP
   selector:
      app: frontend
   ports:
    - name: http-frontend
      port: 80
      targetPort: 8080
```

上述更新可在 Chapter12/OPAGatekeeper/automaticsidecarinjection 中找到。

使用以下命令部署 Online Boutique 应用程序。

```
% kubectl apply -f Chapter12/OPAGatekeeper/
automaticsidecarinjection
```

至此，我们已经练习了 Online Boutique 应用程序在服务网格中的部署。你应该将

Online Boutique 应用程序以及自动 Sidecar 注入部署在集群中。Online Boutique 应用程序是服务网格的一部分，但尚未完全准备好。接下来，我们将应用第 4 章"管理应用程序流量"中介绍过的知识和操作。

12.3.2　配置 Istio 来管理应用程序流量

本小节将利用第 4 章"管理应用程序流量"中的知识，通过配置服务网格来管理 Online Boutique 示例程序的应用程序流量。

首先，我们将配置 Istio Ingress 网关以允许网格内的流量。

1. 配置 Isio Ingress 网关

在第 4 章"管理应用程序流量"中曾经介绍过，网关就像网格边缘的负载均衡器，它接收传入流量，然后将其路由到底层工作负载。

以下源代码定义了网关配置。

```yaml
apiVersion: networking.istio.io/v1alpha3
kind: Gateway
metadata:
    name: online-boutique-ingress-gateway
    namespace: online-boutique
spec:
    selector:
        istio: ingressgateway
    servers:
    - port:
        number: 80
        name: http
        protocol: HTTP
      hosts:
      - "onlineboutique.com"
```

该代码也可以在本书配套 GitHub 存储库的 Chapter12/trafficmanagement/01-gateway.yaml 文件中找到。

使用以下命令应用配置。

```
$ kubectl apply -f Chapter12/trafficmanagement/01-gateway.yaml
gateway.networking.istio.io/online-boutique-ingress-gateway
created
```

接下来，我们需要配置 VirtualService，以将 onlineboutique.com 主机的流量路由到相应的 frontend 服务。

2．配置 VirtualService

VirtualService 用于为网关配置中指定的每个主机定义路由规则。

VirtualService 与网关相关联，主机名由该网关管理。

在 VirtualService 中，读者可以定义有关如何匹配流量/路由的规则，以及如果匹配，应将其路由到何处。

以下源代码块定义了 VirtualService，该 VirtualService 与主机名为 onlineboutique.com 的 online-boutique-ingress-gateway 处理的任何流量相匹配。如果匹配，则流量将路由到名为 frontend 的目标服务的子集 v1。

```yaml
apiVersion: networking.istio.io/v1alpha3
kind: VirtualService
metadata:
    name: onlineboutique-frontend-vs
    namespace: online-boutique
spec:
    hosts:
    - "onlineboutique.com"
    gateways:
    - online-boutique-ingress-gateway
    http:
    - route:
        - destination:
            host: frontend
            subset: v1
```

该配置可在本书配套 GitHub 存储库的 Chapter12/trafficmanagement/02-virtualservice-frontend.yaml 文件中找到。

接下来可以配置 DestinationRule，它定义目的地将如何处理请求。

3．配置目的地规则

尽管它们可能看起来没有必要，但当你有多个版本的工作负载时，DestinationRule 可用于定义流量策略，例如负载均衡策略、连接池策略、异常值检测策略等。

以下代码块为 frontend 服务配置了 DestinationRule。

```yaml
apiVersion: networking.istio.io/v1alpha3
kind: DestinationRule
metadata:
    name: frontend
```

```
      namespace: online-boutique
spec:
   host: frontend
   subsets:
   - name: v1
      labels:
          app: frontend
```

该配置与 VirtualService 配置一样，都可以在本书配套 GitHub 存储库上的 Chapter12/trafficmanagement/02-virtualservice-frontend.yaml 文件中找到。

接下来，可使用以下命令创建 VirtualService 和 DestinationRule。

```
$ kubectl apply -f Chapter12/trafficmanagement/02-
virtualservice-frontend.yaml
virtualservice.networking.istio.io/onlineboutique-frontend-vs
created
destinationrule.networking.istio.io/frontend created
```

现在，读者应该能够从 Web 浏览器访问 Online Boutique 网站。读者需要找到公开 Ingress 网关服务的 AWS 负载均衡器的公共 IP——不要忘记使用 ModHeader 扩展向 Chrome 浏览器添加 Host 标头，如图 12.2 所示。

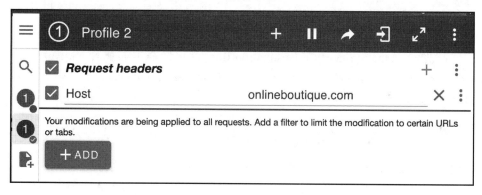

图 12.2　带 Host 标头的 ModHeader 扩展

添加正确的 Host 标头后，即可使用 AWS 负载均衡器公共 DNS 从 Chrome 浏览器访问 Online Boutique，如图 12.3 所示。

到目前为止，我们只是创建了一项虚拟服务来将流量从 Ingress 网关路由到网格中的 frontend 服务。默认情况下，Istio 会将流量发送到网格中的所有相应微服务，但正如我们在上一章中讨论的那样，最佳实践是通过 VirtualService 定义路由，以及如何通过目的地规则进行路由请求。遵循这个最佳实践，我们还需要为其余微服务定义 VirtualService 和

DestinationRule。当存在多个版本的底层工作负载时，拥有 VirtualService 和 DestinationRule 可帮助你管理流量。

图 12.3　Online Boutique 程序页面

方便起见，VirtualService 和 DestinationRule 都已经在本书配套 GitHub 存储库的 Chapter12/trafficmanagement/03-virtualservicesanddr-otherservices.yaml 文件中定义。

可使用以下命令应用配置。

```
$ kubectl apply -f Chapter12/trafficmanagement/03-
virtualservicesanddr-otherservices.yaml
```

应用配置并生成一些流量后，即可查看 Kiali 仪表板，如图 12.4 所示。

在该 Kiali 仪表板中，可以观察到 Ingress 网关、所有虚拟服务和底层工作负载。

4. 配置对外部服务的访问

现在让我们快速复习一下将流量路由到网格外目的地的概念。在第 4 章"管理应用程序流量"中介绍了 ServiceEntry，它使我们能够向 Istio 的内部服务注册表添加其他条目，以便网格中的服务可以将流量路由到不属于 Istio 服务注册表的端点。

以下是 ServiceRegistry 将 xyz.com 添加到 Istio 服务注册表的示例。

```
apiVersion: networking.istio.io/v1alpha3
```

```
kind: ServiceEntry
metadata:
    name: allow-egress-to-xyv.com
spec:
    hosts:
    - "xyz.com"
    ports:
    - number: 80
        protocol: HTTP
        name: http
    - number: 443
        protocol: HTTPS
        name: https
```

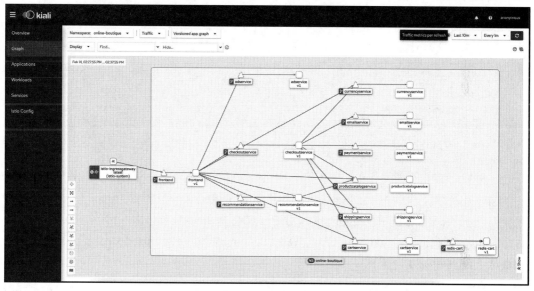

图 12.4　Online Boutique 的版本化应用程序图

我们通过 Istio Ingress 网关公开了 onlineboutique.com，并定义了 VirtualService 和 DestinationRule 来路由和处理网格中的流量。

有关管理应用程序流量的复习到此结束。

12.3.3　配置 Istio 来管理应用程序弹性

Istio 提供了管理应用程序弹性的各种功能，我们在第 5 章中详细讨论了它们。本小节将把该章中的一些概念应用到 Online Boutique 应用程序中。

让我们从超时和重试开始。

1. 配置超时和重试

假设电子邮件服务遭受间歇性故障，如果未收到电子邮件服务的响应，则谨慎的做法是在 5s 后超时，然后重新尝试发送电子邮件几次而不是中止它。我们将为电子邮件服务配置重试和超时，以复习应用程序弹性概念。

Istio 提供了配置超时的功能，这是 Istio-proxy Sidecar 应该等待给定服务回复的时间量。以下配置为电子邮件服务应用了 5s 的超时。

```
apiVersion: networking.istio.io/v1alpha3
kind: VirtualService
metadata:
    namespace: online-boutique
    name: emailvirtualservice
spec:
    hosts:
    - emailservice
    http:
    - timeout: 5s
      route:
      - destination:
          host: emailservice
          subset: v1
```

Istio 还提供了作为 VirtualService 配置的一部分实现的自动重试功能。

以下源代码将 Istio 配置为：重试对电子邮件服务的请求两次，每次重试都会在 2s 后超时，并且仅在 5xx、gateway-error、reset、connect-failure、refused-stream、retriable-4xx 错误从下游返回时才会重试。

```
apiVersion: networking.istio.io/v1alpha3
kind: VirtualService
metadata:
    namespace: online-boutique
    name: emailvirtualservice
spec:
    hosts:
    - emailservice
    http:
    - timeout: 5s
      route:
      - destination:
```

```
        host: emailservice
        subset: v1
    retries:
        attempts: 2
        perTryTimeout: 2s
        retryOn: 5xx,gateway-error,reset,connect-failure,refused-
stream,retriable-4xx
```

可以看到，上述示例通过 VirtualService 配置了 timeout 和 retries。

假设电子邮件服务很脆弱并且会出现临时故障，接下来让我们尝试通过减轻流量激增或峰值引起的任何潜在问题来缓解此问题。

2．配置速率限制

Istio 提供了控件来处理来自消费者的流量激增，并且可以控制流量以匹配消费者处理流量的能力。

在以下目的地规则中，定义了电子邮件服务的速率限制控制。我们定义了对电子邮件服务的最大活动请求数量为 1（使用的是 http2MaxRequests），每个连接只有 1 个请求（这是在 maxRequestsPerConnection 中定义的），并且在等待来自连接池的连接时将有 0 个请求排队（在 http1MaxPendingRequests 中定义）。

```
apiVersion: networking.istio.io/v1alpha3
kind: DestinationRule
metadata:
    namespace: online-boutique
    name: emaildr
spec:
    host: emailservice
    trafficPolicy:
        connectionPool:
            http:
                http2MaxRequests: 1
                maxRequestsPerConnection: 1
                http1MaxPendingRequests: 0
    subsets:
    - name: v1
        labels:
            version: v1
            app: emailservice
```

让我们来做一些更多的假设，假设电子邮件服务有两个版本，其中 v1 比另一个版本 v2 更有弹性。在这种情况下，我们需要应用异常值检测策略来执行断路。Istio 为异常值检测提供了良好的控制。以下代码块描述了用户需要添加到电子邮件服务相应目的地规则中的 trafficPolicy 的配置。

```
outlierDetection:
    baseEjectionTime: 5m
    consecutive5xxErrors: 1
    interval: 90s
    maxEjectionPercent: 50
```

在异常值检测中，我们将 baseEjectionTime 的值定义为 5min，这是每次弹出的最短持续时间。然后，它还会乘以发现电子邮件服务不健康的次数。例如，如果 v1 电子邮件服务被发现异常值 5 次，那么它将被从连接池中弹出 baseEjectionTime*5min 的时间值。

接下来，我们定义了 continuous5xxErrors，其值为 1，这是认定上游成为异常值所需发生的 5x 错误的数量。

再然后，我们定义了 interval 时间间隔，其值为 90s，这是 Istio 扫描上游健康状态的检查之间的时间间隔。

最后，我们还定义了 maxEjectionPercent 值为 50%，这是连接池中可以弹出的最大主机数的百分比值。

通过上述设置，我们复习并应用了各种控制措施来管理 Online Boutique 应用程序的应用程序弹性。Istio 提供了各种用于管理应用程序弹性的控件，而无须修改或构建应用程序中的任何特定内容。

接下来，我们将把第 6 章 "确保微服务通信的安全" 中的内容应用到 Online Boutique 示例程序中。

12.3.4　配置 Istio 来管理应用程序安全

我们已经通过 Istio 网关创建了 Ingress，通过 Istio VirtualService 创建了路由规则，并通过 DestinationRules 来处理将流量路由到最终目的地的方式，现在可以继续下一步，以确保网格中的流量安全。

1. 配置 STRICT 模式流量策略

以下策略强制网格中的所有流量都应严格通过 mTLS 进行。

```
apiVersion: security.istio.io/v1beta1
kind: PeerAuthentication
metadata:
    name: strictmtls-online-boutique
```

```
    namespace: online-boutique
spec:
    mtls:
        mode: STRICT
```

该配置可在本书配套 GitHub 存储库的 Chapter12/security/strictMTLS.yaml 文件中找到。如果没有此配置，则网格中的所有流量都在 PERMISSIVE 模式下发生，这意味着流量可以通过 mTLS 以及纯文本发生。读者可以通过部署 curl Pod 并对网格中的任何微服务进行 HTTP 调用来验证这一点。但是一旦应用该策略，则 Istio 将强制执行 STRICT 模式，这意味着将对所有流量严格执行 mTLS。

使用以下命令应用配置。

```
$ kubectl apply -f Chapter12/security/strictMTLS.yaml
peerauthentication.security.istio.io/strictmtls-online-boutique
created
```

可以在 Kiali 中看到网格中的所有流量都是通过 mTLS 进行的，如图 12.5 所示。

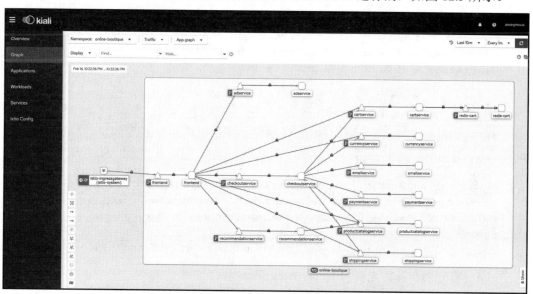

图 12.5 显示服务之间 mTLS 通信的应用程序图

应用该配置之后，将使用 https 保护 Ingress 流量。不过，这样的结果会在访问此应用程序时产生问题，因此，在执行完上述复习概念的步骤之后，可以将其恢复回来，以便我们可以继续访问该应用程序。

2. 创建证书以保护流量

我们将复习并使用 4.7 节 "通过 HTTPS 公开入口" 中学习过的知识。如果读者已经有证书颁发机构（CA）并注册了 DNS 名称，那么这些步骤会容易得多，但如果没有，则可以按照以下步骤创建用于 onlineboutique.com 域的证书。

（1）创建 CA。在本示例中，将创建一个通用名称（CN）为 onlineboutique.inc 的证书颁发机构。

```
$ openssl req -x509 -sha256 -nodes -days 365 -newkey
rsa:2048 -subj '/O=Online Boutique./CN=onlineboutique.
inc' -keyout onlineboutique.inc.key -out onlineboutique.
inc.crt
Generating a 2048 bit RSA private key
writing new private key to 'onlineboutique.inc.key'
```

（2）为 Online Boutique 生成证书签名请求（certificate signing request，CSR）。本示例将为 onlineboutique.com 生成一个 CSR，它还将生成一个私钥。

```
$ openssl req -out onlineboutique.com.csr -newkey
rsa:2048 -nodes -keyout onlineboutique.com.key -subj "/
CN=onlineboutique.com/O=onlineboutique.inc"
Generating a 2048 bit RSA private key
.................................................
....................+++
.........+++
writing new private key to 'onlineboutique.com.key'
```

（3）使用 CA 签署 CSR。

```
$ openssl x509 -req -sha256 -days 365 -CA onlineboutique.
inc.crt -CAkey onlineboutique.inc.key -set_serial 0 -in
onlineboutique.com.csr -out onlineboutique.com.crt
Signature ok
subject=/CN= onlineboutique.com/O= onlineboutique.inc
```

（4）将证书和私钥加载为 Kubernetes Secret。

```
$ kubectl create -n istio-system secret tls
onlineboutique-credential --key=onlineboutique.com.key
--cert=onlineboutique.com.crt
secret/onlineboutique-credential created
```

我们已经创建了证书并将其存储为 Kubernetes Secret。在接下来的步骤中，我们将修改 Istio 网关配置以使用证书通过 HTTPS 公开流量。

（5）按照以下命令所述创建网关配置。

```
apiVersion: networking.istio.io/v1alpha3
kind: Gateway
metadata:
    name: online-boutique-ingress-gateway
    namespace: online-boutique
spec:
    selector:
        istio: ingressgateway
    servers:
    - port:
        number: 443
        name: https
        protocol: HTTPS
      tls:
        mode: SIMPLE
        credentialName: onlineboutique-credential
      hosts:
        - "onlineboutique.com"
```

应用配置。

```
$ kubectl apply -f Chapter12/security/01-istio-gateway.yaml
```

读者可以使用以下命令访问和检查证书。请注意，该输出有省略仅突出显示相关部分。

```
$ curl -v -HHost:onlineboutique.
com --connect-to "onlineboutique.
com:443:aced3fea1ffaa468fa0f2ea6fbd3f612-390497785.
us-east-1.elb.amazonaws.com" --cacert onlineboutique.inc.crt
--head https://onlineboutique.com:443/
..
* Connected to aced3fea1ffaa468fa0f2ea6fbd3f612-390497785.
us-east-1.elb.amazonaws.com (52.207.198.166) port 443 (#0)
--
* Server certificate:
* subject: CN=onlineboutique.com; O=onlineboutique.inc
* start date: Feb 14 23:21:40 2023 GMT
* expire date: Feb 14 23:21:40 2024 GMT
* common name: onlineboutique.com (matched)
* issuer: O=Online Boutique.; CN=onlineboutique.inc
* SSL certificate verify ok.
..
```

该配置将保护 online-boutique 的入口流量，但这也意味着读者将无法从浏览器访问它，因为浏览器中使用的 FQDN 与证书中配置的 CN 不匹配。读者也可以针对 AWS 负载均衡器注册 DNS 名称，但目前来说，更简单的处理方式是删除 HTTPS 配置并恢复使用本书配套 GitHub 存储库中的 Chapter12/trafficmanagement/01-gateway.yaml 文件。

3．构建身份验证和授权策略

现在让我们更深入地研究安全性并为 Online Boutique 程序执行 RequestAuthentication 和 RequestAuthorization 策略。在第 6 章 "确保微服务通信的安全" 中，详细练习了使用 Auth0 构建身份验证和授权的操作。按照相同的方法，我们也可以为 frontend 服务构建身份验证和授权策略，但这一次将使用 Istio 附带的虚拟 JWKS 端点。

首先可以创建 RequestAuthentication 策略来定义 frontend 服务支持的身份验证方法。

```
apiVersion: security.istio.io/v1beta1
kind: RequestAuthentication
metadata:
    name: frontend
    namespace: online-boutique
spec:
    selector:
        matchLabels:
            app: frontend
    jwtRules:
    - issuer: "testing@secure.istio.io"
        jwksUri: "https://raw.githubusercontent.com/istio/istio/
release-1.17/security/tools/jwt/samples/jwks.json"
```

上述代码使用了 Istio 附带的虚拟 jwksUri 来进行测试。

使用以下命令应用 RequestAuthentication 策略。

```
$ kubectl apply -f Chapter12/security/requestAuthentication.yaml
requestauthentication.security.istio.io/frontend created
```

在应用 RequestAuthentication 策略之后，可以通过向 frontend 服务提供虚拟令牌来进行测试。其操作步骤如下。

（1）提取虚拟令牌并将其设置为环境变量（稍后会在请求中使用到）。

```
TOKEN=$(curl -k https://raw.githubusercontent.com/istio/
istio/release-1.17/security/tools/jwt/samples/demo.jwt
-s); echo $TOKEN
eyJhbGciOiJSUzI1NiIsImtpZCI6IkRIRmJwb0lVcXJZ8tZW52dlEiLCJ0eXAiOiJKV-
```
eyJhbGciOiJSUzI1NiIsImtpZCI6IkRIRmJwb0lVcXJZ8tZW52dlEiLCJ0eXAiOiJKV-
BBMnFYZkNtcjVWWTzVaRXI0UnpIVV8tZW52dlEiLCJ0eXAiOiJKV-
```
BBMnFYZkNtcjVWWTzVaRXI0UnpIVV8tZW52dlEiLCJ0eXAiOiJKV-
```

1QifQ.eyJleHAiOjQ2ODU5ODk3MDAsImZvbyI6ImJhciIsImlh-
dCI6MTUzMjM4OTcwMCwiaXNzIjoidGVzdGluZ0BzZWN1cmUuaX-
N0aW8uaW8iLCJzdWIiOiJ0ZXN0aW5nHN1Y3VyZS5pc3Rpby5pbyJ9.
CfNnxWP2tcnR9q0vxyxweaF3ovQYHYZl82hAUsn21bwQd9zP7c-LS9qd_
vpdLG4Tn1A15NxfCjp5f7QNBUo-KC9PJqYpgGbaXhaGx7bEdFWjcwv3n-
Zzvc7M__ZpaCERdwU7igUmJqYGBYQ51vr2njU9ZimyKkfDe3axcyiB-
Zde7G6dabliUosJvvKOPcKIWPccCgefSj_GNfwIip3-SsFdlR7BtbVUc-
qR-yv-XOxJ3Uc1MI0tz3uMiiZcyPV7sNCU4KRnemRIMHVOfuvHsU60_
GhGbiSFzgPTAa9WTltbnarTbxudb_YEOx12JiwYToeX0DCPb43W1tzI-
Bxgm8NxUg

（2）使用 curl 进行测试。

```
$ curl -HHost:onlineboutique.com http://
aced3fea1ffaa468fa0f2ea6fbd3f612-390497785.us-east-1.
elb.amazonaws.com/ -o /dev/null --header "Authorization:
Bearer $TOKEN" -s -w '%{http_code}\n'
200
```

可以看到，收到的响应为 200。

（3）现在尝试使用无效令牌进行测试。

```
$ curl -HHost:onlineboutique.com http://
aced3fea1ffaa468fa0f2ea6fbd3f612-390497785.us-east-1.
elb.amazonaws.com/ -o /dev/null --header "Authorization:
Bearer BLABLAHTOKEN" -s -w '%{http_code}\n'
401
```

RequestAuthentication 策略立即采取行动并拒绝了该请求。

（4）不使用任何令牌进行测试。

```
% curl -HHost:onlineboutique.com http://
aced3fea1ffaa468fa0f2ea6fbd3f612-390497785.us-east-1.elb.
amazonaws.com/ -o /dev/null -s -w '%{http_code}\n'
200
```

可以看到，请求的结果不是我们想要的，但也在意料之中，因为 RequestAuthentication 策略仅负责在传递令牌时验证令牌。如果请求中没有 Authorization 标头，则不会调用 RequestAuthentication 策略。我们可以使用 AuthorizationPolicy 来解决这个问题，它将对网格中的工作负载强制实施访问控制策略。

让我们构建 AuthorizationPolicy，它强制请求中必须存在主体。

```
apiVersion: security.istio.io/v1beta1
kind: AuthorizationPolicy
```

```
metadata:
    name: require-jwt
    namespace: online-boutique
spec:
    selector:
        matchLabels:
            app: frontend
    action: ALLOW
    rules:
    - from:
      - source:
          requestPrincipals: ["testing@secure.istio.io/testing@
secure.istio.io"]
```

该配置可在本书配套 GitHub 存储库的 Chapter12/security/requestAuthorizationPolicy.
yaml 文件中找到。

使用以下命令应用配置。

```
$ kubectl apply -f Chapter12/security/
requestAuthorizationPolicy.yaml
authorizationpolicy.security.istio.io/frontend created
```

使用在应用 RequestAuthentication 策略之后执行的步骤（1）到步骤（4），应用配置
测试后，你会注意到所有步骤都按预期工作，但对于步骤（4），将得到以下结果。

```
$ curl -HHost:onlineboutique.com http://
aced3fea1ffaa468fa0f2ea6fbd3f612-390497785.us-east-1.elb.
amazonaws.com/ -o /dev/null -s -w '%{http_code}\n'
403
```

这是因为授权策略强制要求 JWT 与 ["testing@ secure.istio.io/testing@secure.istio.io"]
主体必须存在。

Online Boutique 应用程序的安全配置到此结束。

接下来，让我们了解一下 Istio 的认证和学习资源，这些资源将帮助读者成为专家并
获得使用和操作 Istio 的认证。

12.4　Istio 的认证和学习资源

学习 Istio 的主要资源是 Istio 网站，其网址如下。

https://istio.io/latest/

该网站包含一些有关基本操作和多集群设置的详细说明文档,既有适合初学者和高级用户的资源,也有可以进行流量管理、安全性、可观察性、可扩展性和策略执行的各种练习。

除了 Istio 文档,另一个提供大量 Istio 支持内容的组织是 Tetrate,其网址如下。

https://tetrate.io/

该网站还提供实验室和认证课程。Tetrate Academy 提供的此类认证之一是"Istio 管理员认证"(Certified Istio Administrator)。有关其课程和考试的详细信息,请访问以下网址。

https://academy.tetrate.io/courses/certified-istio-administrator

Tetrate Academy 还提供了免费课程,可以帮助读者了解 Istio 基础知识。有关课程的详细信息,可访问以下网址。

https://academy.tetrate.io/courses/istio-fundamentals

类似地,Solo.io 也有一门名为"Istio 入门"(Get Started with Istio)的课程;有关该课程的详细信息,可访问以下网址。

https://academy.solo.io/get-started-with-istio

Linux 基金会还有一门很好的课程,名为"Istio 简介"(Introduction to Istio),有关该课程的详细信息可访问以下网址。

https://training.linuxfoundation.org/training/introduction-to-istio-lfs144x/

我个人很喜欢以下网站提供的学习资源。

https://istiobyexample.dev/

该网站详细解释了 Istio 的各种用例(例如金丝雀部署、管理 Ingress、管理 gRPC 流量等)以及配置示例。

对于任何技术问题,读者都可以随时前往 StackOverflow。

https://stackoverflow.com/questions/tagged/istio

还有一个充满活力和热情的 Istio 用户和构建者社区,其网址如下。

https://discuss.istio.io/

该网站讨论有关 Istio 的各种主题，读者可以随意注册讨论区。

前面提到的 Tetrate Academy 还提供有关 Envoy 基础知识的免费课程；该课程对于了解 Envoy 以及 Istio 数据平面的基础知识非常有帮助。有关详细信息，可访问以下网址。

https://academy.tetrate.io/courses/envoy-fundamentals

该课程充满了实用的实验和测验，对于掌握 Envoy 技能非常有帮助。

Istio 网站整理了一系列有用的资源，可让读者随时了解 Istio 的最新情况并参与 Istio 社区，读者可以在以下网址找到该列表。

https://istio.io/latest/get-involved/

该列表还为你提供了有关如何报告错误和问题的详细信息。

总而言之，除了一些书籍和网站之外，资源并不多，但读者可以在以下网址找到大部分问题的答案。

https://istio.io/latest/docs/

关注 IstioCon 也是一个好主意，这是 Istio 社区的会议，每年举行一次。读者可以在以下网址找到 IstioCon 2022 会议的资料。

https://events.istio.io/istiocon-2022/sessions/

在以下网址可找到 2021 年会议的资料。

https://events.istio.io/istiocon-2021/sessions/

12.5　了解 eBPF

当你阅读至此时，了解与服务网格相关的其他技术也很重要。其中一项技术是扩展伯克利数据包过滤器（extended Berkeley Packet Filter，eBPF）。本节将介绍 eBPF 及其在服务网格演变中的作用。

eBPF 是一个框架，允许用户在操作系统内核中运行自定义程序，而无须更改内核源代码或加载内核模块。自定义程序称为 eBPF 程序，用于在运行时向操作系统添加附加功能。eBPF 程序安全高效，并且与内核模块一样，它们就像由操作系统在特权上下文中运行的轻量级沙箱虚拟机。

eBPF 程序是根据内核级别发生的事件来触发的，这是通过将它们与挂钩点关联来实现的。挂钩（hook）是在内核级别预定义的，包括系统调用、网络事件、函数进入和退出等。在不存在适当挂钩的情况下，用户可以使用内核探针（kernel probe），也称为 kprobe。

kprobe 被插入到内核例程中；eBPF 程序被定义为 kprobe 的处理程序，并在内核中遇到特定断点时执行。

与 hook 和 kprobe 一样，eBPF 程序也可以附加到 uprobe，uprobe 是用户空间级别的探针，并与用户应用程序级别的事件绑定，因此 eBPF 程序可以在从内核到用户应用程序的任何级别执行。

当在内核级别执行程序时，最大的担忧是程序的安全性。在 eBPF 中，BPF 库可以保证这一点。BPF 库处理系统调用以分两步加载 eBPF 程序。

第一步是验证步骤，在此过程中将会对 eBPF 程序进行验证，以确保其运行至完成并且不会锁定内核，加载 eBPF 程序的进程具有正确的权限，并且 eBPF 程序不会以任何方式损害内核。

第二步是即时（Just-In-Time，JIT）编译步骤，它将程序的通用字节码翻译成机器特定的指令并对其进行优化以获得程序的最大执行速度。这使 eBPF 程序像本地编译的内核代码一样高效地运行，就像它作为内核模块加载一样。

在这两步完成后，eBPF 程序将被加载并编译到内核中，等待挂钩或 kprobe 触发执行。

BPF 已被广泛用作内核的附加组件。大多数应用程序都在网络级别，并且主要在可观测空间中。eBPF 已用于提供对数据包和套接字级别的系统调用的可见性，然后将其用于构建可以与内核的低级上下文一起运行的安全解决方案系统。

eBPF 程序还可用于用户应用程序的内部检查以及运行应用程序的内核部分，这提供了解决应用程序性能问题的综合见解。

读者可能很奇怪，为什么我们要在服务网格的话题背景下讨论 eBPF？eBPF 的可编程性和插件模型在网络中特别有用。eBPF 可用于以内核模块的本机速度执行 IP 路由、数据包过滤和监控等。Istio 架构的缺点之一是它的模型需要为每个工作负载部署 Sidecar，而正如第 2 章"Istio 入门"所讨论的那样，Sidecar 基本上是通过拦截网络流量来工作的，利用 iptables 配置内核的 netfilter 数据包过滤功能。这种方法的缺点是性能不太理想，因为在这种情况下，为服务流量创建的数据路径要比工作负载本身没有任何 Sidecar 流量拦截时的路径要长得多。通过使用与 eBPF 套接字相关的程序类型，读者可以过滤套接字数据、重定向套接字数据并监视套接字事件。这些方案有潜力取代基于 iptables 的流量拦截；使用 eBPF，可以选择拦截和管理网络流量，而不会对数据路径性能产生任何负面影响。

云原生基础设施技术服务商 Isovalent 是一个想要彻底改变 API 网关和服务网格架构

的组织。其产品 Cilium 提供了多种功能，包括 API 网关功能、服务网格、可观察性和网络功能等。有关详细信息，可访问以下网址。

https://isovalent.com/

Cilium 以 eBPF 作为核心技术构建，它可以在 Linux 内核的各个点注入 eBPF 程序，以实现应用程序网络、安全性和可观察性功能。

Cilium 也可应用于 Kubernetes 网络中，以解决由于数据包需要在主机和 Pod 之间多次遍历同一网络堆栈而导致的性能下降问题。Cilium 可以通过绕过网络堆栈中的 iptables 来解决这个问题，避免网络过滤器和 iptables 造成的其他开销，这将使网络性能显著提高。有关 Cilium 产品堆栈的更多信息，可访问以下网址。

https://isovalent.com/blog/post/cilium-release-113/

在上述文章中读者会惊讶地发现，eBPF 有可能彻底改变应用程序网络空间。

Istio 还创建了一个名为 Merbridge 的开源项目，该项目用 eBPF 程序取代 iptables，允许在 Sidecar 容器和应用程序容器的入站和出站套接字之间直接传输数据，从而缩短整体数据路径。Merbridge 还处于早期阶段，但已经取得了一些有希望的成果；读者可以在以下网址找到该开源项目。

https://github.com/merbridge/merbridge

借助 eBPF 和 Cilium 之类的产品，未来基于网络代理的产品的设计和操作方式很可能会更进一步。包括 Istio 在内的各种服务网格技术正在积极探索 eBPF，探讨如何使用 eBPF 来克服缺点并提高 Istio 的整体性能和使用体验。可以说，eBPF 是一项非常有前途的技术，并且已经通过 Cilium 和 Calico 之类的产品做了一些很棒的事情。

12.6　小　　结

衷心希望本书能让读者更好地了解 Istio。

本书第 1 章到第 3 章阐释了为什么需要服务网格，介绍了 Istio 控制平面和数据平面如何运行。这 3 章中的信息对于理解 Istio 和建立对 Istio 架构的理解非常重要。

第 4 章到第 6 章详细介绍了如何使用 Istio 构建我们在前面章节中讨论过的应用程序网络。

在第 7 章中，读者了解了可观察性的概念，探索了 Istio 与各种观察工具的集成方式，下一步应该探索与其他可观察性工具和监控工具（例如 Datadog）的集成。

第 8 章演示了跨多个 Kubernetes 集群部署 Istio 的实战操作，这应该让读者对在生产环境中安装 Istio 充满信心。

第 9 章详细介绍了如何使用 WebAssembly 及其应用扩展 Istio。

第 10 章讨论了如何扩展服务网格以包含已在虚拟机上部署的工作负载，从而帮助连接旧的虚拟机世界与 Kubernetes 新世界。

第 11 章介绍了操作 Istio 的最佳实践，以及如何使用 OPA Gatekeeper 等工具来自动执行一些最佳实践。

本章通过部署和配置另一个开源演示应用程序成功地复习了从第 4 章到第 6 章的概念，这也为读者提供了一个很好的实战机会，将从本书中学到的知识付诸实践，以利用 Istio 提供的应用程序网络和安全性功能。

本章还简要介绍了 eBPF，它是一项可能改变游戏规则的技术，使在内核级别编写代码成为可能，而无须了解或体验内核的恐怖。eBPF 可能会给服务网格、API 网关和网络解决方案的总体运行方式带来很多变化。

在本书的附录中，读者将找到有关其他服务网格技术的信息，例如 Consul Connect、Kuma Mesh、Gloo Mesh 和 Linkerd 等。附录对这些技术进行了很好的概述，以帮助读者了解它们的优点和局限性。

要建立对 Istio 的更好理解，读者还可以尝试参加 Tetrate 提供的认证 Istio 管理员考试。此外，本章还提供了其他一些学习途径。希望本书能让读者获得更多使用 Istio 构建可扩展、弹性和安全应用程序的经验，职业生涯更上一层楼。

祝你好运！

附录 A　其他服务网格技术

本附录将介绍以下服务网格实现。

❑　Consul Connect。
❑　Gloo Mesh。
❑　Kuma。
❑　Linkerd。

这些服务网格技术很受欢迎，并且正在获得许多组织的认可和采用。本附录中提供的有关这些服务网格技术的信息并不详尽；相反，这里的目标只是让读者熟悉并了解 Istio 的替代方案。希望本附录能够让读者对这些替代技术有一些基本的了解，并了解这些技术与 Istio 相比的表现如何。

A.1　Consul Connect

Consul Connect 是 HashiCorp 提供的服务网格解决方案。它也称为 Consul Service Mesh。在 HashiCorp 网站上，读者会发现术语 Consul Connect 和 Consul Service Mesh 可以互换使用。它基于 Consul 构建，Consul 是一个服务发现解决方案和键值存储。

Consul 是一个非常流行且历史悠久的服务发现解决方案；它可以为每一种类型的工作负载提供和管理服务身份，然后 Service Mesh 使用这些身份来管理 Kubernetes 中服务之间的流量。它还支持使用 ACL 来实现零信任网络，并提供对网格中流量的精细控制。

Consul 使用 Envoy 作为其数据平面，并将其作为 Sidecar 注入到工作负载 Pod 中。注入可以基于注解（annotation）以及全局配置，以将 Sidecar 代理自动注入到指定命名空间中的所有工作负载中。我们将首先在工作站上安装 Consul Service Mesh，然后进行一些实战练习来帮助读者掌握使用 Consul Service Mesh 的基础知识。

让我们从安装 Consul 开始。

A.1.1　在 minikube 上安装 Consul Connect

要安装 Consul Connect，请按以下步骤操作。

（1）克隆 Consul 存储库。

```
% git clone https://github.com/hashicorp-education/learn-
consul-get-started-kubernetes.git
…..
Resolving deltas: 100% (313/313), done.
```

（2）安装 Consul CLI。

对于 MacOS 系统，请执行以下步骤。

① 安装 HashiCorp tap。

```
% brew tap hashicorp/tap
```

② 安装 Consul Kubernetes CLI。

```
% brew install hashicorp/tap/consul-k8s
Running `brew update --auto-update`...
==> Auto-updated Homebrew!
Updated 1 tap (homebrew/core).
You have 4 outdated formulae installed.
You can upgrade them with brew upgrade
or list them with brew outdated.
==> Fetching hashicorp/tap/consul-k8s
==> Downloading https://releases.hashicorp.com/consul-
k8s/1.0.2/consul-k8s_1.0.2_darwin_arm64.zip
##########################################################
############### 100.0%
==> Installing consul-k8s from hashicorp/tap
/opt/homebrew/Cellar/consul-k8s/1.0.2: 3 files, 64MB,
built in 2 seconds
```

③ 在 Consul CLI 上检查 consul-k8s 的版本。

```
% consul-k8s version
    consul-k8s v1.0.2
```

对于 Linux Ubuntu/Debian 系统，请执行以下步骤。

① 添加 HashiCorp GPG 密钥。

```
% curl -fsSL https://apt.releases.hashicorp.com/gpg |
sudo apt-key add -
```

② 添加 HashiCorp apt 存储库。

```
% sudo apt-add-repository "deb [arch=amd64] https://apt.
releases.hashicorp.com $(lsb_release -cs) main"
```

③ 运行 apt-get install 以安装 consul-k8s CLI。

```
% sudo apt-get update && sudo apt-get install consul-k8s
```

对于 CentOS/RHEL，请执行以下步骤。

① 安装 yum-config-manager 来管理你的存储库。

```
% sudo yum install -y yum-utils
```

② 使用 yum-config-manager 添加官方 HashiCorp Linux 存储库。

```
% sudo yum-config-manager --add-repo https://rpm.
releases.hashicorp.com/RHEL/hashicorp.repo
```

③ 安装 consul-k8s CLI。

```
% sudo yum -y install consul-k8s
```

（3）启动 minikube。

```
% minikube start --profile dc1 --memory 4096
--kubernetes-version=v1.24.0
```

（4）使用 Consul CLI 在 minikube 上安装 Consul。

在 learn-consul-get-started-kubernetes/local 中运行以下命令。

```
% consul-k8s install -config-file=helm/values-v1.yaml
-set global.image=hashicorp/consul:1.14.0
==> Checking if Consul can be installed
 ✓ No existing Consul installations found.
 ✓ No existing Consul persistent volume claims found
 ✓ No existing Consul secrets found.
==> Consul Installation Summary
   Name: consul
   Namespace: consul
...
--> Starting delete for "consul-server-acl-init-cleanup"
Job
 ✓ Consul installed in namespace "consul".
```

（5）检查命名空间中的 Consul Pod。

```
% kubectl get po -n consul
NAME                        READY   STATUS    RESTARTS     AGE
consul-connect-injector-57dcdd54b7-
hhx14                       1/1     Running   1 (21h ago)  21h
```

```
consul-server-0          1/1      Running        0            21h
consul-webhook-cert-manager-76bbf7d768-
2kfhx                    1/1      Running        0            21h
```

（6）配置 Consul CLI 以能够与 Consul 通信。

我们将设置环境变量，以便 Consul CLI 可以与 Consul 集群进行通信。

设置来自 Secrets/consul-bootstrap-acl-token 的 CONSUL_HTTP_TOKEN 并将其设置为环境变量。

```
% export CONSUL_HTTP_TOKEN=$(kubectl get --namespace
consul secrets/consul-bootstrap-acl-token --template={{.
data.token}} | base64 -d)
```

设置 Consul 目的地的地址。默认情况下，Consul 将在 HTTP 端口 8500 和 HTTPS 端口 8501 上运行。

```
% export CONSUL_HTTP_ADDR=https://127.0.0.1:8501
```

删除 SSL 验证检查以简化与 Consul 集群的通信。

```
% export CONSUL_HTTP_SSL_VERIFY=false
```

（7）使用以下命令访问 Consul 仪表板。

```
% kubectl port-forward pods/consul-server-0 8501:8501
--namespace consul
```

在浏览器中打开 localhost:8501 以访问 Consul 仪表板，如图 A.1 所示。

图 A.1　Consul 仪表板

现在我们已经在 minikube 上安装了 Consul Service Mesh，接下来，让我们部署一个示例应用程序并了解 Consul Service Mesh 的基础知识。

A.1.2　部署示例应用程序

本小节将部署 envoydummy 以及 curl 应用程序。sampleconfiguration 文件可在本书配套 GitHub 存储库的 AppendixA/envoy-proxy-01.yaml 中找到。

在该配置文件中，可以看到以下注解。

```
annotations:
    consul.hashicorp.com/connect-inject: "true"
```

此注解允许 Consul 自动为每个服务注入代理。代理将创建一个数据平面来根据 Consul 的配置处理服务之间的请求。

应用配置来创建 envoydummy 和 curl Pod。

```
% kubectl create -f AppendixA/Consul/envoy-proxy-01.yaml -n
appendix-consul
configmap/envoy-dummy created
service/envoydummy created
deployment.apps/envoydummy created
servicedefaults.consul.hashicorp.com/envoydummy created
serviceaccount/envoydummy created
servicedefaults.consul.hashicorp.com/curl created
serviceaccount/curl created
pod/curl created
service/curl created
```

几秒钟后，读者会注意到 Consul 自动将 Sidecar 注入 Pod 中。

```
% % kubectl get po -n appendix-consul
NAME                          READY   STATUS    RESTARTS   AGE
curl                          2/2     Running   0          16s
envoydummy-77dfb5d494-2dx5w   2/2     Running   0          17s
```

要了解有关 Sidecar 的更多信息，请使用以下命令检查 envoydummy Pod。

```
% kubectl get po/envoydummy-77dfb5d494-pcqs7 -n appendix-consul
-o json | jq '.spec.containers[].image'
"envoyproxy/envoy:v1.22.2"
"hashicorp/consul-dataplane:1.0.0"
% kubectl get po/envoydummy-77dfb5d494-pcqs7 -n appendix-consul
-o json | jq '.spec.containers[].name'
```

```
"envoyproxy"
"consul-dataplane"
```

在上述输出中，可以看到一个名为 consul-dataplane 的容器，该容器是根据名为 hashcorp/consul-dataplane:1.0.0 的镜像创建的。

读者可以在以下网址检查该镜像。

https://hub.docker.com/layers/hashicorp/consul-dataplane/1.0.0-beta1/images/sha256-f933183f235d12cc526099ce90933cdf43c7281298b3cd34a4ab7d4ebeeabf84?context=explore

可以看到它是由 Envoy 代理组成的。

现在可尝试从 curl Pod 访问 envoydummy。

```
% kubectl exec -it pod/curl -n appendix-consul -- curl http://
envoydummy:80
curl: (52) Empty reply from server
command terminated with exit code 52
```

到目前为止，我们已经成功部署了 envoydummy Pod，并使用 consul-dataplane 作为 Sidecar。我们观察了 Consul Service Mesh 安全性的实际情况，发现 curl Pod 虽然部署在同一命名空间中，但无法访问 envoydummy Pod。

接下来，我们将了解这种行为并学习如何配置 Consul 来执行零信任网络。

A.1.3　零信任网络

Consul 使用称为意图（intention）的 Consul 结构来管理服务间授权。使用 Consul CRD，读者需要定义意图来规定允许哪些服务相互通信。意图是 Consul 零信任网络的基石。

意图由 Sidecar 代理在入站连接上强制执行。Sidecar 代理使用其 TLS 客户端证书来识别入站服务。在识别入站服务之后，Sidecar 代理会检查是否存在允许客户端与目标服务通信的意图。

在以下代码块中，定义了允许从 curl 服务到 envoydummy 服务的流量的意图。

```
apiVersion: consul.hashicorp.com/v1alpha1
kind: ServiceIntentions
metadata:
    name: curl-to-envoydummy-api
    namespace: appendix-consul
spec:
    destination:
        name: envoydummy
```

```
sources:
    - name: curl
    action: allow
```

在上述配置中，指定了目的地服务和源服务的名称。在 action 中，已使用值 allow 指定允许从源到目的地的流量。

action 的另一个可能值是 deny，它拒绝从源到目的地的流量。如果读者不想指定服务名称，则需要使用*。例如，如果 sources 中的服务名称是*，那么它将允许从所有服务到 envoydummy 的流量。

使用以下命令应用意图。

```
% kubectl create -f AppendixA/Consul/curl-to-envoy-dummy-
intentions.yaml
serviceintentions.consul.hashicorp.com/curl-to-envoydummy-api
created
```

读者可以在 Consul 仪表板中验证已经创建的 Intentions（意图），如图 A.2 所示。

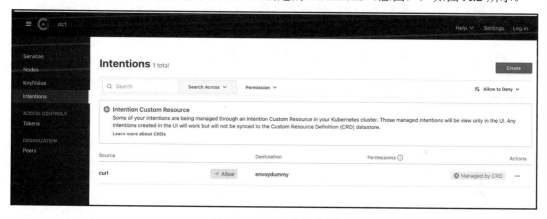

图 A.2　Consul 中的意图

考虑到我们已经创建了允许从 curl 服务到 envoydummy 服务的流量的意图，现在可以测试 curl Pod 是否能够使用以下命令与 envoydummy Pod 进行通信。

```
% kubectl exec -it pod/curl -n appendix-consul -- curl http://
envoydummy
V1----------Bootstrap Service Mesh Implementation with Istio--
--------V1%
```

使用意图时，能够定义规则来控制服务之间的流量，而无须配置防火墙或对集群进行任何更改。意图是 Consul 创建零信任网络的关键构建块。

A.1.4　流量管理和路由

Consul 提供了一套全面的服务发现和流量管理功能。服务发现包括 3 个阶段：路由、拆分和解析。这 3 个阶段也称为服务发现链，可用于实现基于 HTTP 标头、路径、查询字符串和工作负载版本的流量控制。

让我们简单了解一下服务发现链的每个阶段。

1．路由

这是服务发现链的第一阶段，用于使用第 7 层结构（例如 HTTP 标头和路径）拦截流量。这是通过服务路由器配置条目实现的，读者可以通过该条目使用各种标准控制流量路由。

例如，对于 envoydummy，假设我们希望发送到 envoydummy v1 版本并且 URI 中带有/latest 的任何请求都应强制路由到 envoydummy v2 版本，而发送到 envoydummy 应用程序的 v2 版本其路径中包含/old 的任何请求都应路由到 envoydummy 应用程序的 v1 版本。这时可以使用以下 ServiceRouter 配置来实现。

```
apiVersion: consul.hashicorp.com/v1alpha1
kind: ServiceRouter
metadata:
    name: envoydummy
spec:
    routes:
      - match:
        http:
            pathPrefix: '/latest'
        destination:
            service: 'envoydummy2'
```

在上述配置中，指定了任何发往 envoydummy 服务但将 pathPrefix 设置为'/latest'的请求都将路由到 envoydummy2。

以下配置指定了任何发往 envoydummy2 服务但 pathPrefix 设置为'/old'的请求都将路由到 envoydummy。

```
apiVersion: consul.hashicorp.com/v1alpha1
kind: ServiceRouter
metadata:
    name: envoydummy2
spec:
```

```
routes:
    - match:
        http:
            pathPrefix: '/old'
      destination:
          service: 'envoydummy'
```

上述两个 ServiceRouter 配置都保存在 AppendixA/Consul/routing-to-envoy-dummy.yaml 文件中。本书配套 GitHub 存储库上的 AppendixA/Consul/envoy-proxy-02.yaml 文件中还提供了 envoydummy v2 版本的部署描述符以及允许来自 curl Pod 的流量的意图。

使用以下命令部署 envoydummy v2 版本以及 ServiceRouter 配置。

```
% kubectl apply -f AppendixA/Consul/envoy-proxy-02.yaml
% kubectl apply -f AppendixA/Consul/routing-to-envoy-dummy.yaml
-n appendix-consul
servicerouter.consul.hashicorp.com/envoydummy configured
servicerouter.consul.hashicorp.com/envoydummy2 configured
```

读者可以使用 Consul 仪表板检查该配置。以下两个屏幕截图显示了我们已经应用的两个 ServiceRouter 配置。

❑　ServiceRouter 配置将包含前缀/latest 的流量发送到 envoydummy2，如图 A.3 所示。

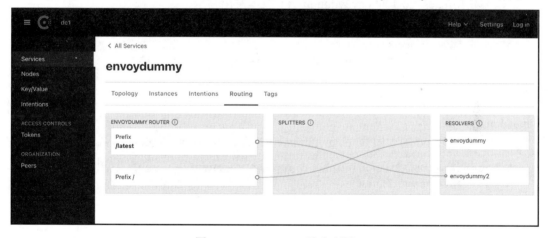

图 A.3　envoydummy 路由配置

❑　ServiceRouter 配置可以将包含前缀/old 的流量发送到 envoydummy，如图 A.4 所示。

现在我们已经配置了服务路由，可以来测试一下路由行为。

图 A.4　envoydummy 路由配置

（1）使用非/latest 的 URI 向 envoydummy v1 版本发出任何请求。

```
% kubectl exec -it pod/curl -n appendix-consul -- curl
http://envoydummy/new
V1---------Bootstrap Service Mesh Implementation with
Istio---------V1%
```

可以看到，输出不出所料：请求路由到 envoydummy v1 版本。

（2）使用/latest URI 向 envoydummy v1 版本发出请求。

```
% kubectl exec -it pod/curl -n appendix-consul -- curl
http://envoydummy/latest
V2---------Bootstrap Service Mesh Implementation with
Istio---------V2%
```

上面的输出同样不出所料：请求虽然发送到 envoydummy v1 版本，但会路由到 envoydummy v2 版本。

（3）使用非/old 的 URI 向 envoydummy v2 版本发出任何请求。

```
% kubectl exec -it pod/curl -n appendix-consul -- curl
http://envoydummy2/new
V2---------Bootstrap Service Mesh Implementation with
Istio---------V2%
```

其输出和预期一致：请求路由到 envoydummy v2 版本。

（4）使用/old URI 向 envoydummy v2 版本发出请求。

```
% kubectl exec -it pod/curl -n appendix-consul -- curl
http://envoydummy2/old
V1---------Bootstrap Service Mesh Implementation with
Istio---------V1%
```

其输出同样和预期一致：请求虽然发送到 envoydummy v2 版本，但会路由到 envoydummy v1 版本。

在上述示例中，我们使用路径前缀作为路由的标准。其他可选项是查询参数和 HTTP 标头。ServiceRouter 还支持重试逻辑，可以将其添加到目的地配置中。

以下是添加到 ServiceRouter 配置中的重试逻辑的示例。

```
apiVersion: consul.hashicorp.com/v1alpha1
kind: ServiceRouter
metadata:
    name: envoydummy2
spec:
    routes:
        - match:
            http:
                pathPrefix: '/old'
        destination:
            service: 'envoydummy'
            requestTimeout = "20s"
            numRetries = 3
            retryOnConnectFailure = true
```

在 HashiCorp 网站上可以找到有关 ServiceRouter 配置的更多信息。

https://developer.hashicorp.com/consul/docs/connect/config-entries/service-router

接下来，让我们仔细看看服务发现链的下一步：拆分。

2. 拆分

服务拆分是 Consul 服务发现链的第二个阶段，可以通过 ServiceSplitter 进行配置。

ServiceSplitter 允许用户将对服务的请求拆分为多个子集工作负载。使用此配置，还可以执行金丝雀部署。

以下示例中，envoydummy 服务的流量将以 20:80 的比例路由到 envoydummy 应用程序的 v1 和 v2 版本。

```
apiVersion: consul.hashicorp.com/v1alpha1
kind: ServiceSplitter
metadata:
    name: envoydummy
spec:
    splits:
        - weight: 20
```

```
        service: envoydummy
  - weight: 80
        service: envoydummy2
```

在 ServiceSplitter 配置中，将 80% 的 envoydummy 流量配置为路由到 envoydummy2 服务，剩余 20% 的流量路由到 envoydummy 服务。该配置可在本书配套 GitHub 存储库的 AppendixA/Consul/splitter.yaml 中找到。

使用以下命令应用配置。

```
% kubectl apply -f AppendixA/Consul/splitter.yaml -n appendix-consul
servicesplitter.consul.hashicorp.com/envoydummy created
```

应用上述配置后，即可在 Consul 仪表板上查看路由配置。如图 A.5 所示，所有流向 envoydummy 的流量都路由到 envoydummy 和 envoydummy2。该屏幕截图没有显示百分比，但读者可以将鼠标悬停在连接拆分器（splitter）和解析器（resolver）的箭头上，这样就应该能够看到百分比。

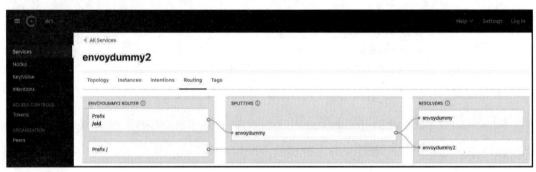

图 A.5　流向 envoydummy2 的流量拆分

图 A.6 显示了 envoydummy 的流量拆分。

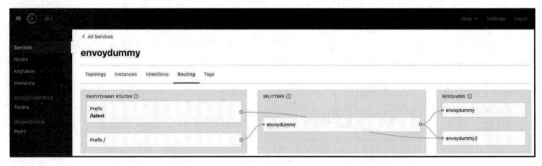

图 A.6　envoydummy 服务的流量拆分

现在 ServiceSplitter 配置已经到位，可以测试到我们服务的流量是否按照配置文件中指定的比率进行路由。

```
% for ((i=0;i<10;i++)); do kubectl exec -it pod/curl -n
appendix-consul -- curl http://envoydummy/new ;done
V2----------Bootstrap Service Mesh Implementation with Istio--
--------V2
V2----------Bootstrap Service Mesh Implementation with Istio--
--------V2
V2----------Bootstrap Service Mesh Implementation with Istio--
--------V2
V1----------Bootstrap Service Mesh Implementation with Istio--
--------V1
V2----------Bootstrap Service Mesh Implementation with Istio--
--------V2
V1----------Bootstrap Service Mesh Implementation with Istio--
--------V1
V2----------Bootstrap Service Mesh Implementation with Istio--
--------V2
V2----------Bootstrap Service Mesh Implementation with Istio--
--------V2
V2----------Bootstrap Service Mesh Implementation with Istio--
--------V2
V2----------Bootstrap Service Mesh Implementation with Istio--
--------V2
```

可以看到，流量在两个服务之间以 20∶80 的比例路由。

ServiceSplitter 是一项强大的功能，可用于 A/B 测试以及金丝雀部署和蓝/绿部署。使用 ServiceSplitter，还可以在同一服务的子集之间执行基于权重的路由。它还允许在路由服务时添加 HTTP 标头。有关 ServiceSplitter 的更多信息可访问以下网址。

https://developer.hashicorp.com/consul/docs/connect/config-entries/service-splitter

现在我们已经研究了 Consul 服务发现链 3 个步骤中的两个，接下来，让我们看看最后一个步骤：解析。

3．解析

Consul 还有另一个名为 ServiceResolver 的配置类型，用于定义服务的哪些实例映射到客户端请求的服务名称。它们控制服务发现并决定请求最终路由到哪里。

使用 ServiceResolver，你可以通过将请求路由到健康的上游来控制系统的弹性。当服务分布在多个数据中心时，ServiceResolver 会将负载分配给服务，并在服务发生中断时提供故障转移。有关 ServiceResolver 的更多详细信息，请访问以下网址。

https://developer.hashicorp.com/consul/docs/connect/config-entries/service-resolver

Consul Service Mesh 还提供网关来管理来自网格外部的流量。它支持以下 3 种网关。

❏ 网格网关（Mesh Gateway）：用于启用和保护数据中心之间的通信。它充当代理，为 Service Mesh 提供入口，同时使用 mTLS 保护流量。Mesh 网关用于在部署于不同数据中心或 Kubernetes 集群中的 Consul Service Mesh 实例之间进行通信。以下网址提供了有关网状网关的良好实践练习。

https://developer.hashicorp.com/consul/tutorials/kubernetes/kubernetes-mesh-gateways

❏ 入口网关（Ingress Gateway）：用于向网格外的客户端提供对网格中服务的访问。客户端可以位于网格外部但位于同一个 Kubernetes 集群中，也可以完全位于集群外部但位于组织的网络边界之内或之外。读者可以通过以下网址阅读到有关 Ingress Gateway 的更多信息。

https://developer.hashicorp.com/consul/docs/k8s/connect/ingress-gateways

❏ 终止网关（Terminating Gateway）：类似 Istio 中的 ServiceEntry，用于允许网格内的工作负载访问网格外的服务。要使用终止网关，用户还需要使用名为 ServiceDefault 的配置。这是定义有关外部服务的详细信息的地方，并由终止网关引用。读者可以在以下网址中了解有关终止网关的更多信息。

https://developer.hashicorp.com/consul/docs/k8s/connect/terminate-gateways

最后，Consul Service Mesh 还提供了网格的全面可观察性。Sidecar 代理收集并公开有关穿过网格的流量的数据。然后 Prometheus 会抓取 Sidecar 代理公开的指标数据。该数据包括第 7 层指标，例如 HTTP 状态代码、请求延迟和吞吐量。

与 Istio 控制平面一样，Consul 控制平面也提供一些指标，例如配置同步状态、异常和错误。可观察性方面的技术堆栈也像 Istio；与 Istio 一样，Consul 还支持与各种其他可观察性工具（例如 Datadog）集成，以深入了解 Consul Service Mesh 的运行状况和性能。读者可以在以下网址中阅读到有关 Consul Service Mesh 可观察性的更多信息。

https://developer.hashicorp.com/consul/tutorials/kubernetes/kubernetes-layer7-observability

本节简单阐释了 Consul Service Mesh 的运行原理，探索了 Consul Service Mesh 中的各种构造，解释了它们的运行机制。相信读者一定已经注意到 Consul Service Mesh 和 Istio 之间的相似之处。

（1）它们都使用 Envoy 作为 Sidecar 代理。

（2）Consul 的服务发现链与 Istio 的虚拟服务和目的地规则非常相似。

（3）Consul Service Mesh 网关也与 Istio 网关非常相似。

Consul Service Mesh 和 Istio 的主要区别如下。

（1）控制平面的实现方式。

（2）集群每个节点上代理的使用。

Consul Service Mesh 可以在虚拟机上运行，这使它获得了在陈旧工作负载上提供 Service Mesh 的优势。此外，Consul Service Mesh 由 HashiCorp 支持，并与 HashiCorp 的其他产品紧密集成，包括 HashiCorp Vault。它也作为免费增值产品提供。

Consul Service Mesh 还有一个企业版，适用于需要企业支持的组织，它有一个名为 HCP Consul 的 SaaS 产品，可以为想要一键式网格部署的客户提供完全托管的云服务。

💡 卸载 Consul Service Mesh

可以使用以下命令通过 consul-k8s 卸载 Consul Service Mesh。

```
% consul-k8s uninstall -auto-approve=true -wipe-data=true
..
   Deleting data for installation:
   Name: consul
   Namespace consul
✓ Deleted PVC => data-consul-consul-server-0
✓ PVCs deleted.
✓ Deleted Secret => consul-bootstrap-acl-token
✓ Consul secrets deleted.
✓ Deleted Service Account => consul-tls-init
✓ Consul service accounts deleted.
```

在 macOS 上可以使用 Brew 卸载 consul-k8s CLI。

```
% brew uninstall consul-k8s
```

A.2　Gloo Mesh

Gloo Mesh 是 Solo.io 的服务网格产品。有一个名为 Gloo Mesh 的开源版本和一个名为 Gloo Mesh Enterprise 的企业级产品。两者都基于 Istio Service Mesh，并声称在开源 Istio 的基础之上拥有更好的控制平面和附加功能。

Solo.io 在其网站上提供了功能比较，概述了 Gloo Mesh Enterprise、Gloo Mesh Open Source 和 Istio 之间的差异，有关详细信息可访问以下网址。

https://www.solo.io/products/gloo-mesh/

Gloo Mesh 主要专注于提供 Kubernetes 原生管理平面,用户可以通过该平面跨多个集群配置和操作多个异构 Service Mesh 实例。它配备了一个 API,可以抽象化管理和操作多个网格的复杂性,而用户无须了解多个服务网格造成的底层复杂性。有关 Gloo Mesh 的详细信息可访问以下网址。

https://docs.solo.io/gloo-mesh-open-source/latest/getting_started/

上述网站提供了关于如何安装和试用 Gloo Mesh 的综合资源。

Solo.io 还有另一个名为 Gloo Edge 的产品,它可以充当 Kubernetes Ingress 控制器和 API 网关。Gloo Mesh Enterprise 与 Gloo Edge 一起部署,可提供许多全面的 API 管理和 Ingress 功能。Gateway Gloo Mesh Enterprise 添加了对使用 OIDC、OAuth、API 密钥、LDAP 和 OPA 的外部身份验证的支持。这些策略是通过名为 ExtAuthPolicy 的自定义 CRD 实现的,可以在路由和目的地匹配特定标准时应用这些认证。

Gloo Mesh Enterprise 提供了 WAF 策略来监控、过滤和阻止任何有害的 HTTP 流量。它还通过对 Envoy 记录的响应正文和内容进行一系列正则表达式替换来提供数据丢失预防支持。从安全性角度来看,这是一个非常重要的功能,可以阻止敏感数据记录到日志文件中。

可以在侦听器、虚拟服务和路由上配置 DLP 过滤器。Gloo Mesh 还支持通过 SOAP 消息格式连接到陈旧应用程序。有一些选项可用于构建数据转换策略以应用 XSLT 转换来实现 SOAP/XML 端点的现代化。

数据转换策略可应用于转换请求或响应有效负载。它还支持特殊转换,例如通过 Inja 模板。使用 Inja 时,你可以编写循环、条件逻辑以及其他函数来转换请求和响应。

WASM 过滤器也得到了广泛的支持。Solo.io 提供了自定义工具来加速 Web 程序集的开发和部署。为了存储 WASM 文件,Solo.io 提供了 WebAssembly Hub 和一个名为 wasme 的开源 CLI 工具。可在以下网址上获取 WebAssembly Hub。

https://webassemblehub.io/

有关如何使用 Web Assembly Hub 和 wasme CLI 的更多信息,可访问以下网址。

https://docs.solo.io/web-assembly-hub/latest/tutorial_code/getting_started/

当 Gloo Mesh 和 Solo.io 的其他产品与企业级服务网格产品紧密集成时,用户可以获得大量其他功能,其中一个功能就是全局 API 门户。API 门户是一个自我发现门户,可用于发布、共享和监控 API 使用情况。

当使用多异构网格时，用户无须担心管理每个网格的可观察性工具；相反，Gloo Mesh Enterprise 可以提供每个网格的聚合指标，从而提供管理和观察多个网格的无缝体验。

在企业环境中，多个团队和用户可以访问和部署网格中的服务而不会妨碍彼此，这一点非常重要。用户需要知道哪些服务可供使用以及他们发布了哪些服务。用户应该能够自信地执行网格操作，而不影响其他团队的服务。

Gloo Mesh 使用了工作空间（workspace）的概念，工作空间是团队的逻辑边界，可以将团队 Service Mesh 的操作限制在工作空间的范围内，以便多个团队可以同时使用该网格。工作空间在每个团队发布的配置之间提供了安全隔离。通过工作空间，Gloo Mesh 解决了企业环境中多租户的复杂性问题，使多个团队更容易采用 Service Mesh，它具有相互隔离的配置和严格的访问控制，以确保网格可安全地由多个租户使用。

Gloo Mesh 还可以与另一个服务网格集成，该服务网格称为 Istio Ambient Mesh，基于与 Istio 不同的架构，它不是为每个工作负载添加一个 Sidecar 代理，而是在每个节点级别添加一个代理。Istio Ambient Mesh 与 Gloo Mesh 集成之后，用户可以运行基于 Sidecar 代理的网格以及基于节点代理的 Istio Ambient Mesh。

Gloo Enterprise Mesh 与 Gloo Edge 等 Solo.io 产品集成，使其成为服务网格产品中的有力竞争者。总而言之，支持多集群和多网格部署、通过工作空间允许多租户的安全使用、对身份验证的强力支持、零信任网络以及通过 Gloo Edge 进行成熟的 Ingress 管理的能力使其成为全面的服务网格产品。

A.3　Kuma

Kuma 是 Kong Inc. 捐赠给云原生计算基金会（CNCF）的开源 CNCF 沙盒项目。与 Istio 一样，Kuma 也使用 Envoy 作为数据平面。它支持多集群和多网格部署，提供一个全局控制平面来管理它们。

在撰写本书时，Kuma 是用 GoLang 编写的一个可执行文件。它可以部署在 Kubernetes 上，也可以部署在虚拟机上。当部署在非 Kubernetes 环境中时，需要 PostgreSQL 数据库来存储其配置。

A.3.1　下载并安装 Kuma

现在让我们首先下载并安装 Kuma，然后进行有关该主题的实战练习。

（1）下载适合自己操作系统的 Kuma。

```
% curl -L https://kuma.io/installer.sh | VERSION=2.0.2 sh
-
INFO Welcome to the Kuma automated download!
INFO Kuma version: 2.0.2
INFO Kuma architecture: arm64
INFO Operating system: Darwin
INFO Downloading Kuma from: https://download.konghq.com/
mesh-alpine/kuma-2.0.2-darwin-arm64.tar.gz
```

（2）在 minikube 上安装 Kuma。解压下载文件，然后在解压文件夹的 bin 目录中运行以下命令以在 Kubernetes 上安装 Kuma。

```
% kumactl install control-plane | kubectl apply -f -
```

这将创建一个名为 kuma-system 的命名空间，并在该命名空间中安装 Kuma 控制平面，同时配置各种 CRD 和准入控制器。

（3）此时可使用以下命令访问 Kuma 的图形用户界面（GUI）。

```
% kubectl port-forward svc/kuma-control-plane -n kuma-
system 5681:5681
```

在浏览器中打开 localhost:5681/gui，读者将看到如图 A.7 所示的仪表板。

图 A.7　Kuma 仪表板

Kuma GUI 提供了有关网格的全面详细信息。当我们构建策略并将应用程序添加到网格时，可使用它来检查配置。

在 Kuma GUI 的主页上，读者会注意到它显示了一个名为 default（默认）的网格。Kuma 中的网格是一个服务网格，在逻辑上与 Kuma 中的其他服务网格隔离。

读者可以在 Kubernetes 集群中安装一个 Kuma，然后它可以为在该 Kubernetes 集群中部署应用程序的每个团队或部门管理多个服务网格。这是一个非常重要的概念，也是 Kuma 与其他服务网格技术的关键区别。

A.3.2　在 Kuma 网格中部署 envoydemo 和 curl

部署文件位于本书配套 GitHub 存储库的 AppendixA/Kuma/envoy-proxy-01.yaml 中。与 Istio 相比，Kuma 部署文件中的显著区别是添加了以下标签，该标签指示 Kuma 将其 Sidecar 代理注入 envoydummy。

```
kuma.io/sidecar-injection: enabled
```

以下命令将部署 envoydummy 和 curl 应用程序。

```
% kubectl create ns appendix-kuma
namespace/appendix-kuma created
% kubectl apply -f AppendixA/Kuma/envoy-proxy-01.yaml
configmap/envoy-dummy created
service/envoydummy created
deployment.apps/envoydummy created
serviceaccount/envoydummy created
```

几秒钟后，使用以下命令检查 Pod 是否已部署并注入了 Sidecar。

```
% kubectl get po -n appendix-kuma
NAME                          READY   STATUS    RESTARTS   AGE
curl                          2/2     Running   0          71s
envoydummy-767dbd95fd-tp6hr   2/2     Running   0          71s
serviceaccount/curl created
pod/curl created
```

这些 Sidecar 也称为数据平面代理（data plane proxy，DPP），它们与网格中的每个工作负载一起运行。DPP 包括定义 DPP 和 kuma-dp 二进制文件配置的数据平面实体。在启动过程中，kuma-dp 从 Kuma 控制平面（Kuma control plane，kuma-cp）检索 Envoy 的启动配置，并使用它来生成 Envoy 进程。Envoy 启动后，会使用 XDS 连接到 kuma-cp。kuma-dp 还会在启动时生成 core-dns 进程。

值得一提的是，安装 Kuma 和部署应用程序非常简单，GUI 也非常直观，即使对于初学者来说也是如此。

A.3.3　使用 Kuma GUI 查看网格状态

现在让我们使用 Kuma GUI 检查网格的整体状态。

单击 MESH（网格）|Overview（概览），即可看到新添加的 DPP，如图 A.8 所示。

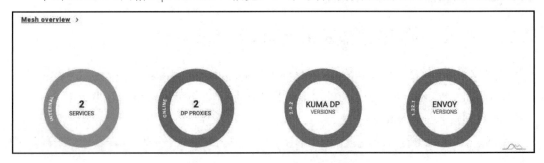

图 A.8　Kuma GUI 中的网格概览

单击 MESH（网格）|Data Plane Proxies（数据平面代理），即可找到有关工作负载的详细信息，如图 A.9 所示。

图 A.9　数据平面代理

A.3.4　启用 mTLS

现在我们已经安装了应用程序，可以使用 Kuma 策略进行一些实战练习，以获得一些实际操作 Kuma 的经验。

首先从 curl Pod 访问 envoydummy 服务。

```
% kubectl exec -it pod/curl -n appendix-kuma -- curl http://
envoydummy:80
V1----------Bootstrap Service Mesh Implementation with Istio--
--------V1%
```

可以看到，该输出如预期所示。默认情况下，Kuma 允许流量进出网格。并且在默认情况下，网格中的所有流量均未加密。

我们将启用 mTLS 并拒绝网格中的所有流量以建立零信任网络。首先，可使用以下命令删除允许网格内所有流量的策略。

```
% kubectl delete trafficpermissions/allow-all-traffic
```

allowed-all-traffic 是允许网格内所有流量的流量许可策略。上述命令删除了该策略，从而限制了网格中的所有流量。

接下来，我们将在网格内启用 mTLS 以实现安全通信，并让 kong-dp 通过将服务身份与 DPP 证书进行比较来正确识别服务。如果不启用 mTLS，则 Kuma 无法强制执行流量权限。

以下策略将在默认网格中启用 mTLS。它使用内置 CA，但如果读者使用外部 CA，那么还可以提供外部生成的根 CA 和密钥。Kuma 使用 SAN 为每个工作负载自动生成 SPIFEE 格式的证书。

```
apiVersion: kuma.io/v1alpha1
kind: Mesh
metadata:
    name: default
spec:
    mtls:
        enabledBackend: ca-1
        backends:
        - name: ca-1
          type: builtin
```

在上述配置文件中，定义了此策略适用于 default 网格。我们声明了一个名为 ca-1 的 builtin 类型的 CA，并通过定义 enabledBackend 将其配置为用作 mTLS 的根 CA。该配置文件位于本书配套 GitHub 存储库的 AppendixA/Kuma/enablemutualTLS.yaml 文件中。

使用以下命令应用该配置。

```
% kubectl apply -f AppendixA/Kuma/enablemutualTLS.yaml
```

启用 mTLS 后，让我们尝试从 curl 访问 envoydummy。

```
% kubectl exec -it pod/curl -n appendix-kuma -- curl http://
envoydummy:80
curl: (52) Empty reply from server
command terminated with exit code 52
```

该输出符合我们的预期，因为 mTLS 已启用，并且没有 TrafficPermission 策略允许 curl 和 envoydummy 之间的流量。

A.3.5　创建流量控制策略

为了允许流量，需要创建以下 TrafficPermission 策略。

```
apiVersion: kuma.io/v1alpha1
kind: TrafficPermission
mesh: default
metadata:
    name: allow-all-traffic-from-curl-to-envoyv1
spec:
    sources:
        - match:
            kuma.io/service: 'curl_appendix-kuma_svc'
    destinations:
        - match:
            kuma.io/service: 'envoydummy_appendix-kuma_svc_80'
```

可以看到，kuma.io/service 字段包含相应标签的值。标签是键值对的集合，其中包含 DPP 所属服务的详细信息以及有关已公开服务的元数据。

以下是应用于 envoydummy 的 DPP 的标签。

```
% kubectl get dataplane/envoydummy-767dbd95fd-tp6hr -n
appendix-kuma -o json | jq '.spec.networking.inbound[].tags'
{
    "k8s.kuma.io/namespace": "appendix-kuma",
    "k8s.kuma.io/service-name": "envoydummy",
    "k8s.kuma.io/service-port": "80",
    "kuma.io/protocol": "http",
    "kuma.io/service": "envoydummy_appendix-kuma_svc_80",
    "name": "envoydummy",
    "pod-template-hash": "767dbd95fd",
    "version": "v1"
}
```

类似地，读者也可以获取 curl DPP 的值。其配置文件位于本书配套 GitHub 存储库的 AppendixA/Kuma/allow-traffic-curl-to-envoyv1.yaml 中。

使用以下命令应用配置。

```
% kubectl apply -f AppendixA/Kuma/allow-traffic-curl-to-
```

```
envoyv1.yaml
trafficpermission.kuma.io/allow-all-traffic-from-curl-to-
envoyv1 created
```

应用配置后，测试是否可以从 curl 访问 envoydummy。

```
% kubectl exec -it pod/curl -n appendix-kuma -- curl http://
envoydummy:80
V1----------Bootstrap Service Mesh Implementation with Istio--
--------V1%
```

我们刚刚体验了如何控制网格中工作负载之间的流量。读者会发现这与 Consul Service Mesh 中的 ServiceIntentions 非常相似。

A.3.6 流量管理和路由

现在让我们来看看 Kuma 中的流量路由。我们将部署 envoydummy 服务的 v2 版本，并在 v1 和 v2 版本之间路由某些请求。

第一步是部署 envoydummy 的 v2 版本，然后定义流量权限以允许 curl Pod 和 envoydummy v2 Pod 之间的流量。这些配置文件位于 AppendixA/Kuma/envoy-proxy-02.yaml 和 AppendixA/Kuma/allow-traffic-curl-to-envoyv2.yaml 中。

接下来要做的是应用这些配置。在应用上述两个文件后，再来测试 curl 是否能够访问 envoydummy Pod 的 v1 和 v2 版本。

```
% for ((i=0;i<2;i++)); do kubectl exec -it pod/curl -n
appendix-kuma -- curl http://envoydummy ;done
V2----------Bootstrap Service Mesh Implementation with Istio--
--------V2
V1----------Bootstrap Service Mesh Implementation with Istio--
--------V1
```

接下来，我们将使用名为 TrafficRoute 的 Kuma 策略配置路由。此策略允许配置网格中的流量路由规则。

为了更容易理解，该策略可以分为以下 4 个部分。

（1）在第一部分中，声明了 TrafficRoute 策略。有关该策略的基本用法说明，可访问以下网址。

https://kuma.io/docs/2.0.x/policies/traffic-route/

本示例声明该策略适用于默认网格以及网格中源自 curl_appendix-kuma_svc 且目的

地为 envoydummy_appendix-kuma_svc_80 的任何请求。

```
apiVersion: kuma.io/v1alpha1
kind: TrafficRoute
mesh: default
metadata:
    name: trafficroutingforlatest
spec:
    sources:
        - match:
            kuma.io/service: curl_appendix-kuma_svc
destinations:
        - match:
            kuma.io/service: envoydummy_appendix-kuma_svc_80
```

（2）我们将配置任何包含'/latest'前缀的请求，将其路由到包含 destination 下加粗显示的标签的 DPP。

```
conf:
    http:
    - match:
        path:
            prefix: "/latest"
    destination:
        kuma.io/service: envoydummy_appendix-kuma_svc_80
        version: 'v2'
```

（3）配置任何包含'/old'前缀的请求，将其路由到包含 destination 下加粗显示的标签的数据平面。

```
- match:
    path:
        prefix: "/old"
destination:
    kuma.io/service: envoydummy_appendix-kuma_svc_80
    version: 'v1'
```

（4）声明与前面各部分中定义的任何路径都不匹配的请求的默认目的地。默认目的地将是 DPP，其标签在以下代码中加粗显示。

```
destination:
    kuma.io/service: envoydummy_appendix-kuma_svc_80
```

上述配置文件位于本书 GitHub 存储库的 AppendixA/Kuma/trafficRouting01.yaml 文件

中。应用该配置并测试以下场景。

❑　所有包含'/latest'前缀的请求都应该路由到 v2 版本。

```
% for ((i=0;i<4;i++)); do kubectl exec -it pod/curl -n
appendix-kuma -- curl http://envoydummy/latest ;done
V2----------Bootstrap Service Mesh Implementation with
Istio----------V2
V2----------Bootstrap Service Mesh Implementation with
Istio----------V2
V2----------Bootstrap Service Mesh Implementation with
Istio----------V2
V2----------Bootstrap Service Mesh Implementation with
Istio----------V2
```

❑　所有包含'/old'前缀的请求都应路由到 v1 版本。

```
% for ((i=0;i<4;i++)); do kubectl exec -it pod/curl -n
appendix-kuma -- curl http://envoydummy/old ;done
V1----------Bootstrap Service Mesh Implementation with
Istio----------V1
V1----------Bootstrap Service Mesh Implementation with
Istio----------V1
V1----------Bootstrap Service Mesh Implementation with
Istio----------V1
V1----------Bootstrap Service Mesh Implementation with
Istio----------V1
```

❑　所有其他请求应遵循默认行为。

```
% for ((i=0;i<4;i++)); do kubectl exec -it pod/curl -n
appendix-kuma -- curl http://envoydummy/xyz ;done
V2----------Bootstrap Service Mesh Implementation with
Istio----------V2
V2----------Bootstrap Service Mesh Implementation with
Istio----------V2
V1----------Bootstrap Service Mesh Implementation with
Istio----------V1
V1----------Bootstrap Service Mesh Implementation with
Istio----------V1
```

可以看到，请求的路由可以按照我们的预期工作，其配置方式与使用 Istio 的方式实际上是类似的。

A.3.7　通过加权路由策略实现负载均衡

现在让我们来看看 Kuma Mesh 的负载均衡特性。我们将构建另一个流量路由策略来在 envoydummy 的 v1 和 v2 版本之间进行加权路由。以下是 AppendixA/Kuma/trafficRouting02.yaml 中提供的配置片段。

```
conf:
    split:
        - weight: 10
          destination:
              kuma.io/service: envoydummy_appendix-kuma_svc_80
              version: 'v1'
        - weight: 90
          destination:
              kuma.io/service: envoydummy_appendix-kuma_svc_80
              version: 'v2'
```

应用配置后，可使用以下命令测试流量分布。

```
% for ((i=0;i<10;i++)); do kubectl exec -it pod/curl -n
appendix-kuma -- curl http://envoydummy/xyz ;done
```

流量应以大约 1:9 的比例在两个版本之间分配。读者可以使用 TrafficRoute 策略执行流量路由、流量修改、流量分割、负载均衡、金丝雀部署和位置感知负载均衡。要了解有关 TrafficRoute 的更多信息，可访问以下网址。

https://kuma.io/docs/2.0.x/policies/traffic-route

Kuma 还提供了断路、故障注入、超时、速率限制等策略。有关 Kuma 策略的完整列表，可访问以下网址。

https://kuma.io/docs/2.0.x/policies/introduction/

这些现成可用的策略使 Kuma 非常易用，学习曲线很平坦。

A.3.8　创建新网格

在到目前为止的实践示例中，我们一直在默认网格中部署所有工作负载。如前文所述，Kuma 允许用户创建不同的隔离网格，从而允许团队在同一 Kuma 集群内拥有隔离的网格环境。读者可以使用以下配置创建新网格。

```
apiVersion: kuma.io/v1alpha1
kind: Mesh
metadata:
    name: team-digital
```

该配置可在 AppendixA/Kuma/team-digital-mesh.yaml 中找到。

使用以下命令应用配置。

```
% kubectl apply -f AppendixA/Kuma/team-digital-mesh.yaml
mesh.kuma.io/team-digital created
```

创建网格后，即可通过向工作负载部署配置添加以下注解来创建网格内的所有资源。

```
kuma.io/mesh: team-digital
```

并将以下内容添加到 Kuma 策略中。

```
mesh: team-digital
```

创建网格的能力对于企业环境来说是一个非常有用的功能，也是 Kuma 与 Istio 相比的一个关键区别。

A.3.9 创建 Kuma 内置网关

Kuma 还提供内置 Ingress 功能来处理南北流量以及东西向流量。Ingress 作为一种称为网关的 Kuma 资源进行管理，而网关又是 kuma-dp 的一个实例。

读者可以灵活地部署任意数量的 Kuma 网关，但理想情况下，建议每个网格部署一个网关。Kuma 还支持与非 Kuma 网关集成。非 Kuma 网关也称为委托网关（delegated gateway）。目前我们将讨论内置 Kuma 网关，稍后将简要讨论委托网关。

要创建内置网关，首先需要定义 MeshGatewayInstance 以及匹配的 MeshGateway。MeshGatewayInstance 提供了如何实例化网关实例的详细信息。以下是 MeshGatewayInstance 的示例配置，也可以在 AppendixA/Kuma/envoydummyGatewayInstance01.yaml 中找到。

```
apiVersion: kuma.io/v1alpha1
kind: MeshGatewayInstance
metadata:
    name: envoydummy-gateway-instance
    namespace: appendix-kuma
spec:
    replicas: 1
    serviceType: LoadBalancer
    tags:
        kuma.io/service: envoydummy-edge-gateway
```

可以看到，上述配置设置有 1 个副本（replicas）和 LoadBalancer 服务类型（serviceType），并且应用了一个标签 kuma.io/service: envoydummy-edge-gateway，它将用于构建与 MeshGateway 的关联。

以下配置将创建一个名为 envoydummy-edge-gateway 的 MeshGateway。该配置可在 AppendixA/Kuma/envoydummyGateway01.yaml 中找到。

```yaml
apiVersion: kuma.io/v1alpha1
kind: MeshGateway
mesh: default
metadata:
    name: envoydummy-edge-gateway
    namespace: appendix-kuma
spec:
    selectors:
    - match:
        kuma.io/service: envoydummy-edge-gateway
    conf:
        listeners:
          - port: 80
            protocol: HTTP
            hostname: mockshop.com
            tags:
                port: http/80
```

MeshGateway 资源指定侦听器，它们是接收网络流量的端点。在上述配置中，指定了端口、协议和可选主机名。在 selectors 下，还指定了与 MeshGateway 配置关联的 MeshGatewayInstance 标签。需要注意的是，此处指定的标签与在 MeshGatewayInstance 配置中定义的标签相同。

A.3.10　定义网关路由

接下来，我们将定义 MeshGatewayRoute，它描述请求如何从 MeshGatewayInstance 路由到工作负载服务。在 AppendixA/Kuma/envoydummyGatewayRoute01.yaml 中提供了示例配置。以下是该文件的一些片段。

❑　在 selectors 下，指定该路由应附加的网关和侦听器的详细信息。通过提供相应网关和侦听器的标签来指定详细信息。

```yaml
spec:
    selectors:
```

```
        - match:
            kuma.io/service: envoydummy-edge-gateway
            port: http/80
```

❑　在 conf 部分，提供了请求的第 7 层匹配标准，例如路径和 HTTP 标头以及目的地详细信息。

```
conf:
    http:
        rules:
            - matches:
                - path:
                    match: PREFIX
                    value: /
              backends:
                - destination:
                    kuma.io/service: envoydummy_appendix-
kuma_svc_80
```

❑　最后但并非最不重要的一点是，我们通过配置 TrafficPermission 来允许边缘网关和 Envoy 虚拟服务之间的流量，如以下代码片段所示。读者可以在本书配套的 GitHub 存储库的 AppendixA/Kuma/allow-traffic-edgegateway-to-envoy.yaml 文件中找到该配置。

```
kind: TrafficPermission
mesh: default
metadata:
    name: allow-all-traffic-from-curl-to-envoyv1
spec:
    sources:
        - match:
            kuma.io/service: 'envoydummy-edge-gateway'
    destinations:
        - match:
            kuma.io/service: 'envoydummy_appendix-kuma_svc_80'
```

获得流量许可后，现在可使用以下命令集应用配置。

（1）创建 MeshGatewayInstance。

```
% kubectl apply -f AppendixA/Kuma/
envoydummyGatewayInstance01.yaml
meshgatewayinstance.kuma.io/envoydummy-gateway-instance
created
```

（2）创建 MeshGateway。

```
% kubectl apply -f AppendixA/Kuma/envoydummyGateway01.yaml
meshgateway.kuma.io/envoydummy-edge-gateway created
```

（3）创建 MeshGatewayRoute。

```
% kubectl apply -f AppendixA/Kuma/
envoydummyGatewayRoute01.yaml
meshgatewayroute.kuma.io/envoydummy-edge-gateway-route
created
```

（4）创建 TrafficPermissions。

```
$ kubectl apply -f AppendixA/Kuma/allow-traffic-
edgegateway-to-envoy.yaml
trafficpermission.kuma.io/allow-all-traffic-from-curl-to-
envoyv1 configured
```

可使用以下命令验证 Kuma 是否已创建网关实例。

```
% kubectl get po -n appendix-kuma
NAME                               READY    STATUS     RESTARTS    AGE
curl                               2/2      Running    0           22h
envoydummy-767dbd95fd-
br2m6                              2/2      Running    0           22h
envoydummy-gateway-instance-75f87bd9cc-
z2rx6                              1/1      Running    0           93m
envoydummy2-694cbc4f7d-
hrvkd                              2/2      Running    0           22h
```

读者还可以使用以下命令检查相应的服务。

```
% kubectl get svc -n appendix-kuma
NAME                     TYPE         CLUSTER-IP                EXTER
NAL-IP        PORT(S)          AGE
envoydummy               Clus-
terIP            10.102.50.112   <none>        80/TCP        22h
envoydummy-gateway-instance     LoadBal-
ancer           10.101.49.118   <pending>     80:32664/TCP  96m
```

现在我们已准备好使用内置 Kuma 网关访问 envoydummy。但首先，我们需要找到一个 IP 地址，通过它可以访问 minikube 上的 Ingress 网关服务。

使用以下命令查找 IP 地址：

```
% minikube service envoydummy-gateway-instance --url -n
```

```
appendix-kuma
http://127.0.0.1:52346
```

现在使用 http://127.0.0.1:52346 即可通过在终端中执行 curl 来访问 envoydummy 服务。

```
% curl -H "host:mockshop.com" http://127.0.0.1:52346/latest
V1---------Bootstrap Service Mesh Implementation with Istio--
--------V1
```

读者已经了解了如何创建 MeshGatewayInstance，然后将其与 MeshGateway 关联。在关联之后，kuma-cp 创建了内置 Kuma 网关的网关实例。然后，创建了一个 MeshGatewayRoute，指定如何将请求从网关路由到工作负载服务。最后，我们还创建了一个 TrafficPermission 资源，以允许流量从 MeshGateway 流向 EnvoyDummy 工作负载。

如前文所述，Kuma 还提供了使用外部网关作为 Ingress 的选项，它也称为委托网关。在委托网关中，Kuma 支持与各种 API 网关集成，但 Kong Gateway 是首选且文档最为齐全的选项。有关委托网关的更多信息，可访问以下网址。

https://kuma.io/docs/2.0.x/explore/gateway/#delegated

与 Istio 一样，Kuma 还可以为 Kubernetes 和基于虚拟机的工作负载提供原生支持。

Kuma 为运行跨多个 Kubernetes 集群、数据中心和云提供商的 Service Mesh 高级配置提供了广泛的支持。

Kuma 有一个区域（zone）的概念，它是可以相互通信的 DPP 的逻辑聚合。Kuma 支持在多个区域中运行 Service Mesh 以及多区域部署中控制平面的分离。每个区域都分配有自己的水平可扩展控制平面，提供每个区域之间的完全隔离。然后，所有区域也由中心化全局控制平面进行管理，该控制平面管理可应用于 DPP 的策略的创建和更改，也可以将特定区域的策略和配置传输到底层区域的相应控制平面。

前面已经介绍过，Kuma 是一个开源项目，由 Kong Inc.捐赠给云原生计算基金会（CNCF）。Kong Inc.还提供了 Kong Mesh，这是构建在 Kuma 之上的 Kuma 企业版，已扩展为包含运行企业级工作负载所需的功能。Kong Mesh 提供交钥匙（turnkey）服务网格解决方案，具有与 OPA 集成、FIPS 140-2 合规性和基于角色的访问控制等功能。通过与作为入口网关的 Kong Gateway、基于 Kuma 的服务网格、额外的企业级附加组件和可靠的企业级支持相结合，Kong Mesh 已成为一项可放心使用的服务网格技术。

💡 卸载 Kuma

可以使用以下命令卸载 Kuma Mesh。

% kumactl install control-plane | kubectl delete -f -

A.4　Linkerd

Linkerd 是一个 CNCF 毕业项目，在 Apache v2 下获得许可。Buoyant 是 Linkerd 的主要贡献者，其网址如下。

https://buoyant.io/

在所有服务网格技术中，Linkerd 即使不是最古老的，也可能是最早的技术之一。它最初由 Buoyant 于 2017 年公开。刚开始时较为成功，但随后却因其对资源的极度渴求而饱受诟病。Linkerd 中使用的代理是使用 Scala 和 Java 网络生态系统编写的，在运行时使用 Java 虚拟机（Java Virtual Machine，JVM），导致大量资源消耗。

2018 年，Buoyant 发布了 Linkerd 的新版本，名为 Conduit。Conduit 后来更名为 Linkerd v2。Linkerd v2 数据平面由 Linkerd2-proxy 组成，它是用 Rust 编写的，资源消耗占用很小。Linkerd2-proxy 是专门为在 Kubernetes Pod 中作为 Sidecar 进行代理而构建的。

与本附录中讨论的其他开源服务网格技术一样，我们将通过使用 Linkerd 并观察它与 Istio 的相似或不同之处来介绍 Linkerd。

A.4.1　安装 Linkerd

首先可以在 minikube 上安装 Linkerd。

（1）使用以下命令在 minikube 上安装 Linkerd。

```
% curl --proto '=https' --tlsv1.2 -sSfL https://run.
linkerd.io/install | sh
Downloading linkerd2-cli-stable-2.12.3-darwin...
Linkerd stable-2.12.3 was successfully installed
Add the linkerd CLI to your path with:
   export PATH=$PATH:/Users/arai/.linkerd2/bin
```

（2）按照建议将 linkerd2 包含在路径中。

```
export PATH=$PATH:/Users/arai/.linkerd2/bin
```

（3）Linkerd 提供了一个选项来检查和验证 Kubernetes 集群是否满足安装 Linkerd 所需的所有先决条件。

```
% linkerd check --pre
```

（4）如果输出包含以下内容，则可以开始安装。

```
Status check results are √
```

如果没有，那么读者需要按照以下网址的建议来解决问题。

https://linkerd.io/2.12/tasks/troubleshooting/#pre-k8s-cluster-k8s%20for%20hints

（5）接下来分两步安装 Linkerd。

① 安装 CRD。

```
% linkerd install --crds | kubectl apply -f -
```

② 在 linkerd 命名空间中安装 Linkerd 控制平面。

```
% linkerd install --set proxyInit.runAsRoot=true |
kubectl apply -f -
```

（6）安装控制平面后，使用以下命令检查 Linkerd 是否已完全安装。

```
% linkerd check
```

如果 Linkerd 安装成功，那么读者应该看到以下消息。

```
Status check results are √
```

Linkerd 的设置至此完成。现在让我们来分析一下已经安装的内容。

```
% kubectl get pods,services -n linkerd
NAME                        READY    STATUS      RESTARTS     AGE
pod/linkerd-destination-86d68bb57-
447j6                       4/4      Running     0            49m
pod/linkerd-identity-5fbdcccbd5-
lzfkj                       2/2      Running     0            49m
pod/linkerd-proxy-injector-685cd5988b-
51mxq                       2/2      Running     0            49m

NAME      TYPE       CLUSTER-IP       EXTER-
NAL-IP       PORT(S)     AGE
service/linkerd-dst             ClusterIP
    10.102.201.182   <none>       8086/TCP     49m
service/linkerd-dst-headless    Clus-
terIP   None             <none>       8086/TCP     49m

service/linkerd-identity        Clust-
erIP    10.98.112.229    <none>       8080/TCP     49m
```

```
service/linkerd-identity-headless   Clus-
terIP    None              <none>      8090/TCP    49m

service/linkerd-policy              ClusterIP
   None              <none>      8090/TCP    49m

service/linkerd-policy-validator    ClusterIP
10.102.142.68         <none>      443/TCP     49m

service/linkerd-proxy-injector ClusterIP
10.101.176.198        <none>      443/TCP     49m

service/linkerd-sp-validator        ClusterIP
10.97.160.235         <none>      443/TCP     49m
```

这里值得一提的是，其控制平面由许多 Pod 和服务组成。

例如：linkerd-identity 服务是一个 CA，用于为 Linkerd 代理生成签名证书。

linkerd-proxy-injector 是 Kubernetes 准入控制器，负责修改 Kubernetes Pod 规范以添加 linkerd-proxy 和 proxy-init 容器。

destination 服务是 Linkerd 控制平面的大脑，负责维护服务发现和服务的身份信息，另外还有保护和管理网格中流量的策略。

A.4.2　在 Linkerd 中部署 envoydummy 和 curl

现在让我们部署 envoydummy 和 curl 应用程序并检查 Linkerd 如何执行服务网格功能。请按照以下步骤安装该应用程序。

（1）与大多数服务网格解决方案一样，我们需要使用以下注解来注解部署描述符。

```
annotations:
    linkerd.io/inject: enabled
```

envoydummy 和 curl 应用程序的配置文件以及注解可在本书配套 GitHub 存储库的 AppendixA/Linkerd/envoy-proxy-01.yaml 文件中找到。

（2）准备好部署描述符后，即可应用配置。

```
% kubectl create ns appendix-linkerd
% kubectl apply -f AppendixA/Linkerd/envoy-proxy-01.yaml
```

（3）这应该部署 Pod。在 Pod 部署完成后，即可通过以下命令检查 Pod 中注入的内容。

```
% kubectl get po/curl -n appendix-linkerd -o json | jq
'.spec.initContainers[].image, .spec.initContainers[].name'
"cr.l5d.io/linkerd/proxy-init:v2.0.0"
"linkerd-init"
% kubectl get po/curl -n appendix-linkerd -o json | jq
'.spec.containers[].image, .spec.containers[].name'
"cr.l5d.io/linkerd/proxy:stable-2.12.3"
"curlimages/curl"
"linkerd-proxy"
"curl"
```

从上面的输出中可以看出，Pod 初始化是由 cr.l5d.io/linkerd/proxy-init:v2.0.0 类型的名
为 linkerd-init 的容器执行的，并且 Pod 有两个正在运行的容器，即 curl 和 linkerd-proxy，
属于 cr.l5d.io/linkerd/proxy:stable-2.12.3 类型。

linkerd-init 容器在 Pod 的初始化阶段运行，并修改 iptables 规则以将所有网络流量从
curl 路由到 linkerd-proxy。读者应该还记得，在 Istio 中，我们有 istio-init 和 istio-proxy 容
器，它们与 Linkerd 容器类似。与 Envoy 相比，linkerd-proxy 超轻、超快。用 Rust 编写
使其性能可预测，并且不需要垃圾收集，后者通常会在垃圾收集过程中导致高延迟。Rust
可以说比 C++和 C 的内存安全得多，这使它不易受到内存安全漏洞的影响。更多有关
linkerd-proxy 比 envoy 好的解释，可访问以下网址。

https://linkerd.io/2020/12/03/why-linkerd-doesnt-use-envoy/

现在可以验证 curl 是否能够与 envoydummy Pod 进行通信，如下所示。

```
% kubectl exec -it pod/curl -c curl -n appendix-linkerd -- curl
http://envoydummy:80
V1----------Bootstrap Service Mesh Implementation with Istio--
--------V1%
```

至此，我们已经成功安装了 curl 和 envoydummy Pod，接下来可以探索 Linkerd
Service Mesh 的功能。让我们首先看看如何使用 Linkerd 限制网格内的流量。

A.4.3　零信任网络

Linkerd 提供了全面的策略来限制网格中的流量。Linkerd 有一组 CRD，通过它们可
以定义策略来控制网格中的流量。现在让我们通过实现策略来控制 envoydummy Pod 的流
量，从而探索这些策略的应用。

（1）使用以下命令锁定集群中的所有流量。

```
% linkerd upgrade --default-inbound-policy deny --set
proxyInit.runAsRoot=true | kubectl apply -f -
```

可以看到,这里使用了 linkerd upgrade 命令应用默认入站策略(default-inbound-policy)为拒绝(deny),这会禁止所有流量流向网格中工作负载公开的端口,除非有服务器资源连接到该端口。

在应用该策略之后,对 envoydummy 服务的所有访问都将被拒绝。

```
% kubectl exec -it pod/curl -c curl -n appendix-linkerd
-- curl --head http://envoydummy:80
HTTP/1.1 403 Forbidden
content-length: 0
l5d-proxy-error: unauthorized request on route
```

（2）创建一个服务器资源来描述 envoydummy 端口。服务器资源是一种控制方式,它指示 Linkerd,只有授权客户端才能访问该资源。

可通过声明以下 Linkerd 策略来做到这一点。

```
apiVersion: policy.linkerd.io/v1beta1
kind: Server
metadata:
    namespace: appendix-linkerd
    name: envoydummy
    labels:
        name: envoydummy
spec:
    podSelector:
        matchLabels:
            name: envoydummy
    port: envoydummy-http
    proxyProtocol: HTTP/1
```

该配置文件可在本书配套 GitHub 存储库的 AppendixA/Linkerd/envoydummy-server.yaml 文件中找到。该服务器资源在与工作负载相同的命名空间中定义。在上述配置文件中,还定义了以下内容。

❑ podSelector:选择工作负载的标准。
❑ port:声明此服务器配置的端口的名称或编号。
❑ proxyProtocol:配置入站连接的协议发现,并且必须是以下值之一,即 unknown、HTTP/1、HTTP/2、gRPC、opaque 或 TLS。

使用以下命令应用服务器资源。

```
% kubectl apply -f AppendixA/Linkerd/envoydummy-server.yaml
server.policy.linkerd.io/envoydummy created
```

虽然我们已经申请了服务器资源，但 curl Pod 仍然无法访问 envoydummy 服务，除非我们授权给它。

（3）在这一步骤中，我们将创建一个授权策略，授权 curl 访问 envoydummy。该授权策略可以通过提供目标目的地的服务器详细信息以及用于运行原始服务的服务账户详细信息来配置。在上一步骤中，创建了一个名为 envoydummy 的服务器资源，因此，按照 AppendixA/Linkerd/envoy-proxy-01.yaml 中的配置，我们将使用名为 curl 的服务账户来运行 curl Pod。该策略可以在 AppendixA/Linkerd/authorize-curl-access-to-envoydummy.yaml 中找到，其具体定义如下。

```
apiVersion: policy.linkerd.io/v1alpha1
kind: AuthorizationPolicy
metadata:
    name: authorise-curl
    namespace: appendix-linkerd
spec:
    targetRef:
        group: policy.linkerd.io
        kind: Server
        name: envoydummy
    requiredAuthenticationRefs:
        - name: curl
          kind: ServiceAccount
```

（4）按如下方式应用配置。

```
% kubectl apply -f AppendixA/Linkerd/authorize-curl-
access-to-envoydummy.yaml
authorizationpolicy.policy.linkerd.io/authorise-curl
created
```

在应用 AuthorizationPolicy 策略之后，它将给使用 curl 服务账户运行的任何工作负载到 Envoy 服务器的所有流量授权。

（5）使用以下命令验证 curl 和 envoydummy Pod 之间的访问。

```
% kubectl exec -it pod/curl -c curl -n appendix-linkerd -
curl http://envoydummy:80
V1---------Bootstrap Service Mesh Implementation with
Istio---------V1
```

A.4.4　通过策略实现细粒度的访问控制

使用 AuthorizationPolicy 时，还可以控制网格中其他客户端对作为服务器呈现的端口的访问。更细粒度的访问控制（例如控制对 HTTP 资源的访问）则可以通过另一个称为 s 的策略进行管理。

可以通过一个例子来更好地理解这个概念。假设我们的要求是：只有请求的 URI 以 /dummy 开头才能被 curl 访问，对任何其他 URI 的请求都必须拒绝，则可以按以下步骤操作。

（1）定义一个 HTTPRoute 策略，如以下代码片段所示。

```yaml
apiVersion: policy.linkerd.io/v1beta1
kind: HTTPRoute
metadata:
    name: envoydummy-dummy-route
    namespace: appendix-linkerd
spec:
    parentRefs:
        - name: envoydummy
          kind: Server
          group: policy.linkerd.io
          namespace: appendix-linkerd
    rules:
        - matches:
            - path:
                value: "/dummy/"
                type: "PathPrefix"
              method: GET
```

该配置也可以在 AppendixA/Linkerd/HTTPRoute.yaml 中找到。这将创建一个针对 envoydummy 服务器资源的 HTTP 路由。在 rules 部分，定义了用于识别请求的标准，这些标准将用于识别此路由的 HTTP 请求。在本示例中，定义了规则来匹配任何带有 dummy 前缀和 GET 方法的请求。HTTPRoute 还支持使用标头和查询参数进行路由匹配。读者可以在 HTTPRoute 中应用其他过滤器来指定在请求或响应周期期间应如何处理请求，还可以修改入站请求标头、重定向请求和修改请求路径等。

（2）定义 HTTPRoute 后，我们可以修改 AuthorizationPolicy 以与 HTTPRoute 而不是服务器关联，具体配置如以下代码片段所示。此配置也可在本书配套 GitHub 存储库的 AppendixA/Linkerd/HttpRouteAuthorization.yaml 中找到。

```
apiVersion: policy.linkerd.io/v1alpha1
kind: AuthorizationPolicy
metadata:
    name: authorise-curl
    namespace: appendix-linkerd
spec:
    targetRef:
        group: policy.linkerd.io
        kind: HTTPRoute
        name: envoydummy-dummy-route
    requiredAuthenticationRefs:
    - name: curl
        kind: ServiceAccount
```

可以看到，上述配置更新了 AuthorizationPolicy，现在引用了 HTTPRoute 作为目标（该 HTTPRoute 名为 envoydummy-dummy-route），而不再是引用服务器（即本书配套 GitHub 存储库的 AppendixA/Linkerd/authorize-curl-access-to-envoydummy.yaml 文件中配置的 envoydummy）作为目标。

应用这两种配置，测试你是否只能使用包含/dummy 前缀的 URI 发出请求。不出意料的话，任何其他请求都将被 Linkerd 拒绝。

A.4.5　Linkerd 其他功能简介

到目前为止，我们已经在 AuthorizationPolicy 中使用了 ServiceAccount 身份验证。事实上，AuthorizationPolicy 还支持 MeshTLSAuthentication 和 NetworkAuthentication。以下是这些身份验证类型的简要介绍。

❑ MeshTLSAuthentication 用于根据其网格身份来识别客户端。例如，curl Pod 将表示为 curl.appendix-linkerd.serviceaccount.identity.linkerd.local。

❑ NetworkAuthentication 用于根据客户端的网络位置来识别客户端。该网络位置使用的是无类别域间路由（Classless Inter-Domain Routing，CIDR）块。

Linkerd 还提供重试和超时功能，以便在系统面临压力或部分故障时提供应用程序弹性。除了支持通常的重试策略，Linkerd 还提供了指定重试预算（retry budget）的配置，以便重试最终不会放大弹性问题。

Linkerd 使用指数加权移动平均（exponentially weighted moving average，EWMA）算法提供对所有目标端点的请求的自动负载平衡。

Linkerd 支持基于权重的流量拆分，这对于执行金丝雀部署和蓝/绿部署非常有用。

Linkerd 中的流量拆分使用服务网格接口（Service Mesh Interface，SMI）Traffic Split API，允许用户在蓝色和绿色服务之间增量转移流量。有关 Traffic Split API 的详细信息，可访问以下网址。

https://github.com/servicemeshinterface/smi-spec/blob/main/apis/traffic-split/v1alpha4/traffic-split.md

有关 SMI 的信息，可访问以下网址。

https://smi-spec.io/

Linkerd 提供了与 Flagger 集成的良好定义和说明文档，以便在执行金丝雀部署和蓝/绿部署时执行自动流量转移。

关于 Linkerd 还有很多东西需要学习和消化。读者可以在以下网址找到更多资源。

https://linkerd.io/2.12

Linkerd 具有超高性能，因为它使用 Rust 构建超轻型服务代理。它经过精心设计，旨在解决应用程序网络问题。超轻型代理执行大部分服务网格功能，但缺乏断路和速率限制等功能。希望 Linkerd 的创建者能够弥合与 Envoy 之间的差距。

现在读者已经熟悉了 Istio 的各种替代方案，了解了如何使用 Consul Connect、Gloo Mesh、Kuma 和 Linkerd 等，它们有很多相似之处，而且都很强大，但 Istio 仍然是首选，因为它背后拥有最大的社区和各种知名组织的支持。此外，还有各种组织为 Istio 提供企业级支持，这也是将 Istio 部署到生产环境时非常重要的考虑因素。